大数据可信计算

蒋昌俊　章昭辉　著

科学出版社

北　京

内 容 简 介

随着数字经济的发展，大数据应用范围越来越广泛，各类大数据平台承载着海量的数据资源。大量敏感资源和重要数据要赋能数字经济的发展，可信安全地利用大数据极其重要。本书汇集了作者及其研究团队的研究成果，介绍了大数据可信计算的体系及其关键技术以及相应平台系统的设计与实现，主要内容包括原位虚拟大数据中心平台体系、大数据感知与勘探技术、多源多维数据融合计算技术、基于多模型融合的信用评估技术、大数据安全的测试与评估技术、原位虚拟大数据中心平台系统、基于区块链的大数据共享与协作系统、可信金融交易风险防控系统。

本书可供从事大数据可信计算研究的科研人员参考，也可供从事数据资产评估、深度学习建模数据评估、基于大数据的交易风控等技术人员参考。

图书在版编目（CIP）数据

大数据可信计算 / 蒋昌俊，章昭辉著. — 北京：科学出版社，2024.5
ISBN 978-7-03-078478-0

Ⅰ. ①大… Ⅱ. ①蒋… ②章… Ⅲ. ①数据处理 Ⅳ. ①TP274

中国国家版本馆 CIP 数据核字(2024)第 088802 号

责任编辑：王 哲 / 责任校对：胡小洁
责任印制：师艳茹 / 封面设计：迷底书装

科 学 出 版 社 出版
北京东黄城根北街 16 号
邮政编码：100717
http://www.sciencep.com

北京中科印刷有限公司印刷
科学出版社发行 各地新华书店经销
*

2024 年 5 月第 一 版 开本：720×1000 1/16
2024 年 5 月第一次印刷 印张：18 插页：5
字数：362 000
定价：189.00 元
（如有印装质量问题，我社负责调换）

前　　言

　　中国已经步入大数据时代。作为信息化发展的新阶段，大数据对经济发展、社会秩序、国家治理、人民生活等都将产生重大影响。现在，世界各国都把推进经济数字化作为实现创新发展的重要动能，在技术研发、数据共享、安全保护等方面进行前瞻性布局。

　　随着数字经济的发展，大数据应用范围越来越广泛，各领域都离不开数据和数字基础设施。各类大数据平台承载着海量的数据资源，大量敏感资源和重要数据的可信安全利用尤为重要。大数据如同一把双刃剑，在人们享受大数据分析带来的精准信息的同时，大数据所带来的安全问题也开始成为企业的隐患。信息泄露、黑客袭击、病毒传播等互联网信息安全问题层出不穷。

　　针对多源多维数据的汇聚融合、数据安全体系以及征信体系的研究还存在一些不足。

　　（1）面向多源多维数据的感知和探测、汇聚和融合计算技术还不够成熟。国外的大数据感知和探测技术起步早，到现在已经有了一些先进的应用成果，但国内的大数据感知和探测还停留在理论阶段，很少有实践的成果。而有关多源数据方面的感知和探测的研究少之又少。各个来源的数据之间还存在相对割裂的问题，如购物的数据在京东、天猫，通话数据在移动、电信，社交数据在腾讯、微信等。也就是说，现阶段市场上缺少一个统一的数据汇聚存储平台。同时，为了充分发挥数据的价值，需要实现具有相关性和互补性的多源信息的综合和利用。

　　（2）目前的数据安全体系各环节联系不够紧密，且无规范的测试与评估机制。在现在的大数据场景下，数据的产生、存储、传输不再对应明确界限的实体，也难以通过拓扑的方式表示。要对传统的数据安全体系重新进行设计，使其适应当前的数据安全态势。同时，对于数据安全体系架构，尚不存在完备的测试与评估机制，难以全方位、多角度地对系统的各项能力进行准确评估，其评估的表现方式也有待加强。

　　（3）信用数据本身与信用之间关系挖掘不充分，缺乏态势预测。目前我国基于大数据和人工智能的信用评估体系建设处于起步阶段，存在许多问题。如何提升信用评估能力，降低违约风险成为亟待解决的问题。为此，需要深入探索利用数据建模的潜力，充分利用大数据的优势和价值来帮助企业解决风险控制问题，增加信用发展态势预测环节，提高信用评估的精确性。需要重新审视信用评估模型搭建的每一个环节，与特定场景结合来挖掘提取关键因素，通过多模型融合、多指标评估来综合考虑特定主体的信用情况，利用异常检测等安全技术来对主体的异常行为进行预测，并根据客户主体未来行为和市场经济变化进行评估指标的动态演化，从而进行信用发展态势预测与分析。

为此，本书将结合数据挖掘、信息安全、征信等多个学科领域，面向多源多维数据，发展合适的技术对数据进行"勘探"、汇聚、存储和融合分析，有效开发和充分利用这些数据资源；围绕数据的全生命周期，构建数据安全体系架构并进行测试评价，将数据安全和数据各个层次深度融合，完善数据安全的理论和方法体系，全面保障大数据安全；在这些研究的基础上，结合个人及中小企业征信评级的迫切需求，完成征信与信用评估体系，并进行信用发展分析与预测；开发一个面向多源多维大数据的征信应用服务平台，进而开展中小企业的信用评估服务和基于信用评估的金融交易风险防控等普惠金融应用示范。在此基础上，建立网络信息服务评测中心，获得国家实验室认可，面向普惠金融的征信、风控等新技术、新模式和新业态，制定相关国家/行业标准草案，支撑上海抢占金融科技创新制高点，构建互联网金融监管新秩序，打造新体系。

本书的科学技术价值在于考虑当今社会大数据的多源多维度这一特点，围绕大数据全生命周期构建可管、可控、可信的数据安全体系，并结合个人及中小企业征信评级的迫切需求，完成基于多源多维数据汇聚和融合以及数据安全体系的征信评估技术，并开发一个系统支撑平台及应用示范。通过调研现有的大数据汇聚融合技术、数据安全体系以及征信评级领域的局限性，形成多源多维数据汇聚融合、全生命周期的数据安全体系架构和面向个人及中小型企业的征信与信用评估三个核心问题。

本书的多源多维大数据的感知、汇聚和融合计算技术，有助于突破大规模异构数据融合和分布式文件系统等大数据基础技术。解决构建多源多维的数据融合平台的技术难点，可以促进海量数据、大规模分布式计算和智能数据分析等公共云计算服务发展，符合我国数字经济和大数据产业发展的战略需求，更有利于提升我国的国际地位。从社会层面，构建一个多源多维的数据融合平台有利于打造智慧城市，对于提升政府治理能力、优化公共服务水平、促进经济转型和创新发展，发挥重要作用。

本书的撰写得到了同济大学和东华大学参与相关研究的老师、博士生和硕士生的大力支持，对他们无私的奉献表示感谢！

本书的研究得到了 2019 年、2022 年上海市科技创新行动计划重点项目（编号：19511101300、22511100700）的资助，在此一并感谢！

作　者

2024 年 4 月

目　　录

彩图

第1章 原位虚拟大数据中心平台体系

1.1 背景与问题

为应对大数据的爆炸性增长，全国数据中心的数量和规模也在快速增长。截至2017年底，全国各类在用数据中心已达28.5万个，全年耗电量超过1200亿千瓦时，超过全球单座发电量最高的三峡电站当年976.05亿千瓦时的发电量，并且大型、超大型数据中心的规模增速达到68%[1]。《数字中国发展报告（2022年）》显示截至2022年年底，数据中心机架总规模超过650万标准机架，近5年年均增速超过30%，在用数据中心算力总规模超180EFLOPS，位居世界第二。同时，数据采集的泛滥，使得数据中心可能因存储巨大冗余无用数据而造成资源浪费。来自百度的一项调查显示，超过80%的新闻和资讯等都在被人工转载或机器采集[2]。

现有的数据中心主要有传统数据中心、云计算数据中心两种形态。传统数据中心提供设备托管或租赁，通过一种集中式或分布式存储/访问数据的架构实现数据资源管理。这种数据中心为数据拥有者提供独立的计算、存储等资源。而云计算数据中心主要为数据拥有者提供共享的计算与存储等服务。数据中心托管的不是客户的设备，而是计算能力和IT可用性[3]。云计算数据中心也被称为虚拟数据中心（Virtual Data Center，VDC）。本质上，这种虚拟数据中心通过云计算的虚拟化技术将物理资源抽象整合，动态进行资源分配和调度，实现数据中心的自动化部署，从而降低数据中心的运营成本[4]。事实上，随着互联网大数据的快速增长，不管是独立使用资源的传统数据中心，还是具有数据获取和处理机制的云计算数据中心[5]，其数据规模都变得越来越大，数据中心所提供计算、存储等资源也越来越多，产生的能耗也越来越大。

现有很多的大数据中心主要通过大批量采集方式得到互联网数据，并对数据进行整理和加工，进而向客户提供应用支持。具体来说，主要有两种方式获取数据。一种是通过爬虫类的网络机器人的方式采集URL信息进而采集数据，另一种是根据DB API协议中的方法，调用API接口实现数据源内部数据库的采集[6]。不管是哪种数据采集方式，只要是大批量地采集互联网数据，获取到的往往是大量冗余且信息价值较低的数据。这不仅大量消耗数据源方的资源和服务性能，也大量消耗数据采集方的计算、存储、网络等资源。

互联网是一个动态的、开放的、共享的系统[7]，因此，互联网数据不但规模巨大、来源众多、种类多样，而且动态性强。这使得数据分析者或数据利用方[8-16]难以清晰地认知互联网大数据，即对所需的数据在哪里、数据有多少、数据成分是什么等问题不清楚，数据需求者往往是采取尽可能全面的方式去采集数据并分析利用数据。这造成了数据采集方会采集大量的冗余无用的数据，从而造成资源的浪费。因此，数据中心[17-19]如何为数据需求者提供有效的数据源及其基本数据特征，避免数据需求者采集存储大量无用数据而造成资源浪费，成为数据中心亟待解决的问题。

总之，现有的大数据中心缺乏对互联网数据整体的刻画和度量，无法提供互联网大数据资源的总体分布数据规模和成分等基本特征，从而导致数据需求方采集的盲目性；同时，数据中心对互联网数据进行海量采集和存储造成了大量低效甚至无效的数据采集与处理，浪费了大量的存储、计算与传输等资源。因此，如何解决数据获取的盲目性、资源能耗浪费的严重性问题成为现有数据中心的挑战[20]。

为此，本章通过构造一种互联网新型虚拟数据中心系统[21]来应对挑战。其核心是构造互联网大数据勘探器对数据资源本身的总体分布进行勘探，通过资源原位汇聚，向数据需求方提供互联网数据的总体分布图，从而减少数据中心资源和能耗的浪费，提高数据分析者寻找数据资源和使用数据的效率。

1.2 原位虚拟数据中心平台的体系结构

原位虚拟数据中心的体系结构如图 1.1 所示，主要由网络数据勘探器、互联网虚拟资源库、数据资源分布图管理、数据资源获取指导服务、数据协议生成与管理、数据安全可信管理等子系统构成。

(1) 网络数据勘探器。

网络数据勘探器是原位虚拟数据中心的核心子系统之一，负责对互联网数据进行采样评估并生成数据资源分布图，具体包括：数据采样引导单元，用于根据所述数据提供方提供的数据访问协议文件，产生数据采样引导信息，以实现互联网 Web 数据采样引导和/或内部数据库应用程序编程接口采样引导；数据采样引导信息的数据结构表示为数据采样引导树和/或数据采样引导表；数据采样引导树是对互联网数据进行采样的引导信息；数据采样引导表是通过应用程序编程接口访问网络站点的内部数据库的数据采样引导信息表；数据采样估算单元，用于根据数据采样引导树和/或数据采样引导表，采样抓取互联网数据到所述互联网虚拟资源库；同时进行互联网 Web 数据采样估算和/或内部数据库应用程序编程接口采样估算；属性信息包括数据类别、数据模态、数据量、数据成分、数据分布；数据资源分布图生成单元，用于根据互联网数据的属性信息以及数据采样引导树中访问限制，生成数据资源分布图。

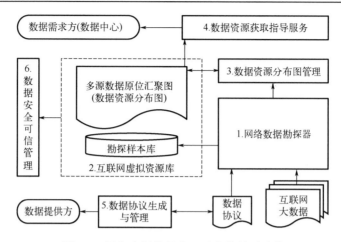

图 1.1　原位虚拟数据中心平台的体系结构

(2) 互联网虚拟资源库。

互联网虚拟资源库用于存储所述数据资源分布图及所述互联网数据勘探器采集的样本数据，主要包含数据资源分布图和勘探样本库。数据资源分布图是互联网虚拟数据中心的核心数据结构组件，它反映了互联网数据的整体分布情况，包括数据位置、数据量、数据特征等信息，是大规模数据采集的指导信息表。

(3) 数据资源分布图管理。

数据资源分布图管理是对数据资源分布图进行存储访问、更新等操作的管理系统。其中，所述数据资源分布图采用关系型或非关系型数据库存储；数据资源分布图的访问按照树形结构进行访问。本书中数据资源分布图管理的核心是数据资源分布图的动态更新方法，该方法将保证互联网虚拟资源库保持最新状态。

(4) 数据资源获取指导服务。

数据资源获取指导服务是根据资源分布图向数据需求方提供数据采集与挖掘的指导服务，以保证数据需求用户能高效、有序地采集挖掘互联网数据并进行进一步的分析。

(5) 数据协议生成与管理。

数据协议生成与管理是根据互联网数据提供方所提供的数据访问协议以及数据站点地图生成统一的数据访问协议文件，包括 Web 数据访问协议、互联网内部数据库访问协议等，并能够对这些协议提供管理功能，包括协议的发布、更新等。

(6) 数据安全可信管理。

数据安全可信管理用于对所述互联网虚拟资源库中虚拟数据资源进行数据安全管理，主要对虚拟数据资源的访问进行管理，包括数据隐私保护、数据访问权限等管理。

1.3 多源数据资源汇聚

1.3.1 数据资源原位汇聚存储模型

数据资源原位汇聚结构如图 1.2 所示，主要包括第 0 层节点(根节点)、第 1 层节点、第 2 层节点、第 3 层节点(数据节点)。其中，第 0 层节点(根节点)、第 1 层节点、第 2 层节点为初始化层节点，第 3 层节点(数据节点)为扩展层节点，4 层节点构成树形结构。

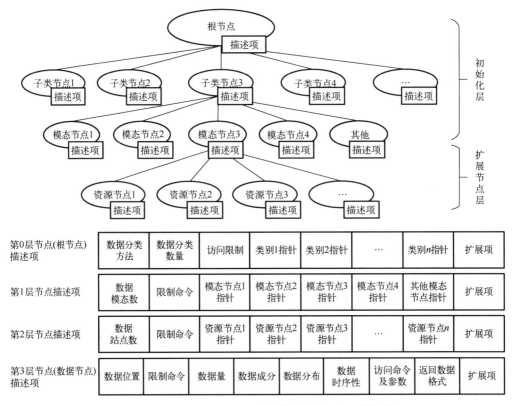

第0层节点(根节点)描述项	数据分类方法	数据分类数量	访问限制	类别1指针	类别2指针	...	类别n指针	扩展项
第1层节点描述项	数据模态数	限制命令	模态节点1指针	模态节点2指针	模态节点3指针	模态节点4指针	其他模态节点指针	扩展项
第2层节点描述项	数据站点数	限制命令	资源节点1指针	资源节点2指针	资源节点3指针	...	资源节点n指针	扩展项
第3层节点(数据节点)描述项	数据位置	限制命令	数据量	数据成分	数据分布	数据时序性	访问命令及参数	返回数据格式	扩展项

图 1.2 数据资源原位汇聚存储模型(数据资源分布图)

第 0 层节点(根节点)主要包括：数据分类方法、数据分类数量、访问限制、类别 1 指针、类别 2 指针……类别 n 指针、扩展项等描述。其中，数据分类方法项记录用于数据分类模型或方法；类别指针用于指向类别节点，即根节点的每个孩子节点为一个类别，扩展项用于信息扩充。

第 1 层节点主要包括：数据模态数、限制命令、模态节点类指针、扩展项等描述。数据模态数是指数据模态的分类数，一般情况指文本、图像、视频、语音以及其他等 5 种数据；文本类指针、图像类指针、视频类指针、语音类指针、其他类指针是记录指向子节点的链接指针，其子节点为某种数据模态的节点。

第 2 层节点主要包括：数据站点数、限制命令、资源节点 1 指针、资源节点 2 指针……资源节点 n 指针、扩展项等描述。数据站点数是指某种数据模态下的数据源站点的总个数，该数量同时表明其孩子的节点数；资源节点指针记录了其每个子节点。

第 3 层节点为数据节点，主要包括：数据位置、限制命令、数据量、数据成分、数据分布、数据时序性、访问命令及参数、返回数据格式、扩展项等描述。数据位置记录了该数据源的站点位置；限制命令为访问该数据源的限制访问描述；数据量为该站点的数据数量，数据提供方提供(也可为空)；数据成分表明数据的组成元素；数据分布是数据的基本特征及其分布情况；数据时序性表明数据之间是否为时间序列关系；访问命令及参数记录访问该数据源的命令及其参数(也可为空)；返回数据格式是指所获取数据的格式。

1.3.2　数据资源原位汇聚与更新方法

数据资源原位汇聚图的管理主要包括数据资源分布图的生成与存储、访问以及更新等。数据资源分布图可以采用关系型或非关系型数据库存储，其逻辑结构为树形结构。

1.3.2.1　数据资源原位汇聚

数据资源原位汇聚图是根据互联网数据的属性信息、数据采样引导树、引导表中访问限制生成。其具体步骤如算法 1.1 所示。首先初始化分布图，分别构造根节点、第 1 层分类节点、第 2 层数据模态节点。然后根据数据采样估算数据分类和数据模态，扩展对应节点的第 3 层节点，并将数据位置 URL、数据量写入该扩展节点对应的位置、数据量描述项中，将累加数据总量写入数据总量描述项。接着分析数据的成分(标题、日期时间、摘要、文本正文/图片/视频/语音等)，并写入该扩展节点的数据成分描述项中。之后根据数据采样引导树，将该数据位置的访问限制写入该扩展节点对应的访问限制描述项中，并判断数据勘探是否截止，如果没有则继续采样估算，否则将数据勘探资源分布图写入数据库，并对外发布访问接口。

算法 1.1　数据资源原位汇聚图生成算法

输入：初始化汇聚图

输出：访问接口

1:	初始化汇聚图,分别构造根节点、第 1 层分类节点、第 2 层数据模态节点
2:	根据数据采样估算数据分类和数据模态,扩展对应节点的第 3 层节点
3:	将数据位置 URL、数据量写入该扩展节点对应的描述项中
4:	累加数据总量写入数据总量描述项
5:	分析数据的成分,将成分写入该扩展节点的数据成分描述项中
6:	根据数据采样引导树,将访问限制写入该扩展节点的访问限制描述项中
7:	**if** 数据勘探未截止 **then**
8:	继续采样估算
9:	**else** 勘探截止 **then**
10:	将数据资源原位汇聚图写入数据库,并对外发布访问接口
11:	**end if**

1.3.2.2 数据资源分布图更新

数据资源原位汇聚图的访问应该按照树形结构进行访问。数据资源原位汇聚图的管理子系统的核心在于数据资源分布图的动态更新,具体更新步骤如算法 1.2 所示。首先配置更新策略,调用数据采样引导模块更新数据采样引导树/引导表,比较数据源变动部分。其次对于数据源变动部分,调用数据采样估算模块进行采样估算,并更新数据资源分布图原有的数据节点,同时缩短该节点的更新周期;对于数据源未变动部分,随机选取数据源,调用数据采样估算模块进行采样估算,若数据发生变化则更新分布图,若数据未发生变化,则延长该节点更新周期。最后判断更新是否截止,若没有则继续更新,否则将数据资源分布图写入数据库。

算法 1.2　数据资源原位汇聚图更新算法

输入:更新策略

输出:更新后的分布图

1:	配置更新策略(部分/全部更新、节点更新周期等)
2:	**do**
3:	调用数据采样引导模块更新数据采样引导树/引导表,比较数据源变动部分
4:	**if** 数据源变动 **then**
5:	进行采样估算,更新数据资源分布图,缩短该节点的更新周期
6:	**else** 数据源未变动 **then**
7:	随机选取数据源,采样估算,若变化则更新,否则延长周期
8:	**while** 更新未截止
9:	将数据资源分布图写入数据库

1.4　基于用户访问区域的云边数据自适配存储

1.4.1　问题的提出

静态存储缺少对用户变化情况的考虑，用户的变化会使得原有数据存储方案出现高时延、服务质量下降等问题，在动态变化的环境下往往不适用。

用户对数据对象的不同访问频率会造成不同的数据存储策略，同时，用户访问区域不同的访问比重也会造成同样的效果。即数据的存储模式会随着用户情况的变化而发生变化，这种变化随着时间改变，也会随着空间改变。对于某个数据对象，用户在不同时刻或者不同地点往往有不同的访问频率。在某个区域的热门数据应该要提前部署到边缘侧进行缓存，以降低访问时的响应时延和带宽开销。数据对象在多云上进行存储，需要将访问频度较低的数据存放在存储费用较低的云服务商上，相反，对访问频度较高的热门数据，则需要存储在带宽和操作费用较低的云服务商上[22]。

由于用户的情况往往是动态变化的，用户对于不同数据的访问需求，其地理位置都是不断改变的。之前的研究只是针对当前时刻进行数据存储的优化，针对用户不断变化的情况，需要对缓存策略、存储方案做动态调整。设计一个能感知到时间空间变化且较为敏感的算法非常重要[23]。

1.4.2　基于用户访问区域的模型

用户的空间位置变化通常具有一定的规律，用户往往会经常出现在某些位置，得到用户经常出现的区域的方式主要有：①根据用户主动反馈，得到将来会访问的区域；②根据历史记录，得到用户所在位置的规律，并据此预测将来经常访问的潜在区域[24-26]，下面给出用户访问区域的定义。

定义 1.1（用户访问区域）　用户将数据托管给云端或者边缘存储设备后，当需要访问数据时，访问数据的地点覆盖的相关范围构成用户访问区域。

若用户在 NR 个区域经常对用户数据对象进行访问，即用户在这些区域内的访问次数超过某个给定的阈值，则这些区域构成的集合称为用户访问区域 $R_U = \{R_1, R_2, \cdots, R_{NR}\}$。

根据确定的各个用户访问区域，得到在该区域内的可以提供服务的边缘服务提供商列表，这部分服务提供商只针对该区域的数据访问进行服务，本节假设各个用户访问区域相互之间没有相交的区域范围。

对于服务提供商的选择，需要考虑每个区域对数据的访问，也就是所有确定的用户访问区域。所以，服务提供商是云服务提供商和各个访问区域边缘服务提供商的并集，令云服务提供商个数为 NC，对于用户访问区域 R_r，边缘服务提供商的个

数为 NE_r，则 $\mathrm{SP}=\mathrm{CSP}\bigcup\mathrm{ESP}=\{\mathrm{esp},\mathrm{ESP}_1,\mathrm{ESP}_2,\cdots,\mathrm{ESP}_{\mathrm{NR}}\}$。其中，$\mathrm{CSP}=\{\mathrm{CSP}_1,\mathrm{CSP}_2,\cdots,\mathrm{CSP}_{\mathrm{NC}}\}$，$\mathrm{ESP}_r=\{\mathrm{ESP}_1,\mathrm{ESP}_2,\cdots,\mathrm{ESP}_{\mathrm{NE}_r}\}$，$r\in[1,\mathrm{NR}]$。所有云服务提供商默认对于每个用户访问区域都是可以访问的，即在任何一个用户访问区域内，都可以对 CSP 存储的数据进行访问和操作。在用户访问区域 r 内，对于 $\forall e\in\mathrm{ESP}_r$，只有当用户访问的位置位于区域 r 内部时，e 才是可以访问的，即边缘服务提供商只对附近区域的数据访问进行服务，基于用户访问区域的云边协同存储的模型如图 1.3 所示。

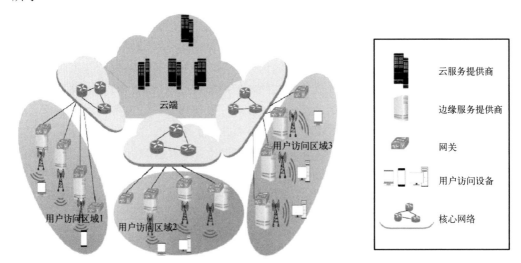

图 1.3　基于用户访问区域的云边协同存储的模型

设用户访问云中或边缘存储的数据的总次数为 H，如果某个区域中的用户访问次数大于或等于 $\nu H(0<\nu\leqslant1)$，则该区域被认为是用户经常访问数据的区域。对于用户访问区域 r，将用户在该区域的访问频率与访问总数之比定义为 $\nu_r(0<\nu_r\leqslant1)$。显然，$Y=\{\nu_1,\nu_2,\cdots,\nu_{\mathrm{NR}}\}$。在极端情况下，当某个区域中的用户访问概率为 1 时，用户仅访问一个区域中的数据。

定义 1.2（数据存储策略）　用于存储用户数据的服务商集合，是云边协同环境中的一个数据存储策略。

对于一个数据存储策略，记为 $X=(x_1,x_2,\cdots,x_n)$，$x_i\in\mathrm{SP}$。对于任何 X，其与任何用户访问区域中所有 SP 的集合的交集为 X_r，这意味着 X 中的 SP 可被第 r 个用户访问区域访问，即

$$X_r=X\bigcap\mathrm{SP}_r,\quad r\in[1,\mathrm{NR}] \tag{1.1}$$

定义 1.3（整体可用性）　每个用户访问区域的可用性的数学期望定义为数据对象的整体可用性，即

$$f_1(X) = \sum_{r=1}^{NR} v_r A_r \tag{1.2}$$

$$\text{st}\quad A_r = \sum_{k=m}^{n} \sum_{j=1}^{\binom{|X|}{k}} \left[\prod_{i \in s_j^{\binom{|X|}{k}}} A_i \prod_{i \in c' \setminus s_j^{\binom{|X|}{k}}} (1 - A_i) \right] \tag{1.3}$$

其中，$\binom{|X|}{k}$ 表示 X 中 k 个云服务提供商同时可用的情况，而 $\binom{|X_r|}{k}$ 表示 X_r 中任意 k 个元素集合中排列的总数。首先，使用式(1.3)计算每个区域的可用性。$s_j^{\binom{|X|}{k}}$ 表示在 $\binom{|X|}{k}$ 种情况下第 j 个服务集合。对式(1.3)进行等效变换以计算区域可用性，从而减少了组合数量。因此，可以推断，第 r 个区域中所有 n 个服务提供商的所有可用情况的组合等于 X_r 的组合。由于第 r 个区域中可用服务的数量为 $m \sim |X_r|$，因此使用式(1.4)可以计算每个区域的可用性，其中 $s_{rj}^{\binom{|X_r|}{k}}$ 表示在区域 r 的 $\binom{|X_r|}{k}$ 种情况下的第 j 种云和边缘服务集合。由式(1.4)可知，可用性仅由每个区域 r 中的 X_r 确定。

$$A_r = \sum_{k=m}^{n} \sum_{j=1}^{\binom{|X|}{k}} \left[\prod_{i \in s_j^{\binom{|X|}{k}}} A_i \prod_{i \in X \setminus s_j^{\binom{|X|}{k}}} (1 - A_i) \right] = \sum_{k=m}^{|X_r|} \sum_{j=1}^{\binom{|X_r|}{k}} \left[\prod_{i \in s_{rj}^{\binom{|X_r|}{k}}} A_i \prod_{i \in X_r \setminus s_{rj}^{\binom{|X_r|}{k}}} (1 - A_i) \right] \tag{1.4}$$

在本节中，用户访问频率被视为该区域中用户数据访问的概率，因此用户访问频率与每个区域的可用性的线性组合就是整体可用性。对于每个用户访问区域，需要使用式(1.2)和式(1.4)来计算可用性。在计算之前，需要确保每个区域获取用户数据对象满足基本可用性。

定义 1.4(基本可用性)　在 EC(Erasure Coding)(参数为 (m, n))的情况下，如果每个用户访问区域 r 至少有 m 个数据块可用，则 X 对于数据对象满足基本可用性，即

$$|X_r| \geq m, \quad r \in [1, NR] \tag{1.5}$$

从所有用户访问区域的角度，这里定义了存储方案两种类型的可用性，分别是强可用性和弱可用性。

定义 1.5(强可用性)　所有用户访问区域中的数据可用性均需要满足用户所需的最小数据可用性，表示存储方案遵循强可用性，即

$$\text{Min } A_r \geq A_{\text{req}}, \quad r \in [1, NR] \tag{1.6}$$

定义 1.6(弱可用性)　　需要存储方案的整体可用性可以满足用户所需的最低数据可用性，表示存储方案遵循弱可用性，即

$$f_1(X) \geqslant A_{\text{req}} \tag{1.7}$$

显然，在数据可用性方面，强可用性要比弱可用性更严格。后面将在实验部分评估两种可用性带来的影响。

定义 1.7(整体响应时延)　　所有用户访问区域的数据对象的整体响应时延是 r 个用户访问区域中响应延迟的加权和，其中，权重是用户在每个用户访问区域中访问数据的概率，即

$$f_2(X) = \sum_{r=1}^{\text{NR}} v_r D_r \tag{1.8}$$

$$\text{st}\quad D_r = \frac{1}{|X_r|} \sum_{i=1}^{|X_r|} d_i \tag{1.9}$$

这里，用户访问频率被视为该区域中用户数据访问的概率，因此用户访问频率与每个区域的响应时延的线性组合就是整体响应时延，与可用性相似，定义了下面两种类型的存储方案响应时延要求。

定义 1.8(强响应时延)　　用户在所有用户访问区域中的数据响应延迟均满足用户所需的最小响应延迟，表示数据存储策略满足强响应时延的要求，即

$$\text{Min } D_r \leqslant D_{\text{req}}, \quad r \in [1, \text{NR}] \tag{1.10}$$

其中，D_r 是在区域 r 中访问数据对象的响应延迟，使用式(1.9)进行计算。

定义 1.9(弱响应时延)　　数据存储策略的整体响应延迟满足了用户所需的最小响应延迟，表示该存储策略的延迟满足弱响应时延要求。权重是用户在每个用户访问区域中访问数据的概率，即

$$f_2(X) \leqslant D_{\text{req}} \tag{1.11}$$

显然，在数据响应时延方面，强响应时延要比弱响应时延更严格，强响应时延要求所有区域都满足时延需求,而弱响应时延允许出现权重大的区域满足时延需求、权重低的区域不满足需求的情况。

在此系统中，每个服务提供商的费用对于每个区域中都不同，每个区域对于用户的重要性也不同[1]，因此，定义存储方案的整体费用以衡量数据存储策略对于所有区域的响应时延。

定义 1.10(整体费用)　　在 r 个用户访问区域内，每个用户访问区域中用户成本的加权求和是数据对象的整体费用，其中，权重是用户在每个用户访问区域中访问数据的概率，可以描述为

$$f_3(X) = \sum_{r=1}^{NR} v_r P_r \qquad (1.12)$$

$$\text{st} \quad P_r = \sum_{i \in c'} \frac{s}{m}(P_{si}) + \min_{j \in [1, \Omega_r]} \left[\sum_{i \in s_j^{\Omega_r}} \frac{s}{m} \tau(P_{bi}) + \sum_{i \in s_j^{\Omega_r}} \tau(P_{oi}) \right] \qquad (1.13)$$

这里用户访问频率被视为该区域中用户数据访问的概率，因此用户访问频率与每个区域的费用的线性组合就是整体费用。

本节的优化目标是：所求的数据存储策略使数据对象对于所有用户访问区域，整体可用性最大、整体时延最小、整体费用最小，基于定义 1.1~定义 1.10，给出优化目标如下

$$\begin{cases} \text{Maximinze } f_1(X) \\ \text{Maximinze } f_2(X) \\ \text{Maximinze } f_3(X) \\ \text{st} \, |X_r| \geqslant m, \quad r \in [1, NR] \\ \text{st Min } A_r \geqslant A_{\text{req}}, \quad r \in [1, NR] \text{ 或 } f_1(X) \geqslant A_{\text{req}} \\ \text{st Min } D_r \leqslant D_{\text{req}}, \quad r \in [1, NR] \text{ 或 } f_2(X) \leqslant 2_{\text{req}} \end{cases} \qquad (1.14)$$

其中，$f_1(X)$、$f_2(X)$、$f_3(X)$ 是可用性、响应延迟和花费的目标函数，与此同时，应该满足用户对基本可用性、可用性和数据响应时延阈值的约束。

1.4.3 存储自适配优化算法

由于云边结合的数据分存问题是一个 NP-complete 问题[27]，所以本节的优化问题属于组合优化的范畴。为了解决这个问题，使用改进的 NSGA-II 算法获得符合用户需求的一系列存储策略，并根据实际情况选择一种方案。

1.4.3.1 基于 NSGA-II 的改进算法求解

本节将详细介绍基于原生 NSGA-II 算法[28]的改进的 NSGA-II 算法。原生 NSGA-II 算法的基本步骤包括初始化个体，计算适应度函数的值，执行交叉、变异算子，计算拥塞度和快速非支配排序，并对生成的解决方案进行可行性检查以确定是否满足约束条件。在重复上述过程一定次数后，第 0 层的解集(pareto 解集)即为获得的解集。

NSGA-II 基于遗传算法，传统的遗传算法可以在广泛的搜索范围内执行全局搜索，但是，其局部搜索能力较弱，很容易陷入局部最优解。传统的遗传算法通常只有一个种群，而多种群遗传算法可以在几乎不对搜索时间造成影响的情况下增加搜索精度[29]。考虑到云与边缘协作存储相结合的背景，当用户位于不同的用户访问区

域时，用户可以通过不同的服务提供商访问数据对象，在此问题背景下，使用多种群策略可以增强算法的全局搜索能力。在初始化过程中，根据每个区域的 CSP 和 ESP 中的随机均匀分布生成每个总体。个体的参数包括 SP、X、EC 编码的参数 m，各个参数的初始化同样遵循均匀分布。

根据定义 1.4，在 EC 编码的分片方式下，与每个个体相对应的存储策略应满足基本可用性。算法 1.3(CFI)旨在检查每个个体的基本可用性，该算法的输入是 individual、icsp、iesp 和 m，输出是一个存储策略是否符合基本可用性的布尔判断结果。

该算法首先初始化每个个体的每一位，值为 SP 编号(第 1 行)，计算每个个体中对应各个区域的 SP 数量(第 2～15 行)，接着初始化判定返回结果标志(第 16 行)，算法根据个体参数 m 判断结果(第 17～23 行)，计算基于式(1.5)。传统的遗传算法局部搜索能力较弱，算法 1.4(LSS)旨在解决这一问题。

在生成子代时，对 pareto 前沿中的个体随机进行 pareto 邻域搜索，搜索过程受到 monarch 算法[30]的迁移和调整算子的启发。该算法的输入是 NP1、NP2、N_{p1}、N_{p2}、MR 和 AR，输出是生成的种群子代 NP1′、NP2′。

算法 1.3　个体可用性检测(CFI)

输入：种群中的一个个体 individual，CSP 索引列表 icsp，ESP 索引列表 icsp，EC 参数 m

输出：判定结果的布尔值 flag

1: RSP = []

2: **for** i = 1 to length(individual) **do**

3:　　**if** individual [i] ∈ icsp **then**

4:　　**for** j = 0 to NR **do**

5:　　　　RSP[j] += 1

6:　　**end for**

7:　　**continue**;

8:　　**end if**

9:　　**for** j = 1 to NR **do**

10:　　　**if** individual [i] ∈ iesp[j] **then**

11:　　　　RSP[j] += 1

12:　　　　**break**

13:　　　**end if**

14:　　**end for**

15: **end for**

16: flag = true

17: **for** j = 0 to NR **do**

18:		**if** m>RSP[j] **then**
19:		flag = false
20:		**return** flag
21:		**end if**
22:	**end for**	
23:	**return** flag	

迁移操作的具体过程是：对于染色体的每一位，生成一个随机数，如果随机数小于迁移率，则将该位置为本种群随机的某个个体的相同位置的值，否则置为另一种群随机个体的相同位置(第1～12行)。

调整操作的具体过程是：对于染色体的每一位，生成一个随机数，如果随机数小于调整率，则将该位置为本种群最优个体的相同位置的值，否则该位的值修改为本种群随机的某个个体的相同位置的值。若新生成的个体并未支配原个体，新生成的个体仍有一定概率存活(第13～24行)。

算法 1.4　局部搜索生成子代算法(LSS)

输入：种群 1 和种群 2，NP1，NP2，种群 1(NP1)和种群 2(NP2)大小 N_{p1}、 N_{p2}，迁移率 MR，调整率 AR

输出：新的种群 1 和种群 2，NP1′、NP2′

1:	**for** i = 1 to N_{p1} **do**	
2:	**for** j = 1 to n **do**	
3:	rndM ←在区间[0,1]随机形成一个整数	
4:	**if** rnd ≤ MR **then**	
5:	rnd ← 在区间[0, N_{p1}]随机形成一个整数	
6:	NP1[i][j] = NP1[rnd][j]	
7:	**else**	
8:	rnd ←在区间[0, N_{p2}]随机形成一个整数	
9:	NP1[i][j] = NP2[rnd][j]	
10:	**end if**	
11:	**end for**	
12:	**end for**	
13:	**for** i = 1 to N_{p2} **do**	
14:	**for** j = 1 to n **do**	
15:	rndA ←在区间[0,1]随机形成一个整数	
16:	**if** rndA ≤ AR **then**	

17:　　　　rnd ←在区间[0, N_{p1}]随机形成一个整数

18:　　　　NP2[i][j] = NP2[best][j]

19:　　else

20:　　　　rnd ←在区间[0, N_{p2}]随机形成一个整数

21:　　　　NP1[i][j] = NP2[rnd][j]

22:　　end if

23:　end for

24: end for

25: return NP1′，NP2′

1.4.3.2　确定最终的数据存储策略

迭代完成后，将获得一个存储策略的 pareto 解集，并且该集合中将有一个或若干个个体。每个个体对应一个数据存储方案。每个个体的个体目标函数值对应于存储策略的可用性、成本和响应时延。

在获得 pareto 解集之后，本节提出了一种获得最终存储策略的方法。在此阶段，许多解决方案都可以很好地执行，例如熵测度[31, 32]、距离等。在本节中，受文献[1]中策略的启发，设计算法 1.5(FSSPS)，获得最终存储策略。

算法 1.5　确定数据存储方案(FSSPS)

输入：Pareto 集合种群 P，P 中每个个体的 EC 参数 m 列表 M，用户区域访问频率向量 γ

输出：单个存储策略 ind_{best}，最佳 EC 参数 m_{best}

1: ind_{best}，m_{best} ← NULL

2: bestA, bestD, bestC ←找到最大可用性、最小延迟和最小成本

3: 归一化 P 中个体的各目标值

4: minDistance = MAX_INF

5: **for** i = 0 to length(P) **do**

6:　　d ←计算 $P[i]$和理想点的欧氏距离

7:　　**if** d < minDistance **then**

8:　　　　minDistance = d

9:　　　　ind_{best} = $P[i]$

10:　　　　m_{best} = $M[i]$

11:　　**end if**

12: **end for**

13: **return** ind_{best}，m_{best}

算法 1.5(FSSPS)的目的是基于理想点在 pareto 前沿获得一个存储策略。首先，

初始化参数并找到最大可用性、最小延迟和最小成本(第 1～2 行)。然后将 pareto 前沿的各个维度的参数归一化(第 3 行)。于是得到了一个理想的最佳解决方案,其可用性为 bestA、延迟为 bestD、成本为 bestC,记为(bestA,bestD,bestC)。通常,理想的最佳解决方案是没有实际意义的。

因此,为了从完整的 pareto 集合中决定一种方案,需要计算到帕累托集合中每个元素的欧氏距离(bestA,bestD,bestC)(第 4～12 行)。将所有维度的参数归一化到范围[0,1]中,目标函数结果与理想点距离最小的方案被选为最终存储策略。

1.4.4　实验分析

1.4.4.1　实验配置

在实验中,每个用户区域可访问的服务包括 24 个云服务提供商和 5 个边缘服务提供商,本节将使用这些服务信息公开数据。它们的属性包括存储价格、传输带宽价格、操作价格、响应延迟等。通过重复测量来计算一段时间内每个区域和每个服务提供商的平均响应延迟。将云服务的可用性值模拟为 0.95～0.99,云服务提供商的最新价格信息是从主要云服务提供商的官方网站[33-36]收集的,其余信息来自于 CloudHarmony[37],总共收集了 24 个 CSP 的存储套餐,涵盖了大多数类型的服务提供商。边缘存储的价格是根据相应云服务提供商的纳什均衡价格计算得出的[38],通过测量可用时间来获得边缘服务的可用性。最终每个用户访问区域存在 29 个服务提供商可供选择。

实验是在 Windows 10 操作系统上进行的,该操作系统具有 1.8 GHz 的 Intel Core i5-8300H 和 4GB 的 RAM,使用 Anaconda 2 和 Python 2.7 的环境来实现该算法。

为了进一步评估所提出算法的性能,本节进行了广泛的实验。在 1.4.4.2 节中验证了在不同情况下模型的搜索能力。1.4.4.3 节比较了不同访问频率 τ 对数据存储策略的影响,并分析一些存储策略产生的原因。可用性阈值限制的影响以及强/弱可用性限制将在 1.4.4.4 节中进行评估。

1.4.4.2　和原生 NSGA-II 算法的对比

本节中,在 $S = 1000GB$,$\tau = 0.5$,$\gamma = [0.90, 0.05, 0.05]$,种群数为 3,每个种群的个体数为 300 的情况下,分别执行本节提出的方法和原生的 NSGA-II 算法。

本实验比较了原生的 NSGA-II 算法和本节提出的改进方法在 pareto 集合中解的个体数量和世代距离(GD)的标准差,世代距离计算利用式(1.15),结果如表 1.1 所示。由实验结果可知,改进 NSGA-II 算法获得了更多的 pareto 前沿解,并且在世代距离标准差中具有更好的性能。

$$GD = \frac{1}{N}\sqrt{\sum_{n=1}^{N}(\text{distance}_n)^2} \tag{1.15}$$

表 1.1　原生和改进 NSGA-II 在 pareto 集合中解的个体数量和世代距离标准差

算法	NSGA-II	改进 NSGA-II
pareto 集合中解的个体数量	24	27
GD 标准差	0.035286299	0.026756138

本节分别以响应延迟、成本和可用性作为 x、y 和 z 轴，并在图 1.4 中绘制实验结果。在图 1.4 中，"改进的 NSGA-II 和 NSGA-II"代表改进 NSGA-II 方法和原生 NSGA-II 求得的共同的解，而"NSGA-II"和"改进的 NSGA-II"代表两种方法各自求得的独立的解，将使用本节提出方法找到的 pareto 解集标记为 A，将由原生 NSGA-II 找到的解决方案标记为 B。

从图 1.4 中可以发现，原生 NSGA-II 的某些 pareto 集合中的解受到改进 NSGA-II 的解的支配，也就是说，NSGA-II 的 pareto 前沿包括一些支配解。例如，在图 1.4 中，代表存储策略[CSP12，ESP_1，ESP_21]的点 B1(10.6，57.8502628101，0.995648) 被代表存储策略[CSP12，ESP_1，$ESP_3 2$]的点 A1(10.075，53.8303771398，0.99568) 所支配，实验中共出现了 6 个此类情况。

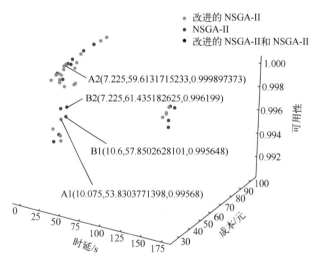

图 1.4　改进的 NSGA-II 和原生 NSGA-II 的结果（见彩图）

另外，NSGA-II 陷入了局部最优。例如，具有 EC 编码参数 $m=1$ 的存储策略[CSP24，ESP_1]的点 A2(7.225，61.435182625，0.996199)被代表存储策略[CSP18，CSP24，ESP_1]、EC 编码参数 $m=1$ 的点 B2(7.225，59.6131715233，0.999897373)所支配。

显然，在相同的延迟下，NSGA-II 无法找到成本更低、可用性更高的数据存储策略，或者找不到具有不同数量的服务提供商的数据存储策略。

在本小节中，还比较了改进 NSGA-II 和原生 NSGA-II 的时间性能。将 EC 编码的参数 n 设置为 2～13，此外，对于改进 NSGA-II，在不同的局部搜索频率中进行比较，该频率包括 1、5、10、20 迭代一次。另外，本节主要分析了算法在获取 pareto 集合阶段的时间性能，本节分别用不同的参数执行算法 50 次，结果如表 1.2 所示。可以看出，与原生 NSGA-II 相比，该方法的时间开销增加了 12.0%～17.6%，并且该时间随着局部搜索频率的增加而增加，在每次迭代中都执行本地搜索时，时间成本最大。

综上所述，与原生 NSGA-II 相比，该方法具有增强的全局搜索能力和局部搜索能力，但时间性能却仅有少量提高。

表 1.2　不同种群数和局部搜索频度下算法运行时间

参数	平均运行时间/s
种群数=1	22.51
种群数= 3，局部搜索频率= 20	25.22
种群数= 3，局部搜索频率= 10	25.31
种群数= 3，局部搜索频率= 5	25.87
种群数= 3，局部搜索频率= 1	26.48

1.4.4.3　不同数据访问频率 τ 对数据存储策略的影响

使用本节提出的方法，通过改变 τ 来观察数据存储策略和用户访问数据的模式。这里分别在 $\gamma = [0.9, 0.05, 0.05]$ 和 $\gamma = [0.34, 0.33, 0.33]$ 中执行算法，并设置数据对象大小 $S = 200GB$，改进的 NSGA-II 的种群数为 3，局部搜索频率为 5。

首先，令用户区域的概率 $\gamma = [0.9, 0.05, 0.05]$，这意味着用户更频繁地从一个区域访问数据对象。将数据对象访问号设置为 0.5～5.0，如表 1.3 所示。当访问次数较少时，数据对象被分为更多的块。随着数量的增加(1.5～3.8)，数据块只是简单地复制两份，其中一份放在区域 1 的 ESP 中。之后，数据存储策略变为复制模式，其中一块放置在云服务中，另一块放置在区域 1 的附近区域。根据实验结果可知，随着用户访问次数的逐渐增加，传输成本在总成本中所占的比例逐渐增加，从而导致块数减少。另外，区域 1 中较高的数据访问概率已成为主导因素，并且本实验中的 ESP 价格接近云服务提供商的价格，且响应时延低，所以，当可用性满足需求时，主要用户访问区域中的 ESP 更受欢迎。表 1.4 中显示了存储模式发生变化的具体数值。

表 1.3　变化 τ (0.5～5.0) ($\gamma = [0.9, 0.05, 0.05]$) 下的存储模式

数据对象访问次数	EC 参数 (m, n)	CSP 数量	ESP 数量(每个区域的 ESP 数量)
0.5	(4,8)	7	1 (1,0,0)
1.5	(1,3)	1	2 (1,0,1)
2.5	(1,3)	1	2 (1,1,0)
3.5	(1,3)	1	2 (1,0,1)
3.6	(1,3)	1	2 (1,0,1)
3.7	(1,3)	1	2 (1,0,1)
3.8	(1,3)	2	1 (1,0,0)
3.9	(1,2)	1	1 (1,0,0)
4.0	(1,2)	1	1 (1,0,0)
5.0	(1,2)	1	1 (1,0,0)

表 1.4　变化 τ (3.80～3.85) ($\gamma = [0.9, 0.05, 0.05]$) 下的存储模式

数据对象访问次数	EC 参数 (m, n)	CSP 数量	ESP 数量(每个区域的 ESP 数量)
3.80	(1,3)	2	1 (1,0,0)
3.81	(1,3)	2	1 (1,0,0)
3.82	(1,3)	2	1 (1,0,0)
3.83	(1,3)	2	1 (1,0,0)
3.84	(1,2)	1	1 (1,0,0)
3.85	(1,2)	1	1 (1,0,0)
...	...	...	...

对于另一种情况，令用户区域的概率 $\gamma = [0.34, 0.33, 0.33]$ ，这意味着每个区域的访问类似于均匀分布。将数据对象的访问频率设置为 5～35，如表 1.5 所示。可以看出，当访问次数较少时，选择方案倾向于减小整体响应延迟，因此选择了不同区域的 ESP。随着访问次数的增加，传输开销的增加导致总成本的增加，这意味着优化成本变得更加重要。另外，用户在每个区域的访问频率是均匀分布的，因此不会出现选择 ESP 的趋势，而是选择了在 CSP 中具有更小响应延迟的云服务。此外，从实验结果中可以发现，用户的实际访问方案倾向于选择具有较小延迟的 SP。

表 1.5　变化 τ (5～35) ($\gamma = [0.34, 0.33, 0.33]$) 下的存储模式

数据对象访问次数	EC 参数 (m, n)	CSP 数量	ESP 数量(每个区域的 ESP 数量)
5	(1,3)	1	2 (1,1,0)
15	(1,3)	1	2 (1,1,0)
25	(1,3)	1	2 (1,1,0)
26	(1,3)	1	2 (1,1,0)

续表

数据对象访问次数	EC 参数(m, n)	CSP 数量	ESP 数量(每个区域的 ESP 数量)
27	(1,3)	1	2(1,1,0)
28	(1,3)	1	2(1,1,0)
29	(1,2)	2	0(0,0,0)
30	(1,2)	2	0(0,0,0)
35	(1,2)	2	0(0,0,0)

1.4.4.4　可用性阈值和强/弱可用性限制对实验结果的影响

用户可能对可用性有要求，例如特定的阈值，可用性的粒度也可能不同。本节将观察可用性在不同阈值(0.95、0.99、0.999)和强/弱可用性限制下对结果的影响。实验中 $S = 1000$GB，种群数为 3，局部搜索频率为 5，$\tau = 0.5$，$\gamma = [0.90,0.05,0.05]$，结果如表 1.6 所示。

显然，随着可用性阈值的增加，优化的方向趋向于可用性维度。与弱可用性相比，具有强可用性的解决方案在可用性方面也有所改进，相反，响应延迟和成本方面的性能降低了。

表 1.6　可用性阈值和强/弱可用性限制对实验结果的影响

可用性限制	可用性阈值	可用性	响应时延	开销
弱可用性	0.950	0.99568	10.07500	53.83038
	0.990	0.99663	7.02500	62.90538
	0.999	0.99973	13.80000	46.61564
强可用性	0.950	0.99421	17.52500	42.48518
	0.990	0.99819	35.25000	52.86518
	0.999	0.99964	168.72500	60.00000

1.4.4.5　和其他方案优化对比

在本小节中，对其他一些相似的多云存储工作进行了调整，以使其成为适合解决多用户访问区域中的云边数据存储的解决方案，包括 CLRDS[27] 和 CHARM[39]，并且将这些方法与本节提出的方法进行比较。此外，本节还会根据现有工作优化的目标修改本节提出的方法，以便与现有工作进行比较。

首先，讨论不同的数据大小(从 200GB 更改为 4000GB(步长为 100GB))的方法。将本节提出的方法的种群数设置为 3，将局部搜索频率设置为 5，$\tau = 0.5$，$\gamma = [0.90,0.05,0.05]$。图 1.5 展示了本节提出的方法和 CHARM、CLRDS 的实验结果。

从不同数据对象大小的实验结果可以看出，本节提出方法在可用性和成本上均比 CHARM 更好，而与 CLRDS 相比，响应时延和成本则大大降低。

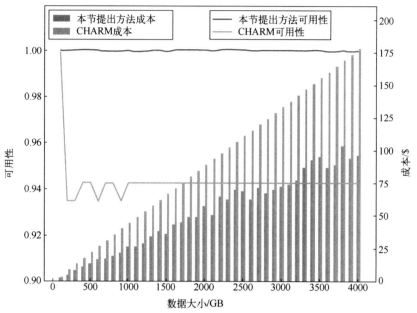

(a) 本节提出方法和CHARM的可用性和成本的实验结果

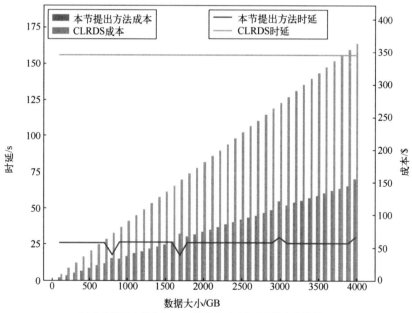

(b) 本节提出方法和CLRDS的响应时延和成本的实验结果

图 1.5　不同数据大小下实验结果比较 (见彩图)

最后, 将 τ 从 0.1 更改为 1.2, 步长为 0.01, 比较了本节提出方法和现有方法。

实验将种群数设置为 3，将局部搜索频率设置为 5，$S = 200$，$\gamma = [0.90, 0.05, 0.05]$，实验结果如图 1.6 所示。

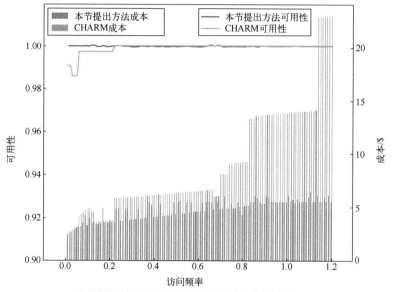

(a) 本节提出方法和CHARM的可用性和成本的实验结果

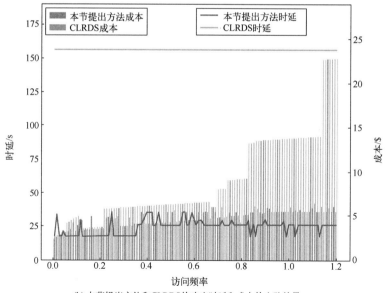

(b) 本节提出方法和CLRDS的响应时延和成本的实验结果

图 1.6　不同访问频率下实验结果比较（见彩图）

从考虑不同访问频率的实验结果来看，本节提出方法在大部分频率上的可用性和成本方面都明显比 CHARM 更好，随着频率的增加，价格优势更加明显。与 CLRDS 相比较，本节提出方法在时延和成本上获得更好的效果。

1.5　数据删除阶段的数据一致性技术

1.5.1　问题的提出

在业务流程设计阶段，即使流程设计是合理的，但是不恰当的数据操作等数据流设计缺陷会破坏流程的数据一致性。例如，在一个分布式系统中，两个并发线程同时访问一个数据：一个读取该数据的值，另一个写入该数据的值。此时，这两个线程访问的该数据的值是不一致的。另外，如果将该数据的这两个值依次分别存储到两个数据表中，那么在同一条系统运行数据记录中，该数据存储在不同的数据库表中的值也是不一致的，这是不正确的。为保障数据流设计正确，需要检测业务流程是否存有数据值不一致的错误。

数据值不一致错误的检测常基于模型检测思想进行[40,41]。然而这些研究大多集中于流程数据层或持久数据层进行讨论，结果往往只能描述并检测上述两种数据值不一致错误中的一种情况。根本原因在于，建模模型没有同时考虑流程数据和持久层数据以及两者之间的交互。本节提出的 WFT-net 模型[42]恰好具有描述这种数据流交互的能力，同时基于 WFT-net 模型形式化描述由不恰当的数据(元素/表)操作引起的数据值不一致，并提出相应的检测方法[43]。

1.5.2　WFT-net 模型

基于数据模式和 WFD-net 模型基础之上，WFT-net 模型正式定义如下。

定义 1.11(含数据表的工作流网，WFT-net)　一个 8 元组 DN = $(P, T, F, \mathcal{D}, \mathcal{R}, O_{\mathcal{D}}, O_{\mathcal{R}}, G)$ 是一个 WFT-net，其中

(1) (P, T, F) 是一个 WF-net；

(2) $\mathcal{D}$ 是一个有限的数据元素集合；

(3) $\mathcal{R} = \{R_1, \cdots, R_n\}$ 是一个关系型数据库，其中 $R_1, \cdots, R_n$ 是数据模式 R 的 n 个实例(即 n 个数据表)；

(4) $O_{\mathcal{D}} = \{\mathrm{rd}, \mathrm{wt}, \mathrm{dt}\}$ 是 $\mathcal{D}$ 上的一组数据元素操作，其中 rd: $T \to 2^{\mathcal{D}}$ 是读操作的标签函数，wt: $T \to 2^{\mathcal{D}}$ 是写操作的标签函数，dt: $T \to 2^{\mathcal{D}}$ 是删除操作的标签函数，所有被变迁 t 读、写、删除的数据元素构成的集合分别记为 $\mathcal{D}_t^{\mathrm{rd}}$、$\mathcal{D}_t^{\mathrm{wt}}$、$\mathcal{D}_t^{\mathrm{dt}}$；

(5) $O_{\mathcal{R}} = \{\mathrm{sel}, \mathrm{ins}, \mathrm{upd}, \mathrm{del}\}$ 是 $\mathcal{R}$ 上的一组数据库表操作，其中 sel: $T \to 2^{\mathcal{R}}$ 是表示查询数据表中元组和属性的标签函数，ins: $T \to 2^{\mathcal{R}}$ 是表示将元组插入数据中的标签函数，upd: $T \to 2^{\mathcal{R}}$ 是表示更新数据表元组中非标识属性的值的标签函数，而 del: $T \to$

$2^{\mathcal{R}}$ 是表示从数据表中删除元组的标签函数，所有被变迁 t 查询、插入、更新、删除的数据表构成的集合分别记为 $\mathcal{R}_t^{sel}$、$\mathcal{R}_t^{ins}$、$\mathcal{R}_t^{upd}$、$\mathcal{R}_t^{del}$；

(6) $G: T \rightarrow \mathcal{G}_\Pi$ 将守卫函数分配给变迁，其中 $\mathcal{G}_\Pi$ 表示守卫函数的集合，每个守卫函数是谓词集 $\Pi = \{\pi_1, \pi_2, \cdots, \pi_n\}$ 上的一个布尔表达式。

例如，图 1.7 为一个描述了电商交易基本业务流程的含数据表的工作流网，其中图 1.7 (a) 显示了一个给定的初始数据库表，图 1.7(b) 描述了其基本业务逻辑、数据元素操作、数据表操作以及数据约束 (即变迁上的守卫函数)。

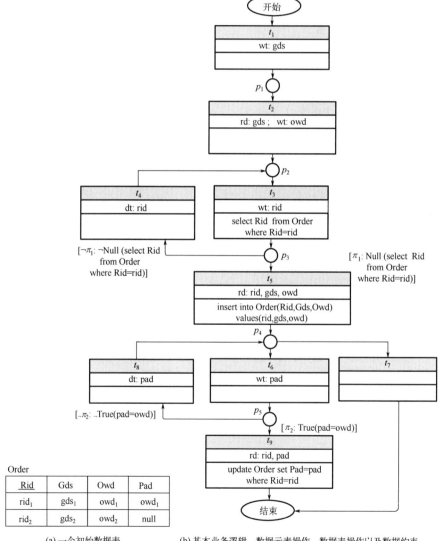

(a) 一个初始数据表　　　(b) 基本业务逻辑、数据元素操作、数据表操作以及数据约束

图 1.7　一个 WFT-net 实例

①数据元素集 $\mathcal{D}$ = {rid, gds, owd, pad}，其中，rid 表示客户下单的订单号，gds 表示客户购买的物品项，owd 表示客户应付金额，pad 表示客户实付金额，且 rid、gds、owd 和 pad 的值域均为有理数；

②数据库 $\mathcal{R}$ = {Order}，其中数据表 Order 由 Rid、Gds、Owd、Pad 四个属性构成，其值域均为有理数；

③谓词集 Π ={π_1: Null(select Rid from Order where Rid=rid)，π_2: True(pad= owd)}，守卫函数 G_Π = {π_1: Null(select Rid from Order where Rid=rid)，$\neg\pi_1$: Null(select Rid from Order where Rid=rid)，π_2: True(pad=owd)，$\neg\pi_2$: $\neg$True(pad= owd)}；$G(t_4)$ = $\neg\pi_1$，$G(t_5)$ = π_1，$G(t_8)$ = $\neg\pi_2$，$G(t_9)$ = π_2；

④变迁 t_5 上的数据元素操作为读取数据 rid、gds 和 owd，即 $\mathcal{D}_{t_5}^{rd}$={rid, gds, owd}，$\mathcal{D}_{t_5}^{wt}$= $\mathcal{D}_{t_5}^{dt}$= $\varnothing$；t_5 上的数据表操作为"将元组(rid, gds, owd)插入表 Order 中"，即 $\mathcal{R}_{t_5}^{ins}$ ={Order}，$\mathcal{R}_{t_5}^{sel}$ = $\mathcal{R}_{t_5}^{upd}$ = $\mathcal{R}_{t_5}^{del}$ = $\varnothing$；t_5 上的守卫函数为 π_1，表示订单号 rid 尚未被注册使用，即写入的订单号 rid 不在 Order 中。按此说明，其他变迁上的数据元素/表操作以及守卫函数的意义便很容易理解，此处不再赘述。

简单地说，WFT-net 模型可视为由一个分层框架将 WF-net 和关系数据库关联起来构成的。如图 1.8 所示，WFT-net 模型可分为四层。

(1)控制层：使用 WF-net 对包含各种粒度的活动节点的控制流进行建模；

(2)数据逻辑层：捕获业务数据及其对活动执行的路由控制；

(3)数据表逻辑层：描述数据表中数据记录以及与多实例相关的数据的更改；

(4)持久层：使用数据表存储一些具有数据需求的业务实例数据。

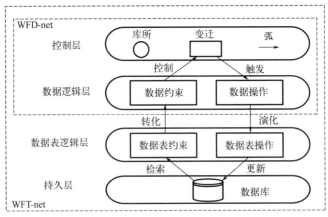

图 1.8　WFT-net 模型的概念组件

控制层可以根据数据约束选择活动执行路径，而这些数据约束依赖于数据表中数据的值。控制层中活动的执行会导致数据元素和数据表的变化。值得注意的是，WFT-net 中的数据元素 d 可以视为控制模型(工作流网)和数据模型(关系数据库)这两者之间交互的中间变量。因为在满足规定的数据约束的前提下，由变迁写入的数据元素的值可以通过数据表操作作为表中的属性 u 的值存储到数据库中。此外，数据表中的每个属性都具有与其相关联数据元素，以确保表中数据能及时得到更新。

综上所述，数据元素被认为与数据表、数据表操作以及数据约束相关联。映射 $\ell_{\mathcal{R}}: \mathcal{R} \rightarrow 2^{\mathcal{D}}$ 用来表示与数据表相关联的所有数据元素的集合。令 $\mathcal{D}_t^{\mathrm{sel}}$、$\mathcal{D}_t^{\mathrm{ins}}$、$\mathcal{D}_t^{\mathrm{upd}}$、$\mathcal{D}_t^{\mathrm{del}}$ 表示与变迁 t 上的数据表查询、插入、更新、删除操作相关联的所有数据元素的集合。另外，$\ell_{\Pi}: \Pi \rightarrow 2^{\mathcal{D}} \cup 2^{\mathcal{R}}$ 表示与谓词关联数据元素和数据表的映射函数，$\mathcal{D}^{\pi}$ 和 $\mathcal{R}^{\pi}$ 分别为与谓词 π 相关联的所有数据元素与数据表的集合，且与 t 上守卫函数相关联的数据元素和数据表构成的集合分别记为 $\mathcal{D}_t^G$ 和 $\mathcal{R}_t^G$。

以图 1.7 中所述业务流程为例，数据元素 rid 与数据表 Order 相关联，例如，rid 的值 rid_3 在图 1.7(a) 所示数据库状态下可以使守卫函数 $G(t_5)$ 为真，那么 rid_3 可以作为标识属性 Rid 的值由变迁 t_5 插入存储到数据表 Order 中。此时有，$\mathcal{D}_{t_5}^{\mathrm{ins}} = \{\mathrm{rid, gds, owd}\}$，$\mathcal{D}_{t_5}^G = \{\mathrm{rid}\}$，$\mathcal{R}_{t_5}^G = \{\mathrm{Order}\}$。

WFT-net 模型描述了控制流和数据流，因此其状态应包含两个方面：当前的托肯分布（即控制流标识）和当前的数据信息（即所有数据元素、数据表及谓词的状态）。为介绍数据信息，定义四个抽象函数，分别为数据元素、数据表、谓词以及守卫函数分配抽象值。

$\theta: \mathcal{D} \rightarrow \{\top, \perp\}$ 表示每个数据元素 d 的赋值状态，也就是定义（$\top$）或未定义（$\perp$）。$\theta(d) = \top$ 表示 d 被定义，而 $\theta(d) = \perp$ 表示 d 未定义。另外，只有在拥有 d 写操作的变迁发生之后，d 才能被定义；而拥有 d 删除操作的变迁发生之后，d 将处于未定义状态。一般而言，一个变迁不能同时对某个数据元素同时写和删除，即 $\forall t \in T$，$\mathcal{D}_t^{\mathrm{wt}} \cap \mathcal{D}_t^{\mathrm{dt}} = \varnothing$。

$\omega: \mathcal{R} \rightarrow \{\top, \perp\}$ 表示每个数据表 R 的赋值状态，也就是定义（$\top$）或未定义（$\perp$）。$\omega(R) = \top$ 表示 R 被定义，而 $\omega(R) = \perp$ 表示 R 未定义。通常，如果规定了一个数据表的所有属性，则认为数据表是已定义的。针对不同研究问题，可预先给定一些元组对数据表进行初始化，使得数据表可操作。

$\sigma: \Pi \rightarrow \{\mathrm{true, false}, \perp\}$ 表示每个谓词的赋值状态，包括真布尔值（true）、假布尔值（false）或者未定义值（$\perp$）。特别地，$\sigma(\pi) = \perp$ 当且仅当 $\exists d \in \ell_{\Pi}(\pi): \theta(d) = \perp \vee \exists R \in \ell_{\Pi}(\pi): \omega(R) = \perp$。

$\eta: \mathcal{G}_{\Pi} \rightarrow \{\mathrm{true, false}, \perp\}$ 表示每个守卫函数的赋值状态，包括真布尔值（true）、假布尔值（false）或者未定义值（$\perp$）。

对于 $\mathcal{D} = \{d_1, \cdots, d_n\}$，$\theta(\mathcal{D}) = \{\theta(d_1), \cdots, \theta(d_n)\}$ 称为数据元素集 $\mathcal{D}$ 的状态，简记为 θ。同理，ω 和 σ 分别表示数据库 $\mathcal{R}$ 和谓词集 Π 的状态。而 (θ, ω, σ) 可表示 WFT-net 的数据状态。所有 θ、ω 和 σ 所构成的集合分别记为 Θ、Ω 和 Σ。通常，WFT-net 在某个时刻的运行状态称为一个组态。

定义 1.12(组态)　设 DN = $(P, T, F, \mathcal{D}, \mathcal{R}, O_\mathcal{D}, O_\mathcal{R}, G)$，$N = (\text{WD}, \text{Pa}(\varPhi))$ 是一个 WFT-net。$c = (m, \theta, \omega, \sigma)$ 是 DN 的一个组态，其中

(1) m 为工作流网 (P, T, F) 的标识函数；

(2) θ、ω、σ 分别为 $\mathcal{D}$、$\mathcal{R}$、Π 的抽象赋值函数。

一个 WFT-net 的初始组态通常可表示为 $c_0 = ([\text{start}], \{d_1 \rightarrow \bot, \cdots, d_n \rightarrow \bot\}, \{R_1 \rightarrow \top, \cdots, R_l \rightarrow \top\}, \{\pi_1 \rightarrow \bot, \cdots, \pi_m \rightarrow \bot\})$，即初始库所 start 含有一个托肯、所有数据元素皆未定义、所有数据表皆被定义以及所有谓词也都是未定义的。例如，图 1.7 中 WFT-net 的一个初始组态可为 $c_0 = ([\text{start}], \{\text{rid} \rightarrow \bot, \text{gds} \rightarrow \bot, \text{owd} \rightarrow \bot, \text{pad} \rightarrow \bot\}, \{\text{Order} = \{(\text{rid}_1, \text{gds}_1, \text{owd}_1, \text{owd}_1), (\text{rid}_2, \text{gds}_2, \text{owd}_2, \text{null})\}\}, \{\pi_1 \rightarrow \bot, \pi_2 \rightarrow \bot\})$，可以将其简写为 $c_0 = ([\text{start}], \{\bot, \bot, \bot, \bot\}, \{(\text{rid}_1, \text{gds}_1, \text{owd}_1, \text{owd}_1), (\text{rid}_2, \text{gds}_2, \text{owd}_2, \text{null})\}, \{\bot, \bot\})$。

WFT-net 的终止组态的标识要求仅有终止库所 end 含有托肯，且其他库所没有托肯。另一方面，数据元素虽已定义但其具体赋值仍是不确定的，而不同的赋值会导致不同的数据状态，因此一个 WFT-net 可能会有多个终止组态，记为 $C_f = \{([\text{end}], \theta, \omega, \sigma) \mid \theta \in \Theta, \omega \in \Omega, \sigma \in \Sigma\}$。

1.5.3　数据不一致模型

定义 1.13(共享属性)　设 DN = $(P, T, F, \mathcal{D}, \mathcal{R}, O_\mathcal{D}, O_\mathcal{R}, G)$ 是一个 WFT-net，其中 $\mathcal{R} = \{R_1, \cdots, R_n\}$，$R_i = (\text{Id}, u_{i1}, \cdots, u_{im})$ $(1 \leq i \leq n)$。$R = (u_1, \cdots, u_m) \in \mathcal{R}$，$u_i \in R$，如果 $\exists R'_1, \cdots R'_j \in \mathcal{R}$：$u_i \in R'_1 \cap \cdots \cap R'_j$，那么称 u_i 是 DN 的一个共享属性，且同时由 $R, R'_1, \cdots, R'_j$ 共享。

综合流程数据层和持久数据层考虑业务流程中的数据操作，数据值不一致错误不仅可以由处于并发关系的变迁对引发，也可能由处于因果关系的变迁对引发。

(1) 针对处于并发关系的两个变迁，即 $t_1 \|_c t_2$，下列情形会导致数据值不一致错误出现。

① 一个变迁正在访问(读、写或者删除)某个流程数据，同时另一个变迁正在写或者删除这个数据；

② 一个变迁正在根据某个数据元素的值检索或更新某个数据表中的元组，同时另一个变迁正在根据该数据元素的另一个值检索或更新该数据表中的相应元组；

③ 一个变迁正在检索、插入或者删除某个数据表的某些元组，同时另一个变迁正在插入、更新或者删除这些元组。

(2) 针对处于因果关系的两个变迁，即 $t_1 < t_2$，对拥有某个共享属性的两个数据表而言，下列情形会导致数据值不一致错误出现。

① 变迁 t_1 读取或写入该共享属性的一个值，并通过插入或更新操作将该值存储到其中一个数据表中的某条数据日志，而变迁 t_2 读取或写入该共享属性的另一个值，并通过插入或更新操作将该值存储到另一个数据表中的对应数据日志；

②变迁 t_1 读取或写入该共享属性的一个值，并通过插入或更新操作将该值存储到其中一个数据表中的某条数据日志，而变迁 t_2 却删除了对应数据日志在另一个数据表中的元组。

综上所述，一方面，对所有的并发变迁对，如果它们的数据操作不恰当，且能引起数据值不一致错误，那么它们分别触发后产生的组态中的数据元素状态和数据库表状态肯定不会完全相同，即数据状态不会完全相同；另一方面，对 WFT-net 中共享属性而言，如果存在因果关系变迁，且它们的不恰当数据操作能引起数据值不一致错误，那么在流程运行到达终止组态时，这些属性在对应数据日志的不同元组中的值并不完全相同。基于 WFT-net 模型，数据值不一致的形式化定义如下。

定义 1.14（数据值不一致）　设 DN $= (P, T, F, \mathcal{D}, \mathcal{R}, O_{\mathcal{D}}, O_{\mathcal{R}}, G)$ 是一个 WFT-net，其中 $\mathcal{R} = \{R_1, \cdots, R_n\}$，$R_i = (\mathrm{Id}, u_{i1}, \cdots, u_{im})$ $(1 \leqslant i \leqslant n)$。$u'$ 是 DN 的一个共享属性，且 $\exists R_1', \cdots, R_i' \in \mathcal{R}: u' \in R_1' \cap \cdots \cap R_i'$。$\phi = R_1[\mathrm{id}] \,\&\, \cdots \,\&\, R_n[\mathrm{id}]$ 是 DN 的一条数据日志。c 是 DN 的一个组态。t_1 和 t_2 是 DN 的两个变迁。如果满足以下条件之一，则 DN 存在数据值不一致错误。

(1) $\exists c, c_1', c_1'' \in Cc_0: t_1 \|_c t_2 \wedge c[t_1\rangle c_1' \wedge c[t_2\rangle c_1'' \wedge (c_1'(\theta) \neq c_1''(\theta) \vee c_1'(\omega) \neq c_1''(\omega))$；

(2) 在组态 c 下，$\exists R_j, R_k \in \{R_1', \cdots, R_i'\}: R_j[\mathrm{id}](u') \neq R_k[\mathrm{id}](u')$。

不论 t_1 和 t_2 处于并发关系还是因果关系，对任意数据元素 $d \in (\mathcal{D}_{t_1}^{\mathrm{rd}} \cup \mathcal{D}_{t_1}^{\mathrm{wt}} \cup \mathcal{D}_{t_1}^{\mathrm{dt}}) \cap (\mathcal{D}_{t_2}^{\mathrm{wt}} \cup \mathcal{D}_{t_2}^{\mathrm{dt}})$，默认其在 t_1 和 t_2 访问操作下的值并不相同。换言之，数据元素的写和删除操作的本质是对该数据元素赋予新值。

WFT-net 模型的 RC-graph 是验证系统性质的基本方法。生成 RC-graph 需要提供相应的数据精炼策略，并且不同的数据精炼策略对应的 RC-graph 也不同，与此同时，它们所能反映出的问题也存在差异。下面给出适合检测数据值不一致错误的数据精炼策略。

1.5.4　数据不一致检测算法

要检测由并发活动引起的数据值不一致错误，首先需找出所有处于并发关系的变迁对。对 WFT-net 中的两个变迁 t_1 和 t_2，如果在 RC-graph 中存在组态 c, c_1', c_2', c_1'', $c_2'' \in Cc_0$ 能够满足：$(c[t_1\rangle \wedge c[t_2\rangle) \wedge (c[t_1\rangle c_1'[t_2\rangle c_2' \wedge c[t_2\rangle c_1''[t_1\rangle c_2'')$，则称 t_1 和 t_2 在 c 下处于并发关系，即 $t_1 \|_c t_2$。而要检测由因果活动引起的数据值不一致错误，首先需找出数据库表中所有的共享变量。对 WFT-net 中的某个数据表 $R = (u_1, \cdots, u_m)$，如果在 WFT-net 中存在数据表 $R_1', \cdots, R_j'$ 能够满足：$u_i \in R \cap R_1' \cap \cdots \cap R_j'$，那么称 u_i 为 DN 的一个共享属性。基于 WFT-net 模型的 RC-graph，数据值不一致错误的检测方法如算法 1.6 所示。

算法 1.6 检测 WFT-net DN 的数据值不一致错误

输入：DN 及其 RC-graph: RG(DN)

输出：所有的数据值不一致错误

1: 初始化 $T^{co} = \varnothing$，计算 RG(DN) 中所有处于并发关系的变迁对，并添加到 T^{co} 中；

2: **if** $T^{co} \neq \varnothing$ **then**

3:      **for** 每个并发变迁对 $(t_1, t_2) \in T^{co}$，且 $\exists c_1', c_1'' \in Cc_0: c[t_1\rangle c_1' \wedge c[t_2\rangle c_1''$ **do**

4:          **if** $c_1'(\theta) \neq c_1''(\theta) \vee c_1'(\omega) \neq c_1''(\omega)$ **then**

5:            输出：并发引起的不一致数据

6:          **end if**

7:          **end for**

8: **end if**

9: 初始化 $U^{co} = \varnothing$，计算 DN 数据库表中所有的共享属性，并添加到 U^{co} 中

10: **if** $T^{co} \neq \varnothing$ **then**

11: 在每个循环仅计算一次的前提下计算 DN 的所有可能运行路径 $\rho_1, \rho_2, \cdots, \rho_k$

12: **for** 每个共享属性 $u' \in U^{co}$，且 $\exists R_1', \cdots, R_i' \in \mathcal{R}: u' \in R_1' \cap \cdots \cap R_i'$ **do**

13: **for** $\forall \rho_j \in \{\rho_1, \rho_2, \cdots, \rho_k\}: c_0 \rightarrow_{may} \cdots \rightarrow_{may} c_{jf}$ **do**

14:        计算 $c_{jf}(\omega)$ 中的所有数据日志 $\phi_1, \cdots, \phi_l$

15:        **for** $\forall \phi_h \in \{\phi_1, \cdots, \phi_l\}: \phi_h = R_1[id_h] \& \cdots \& R_n[id_h]$ **do**

16:          **if** u' 在 ϕ_h 中的元组 $R_1'[id_h], \cdots, R_i'[id_h]$ 中的值（非空）并不完全相同 **then**

17:           输出：因果引起的不一致数据

18:          **end if**

19:        **end for**

20:      **end for**

21:      **end for**

22: **end if**

本节所给数据精炼策略下生成的 RC-graph 通过数据赋值直观地反映了处于并发与因果关系变迁上的不恰当数据操作导致的不一致数据。令 n_t 为 DN 的所有并发变迁的对数，n_u 为 DN 的所有共享属性的个数，n_ρ 为 DN 的所有可能运行路径的条数（通常对应 RC-graph 中可能可达路径的条数），n_l 为每条运行路径的最终组态中数据日志的条数，由此，算法 1.6 的时间复杂度为 $O(n_t + n_u \times n_\rho \times n_l)$。

1.6 数据不一致性问题的启发式检测

1.6.1 问题的提出

并发系统的规模越来越大，数据不一致性问题大多发生于并发操作，在投入使用前进行检测十分关键。在可达图上验证其性质往往会面临状态空间爆炸问题，因

为其盲目搜索的策略，往往需要生成整个可达图来检测。传统的基于可达图的数据不一致性检测方式的详细步骤如下：

步骤 1：生成 PD-net 的完整的可达图；

步骤 2：使用深度优先搜索或者广度优先搜索遍历可达图；

步骤 3：当遍历到一个新的配置 c，先选定该配置 c 下一条发生路径，发生变迁记为 t，假设 t 中没有对数据元素的操作，则选择下一个使能变迁；将配置 c 下其他使能变迁记入 T_1，将 T_1 中和变迁 t 有对相同数据元素操作的变迁保留，参照数据不一致性定义；

步骤 4：在该配置 c 下发生变迁 t 得到配置 c'，记录配置 c' 下的使能变迁与变迁 t 有对相同数据元素操作的变迁，记入 T_2；

步骤 5：获得 $T_3 = T_1 \bigcup T_2$，根据数据不一致性的定义，假如 $T_3 \neq \varnothing$，则存在数据不一致性问题；

步骤 6：$T_3 = \varnothing$ 则重复步骤 3 检查配置 c 下其他使能变迁，然后遍历整个可达图的配置检测问题。

在上述的步骤中，如果并发系统的规模足够大，步骤 1 生成完整的可达图就会面临状态空间爆炸问题，而后遍历可达图检测也会耗费许多时间。可达图中大部分状态是正确的，这样毫无目的的检测显然是不明智的，所以有目的地生成可达图并检测是有效的，能够避免生成不必要的状态，缓解状态空间爆炸问题，有效地节省检测的时间与空间[44]。

1.6.2　数据不一致性的启发式检测模型

为了有目的地生成可达图来寻找数据不一致性问题，应该先找到可能发生数据不一致性问题的状态，以此为目标来生成可达图并分析验证。所以，首先需要分析 PD-net 上可能导致数据不一致性的地方。

1.6.2.1　PD-net 模型上的数据不一致性

在一个安全的 PD-net 上，并发变迁对于数据的不恰当操作容易导致数据不一致性问题。但是直接在可达图上分析性质会面临生成可达图的状态空间爆炸问题，希望在 PD-net 模型上找到一些结构特征，从而能够指导有目的地生成可达图来寻找问题所在。

首先，需要找到 PD-net 模型中的并发变迁，而 PD-net 中的变迁只有三种关系：因果关系、冲突关系和并发关系。接下来，先定义这三种关系。

定义 1.15（PD-net 的因果关系）　$\Sigma = (P, T, F, D, \text{Read}, \text{Write}, \text{Delete}, c_0)$ 表示一个包含数据的 Petri 网（PD-net）。假设 $x, y \in P \bigcup T$，如果网中有一条 x 到 y 的通路，则 x 和 y 为因果关系，记作 $x \preccurlyeq y$，如果 $x \neq y$，则记为 $x \prec y$。

定义 1.16（PD-net 的冲突关系）　$\sum = (P, T, F, D, \text{Read}, \text{Write}, \text{Delete}, c_0)$ 表示一个包含数据的 Petri 网（PD-net）。假设 $x, y \in P \bigcap T$，$\exists t_1, t_2 \in T : {}^\bullet t_1 \bigcap {}^\bullet t_2 \neq \varnothing \wedge t_1 \preccurlyeq x \wedge t_2 \preccurlyeq y \wedge \nexists p \in P : (|{}^\bullet p| > 1 \wedge t_1 \preccurlyeq p \preccurlyeq x \wedge t_2 \preccurlyeq p \preccurlyeq y)$，则 x 和 y 为冲突关系，记为 $x \# y$。

简要地说，冲突关系就是 PD-net 中的选择关系。在安全网中，两个变迁 t_1 和 t_2 有相同的前集库所，当 t_1 发生后，t_2 就不能再发生了。将其扩展到 t_1 和 t_2 的后集变迁，当两个变迁的后集的库所中没有交集时，变迁 t_1 和变迁 t_2 的后集变迁都互为冲突关系。

由于 PD-net 中的变迁只有三种关系，当两个变迁既不是因果关系，也不是冲突关系，则两者为并发关系。

定义 1.17（PD-net 的并发关系）　$\sum = (P, T, F, D, \text{Read}, \text{Write}, \text{Delete}, c_0)$ 表示为一个包含数据的 Petri 网（PD-net）。假设 $x, y \in P \bigcup T$，如果 $\neg(x \prec y \vee y \prec x \vee x \# y)$，即 x 和 y 既不是因果关系，也不是冲突关系，则两者为并发关系，记为 $x \text{ co } y$。

如果这两个并发变迁同时对同一个数据元素进行操作，可能会导致数据不一致性问题。

定义 1.18（PD-net 上的数据不一致性）　$\sum = (P, T, F, D, \text{Read}, \text{Write}, \text{Delete}, c_0)$ 表示一个包含数据的 Petri 网（PD-net）。如果 $\exists t_1, t_2 \in T : t_1 \text{ co } t_2 \wedge (\text{Read}(t_1) \bigcup \text{Write}(t_1) \bigcup \text{Delete}(t_1)) \bigcap (\text{Write}(t_2) \bigcup \text{Delete}(t_2)) \neq \varnothing$，那么 PD-net 上的数据不一致性问题就发生了。

引理 1.1　在一个安全的 PD-net 中，如果变迁 t_1 和 t_2 满足 PD-net 上的数据不一致性的要求，并且 $\exists c \in R(c_0) : c[t_1\rangle \wedge c[t_2\rangle$，那么数据不一致性问题一定会发生。

证明：如果变迁 t_1 和 t_2 满足 PD-net 上的数据不一致性要求，$t_1 \text{ co } t_2 \wedge (\text{Read}(t_1) \bigcup \text{Write}(t_1) \bigcap \text{Delete}(t_1)) \bigcap (\text{Write}(t_2) \bigcup \text{Delete}(t_2)) \neq \varnothing$。因为这是一个安全网，而且 $t_1 \text{ co } t_2$，可以得到 ${}^\bullet t_1 \bigcap {}^\bullet t_2 = \varnothing$。根据并发的定义，假如满足 $\exists c \in R(c_0) : c[t_1\rangle \wedge c[t_2\rangle$，再加上前面得到的 ${}^\bullet t_1 \bigcap {}^\bullet t_2 = \varnothing$，则 $t_1 \parallel_c t_2$。当 $\exists t_1, t_2 \in T, \exists c \in R(c_0) : t_1 \parallel_c t_2 \wedge (\text{Read}(t_1) \bigcup \text{Write}(t_1) \bigcup \text{Delete})(t_1)) \bigcap (\text{Write}(t_2) \bigcup \text{Delete}(t_2)) \neq \varnothing$，数据不一致性问题就会发生。所以如果两个变迁 t_1 和 t_2 满足 PD-net 上的数据不一致性的要求，并且 $\exists c \in R(c_0) : c[t_1\rangle \wedge c[t_2\rangle$，即存在一个配置 c，t_1 和 t_2 在其上都使能，数据不一致性问题就会出现。

事实上，引理 1.1 中提到的配置 c 就是目标配置。以上的证明为在可达图上检验数据不一致性问题提供了方向：首先需要寻找 PD-net 模型上的并发变迁，检查其是否存在对相同数据元素的操作，然后尝试在可达图上寻找一条路径达到目标配置。在下一小节，将介绍如何获得 PD-net 上的并发变迁。

1.6.2.2　检测 PD-net 模型上的并发变迁

上一小节提到 PD-net 上的变迁之间只存在因果关系、冲突关系和并发关系，所以可以通过排除因果关系和冲突关系来得到所有的并发变迁。首先，可以通过变迁与库所的邻接矩阵来获得变迁之间的邻接矩阵，即因果关系。

本节使用一个连接运算符 $\Diamond$，计算方法如下

$$a \Diamond b = \begin{cases} 1, & a=1 \text{ 且 } b=-1 \\ 0, & \text{其他} \end{cases} \tag{1.16}$$

注意，$a, b \in \{-1,0,1\}$，而且运算结果是一个布尔值。这个运算符在矩阵运算时使用，得到 $J_{m \times z} = A_{m \times n} \Diamond J_{n \times z}$，即

$$\begin{aligned} J(i,l) &= \bigvee_{k=0}^{n-1} A(i,k) \Diamond B(k,l) \\ &= A(i,0) \Diamond B(0,l) \vee A(i,1) \Diamond B(1,l) \vee \cdots \vee A(i,n-1) \Diamond B(n-1,l) \end{aligned} \tag{1.17}$$

其中，$i \in \{0,1,\cdots,m-1\}$，$l \in \{0, 1, \cdots, z-1\}$，并且 A 与 B 中的元素属于集合 $\{-1,0,1\}$。

基于此运算符，可计算出变迁的邻接矩阵 J（变迁与变迁之间只经过一个库所的矩阵）。

以图 1.9 所示的 PD-net 模型图为例，首先需要变迁-库所邻接矩阵 A

$$A = \begin{bmatrix} -1 & 1 & 0 & 0 & 0 & 0 & 0 & 0 & 0 & 0 \\ 0 & -1 & 1 & 0 & 0 & 0 & 0 & 0 & 0 & 0 \\ 0 & -1 & 1 & 0 & 0 & 0 & 0 & 0 & 0 & 0 \\ 0 & 0 & -1 & 0 & 1 & 1 & 0 & 0 & 0 & 0 \\ 0 & 0 & 0 & -1 & 0 & 0 & 1 & 0 & 0 & 0 \\ 0 & 0 & 0 & 0 & -1 & 0 & 0 & 1 & 0 & 0 \\ 0 & 0 & 0 & 0 & 0 & -1 & 0 & 0 & 1 & 0 \\ 0 & 0 & 0 & 0 & 0 & 0 & 0 & 0 & -1 & 1 \end{bmatrix}$$

其中，A 为 PD-net 的变迁-库所的邻接矩阵，$A(i,k)=-1$ 表示有一条从库所 k 到变迁 i 的有向边，$A(i,k)=1$ 表示有一条变迁 i 到库所 k 的有向边，$A(i,k)=0$ 表示变迁 i 和库所 k 之间没有有向边。而计算得到的 J 为变迁之间的邻接矩阵。

$$J = A \Diamond A^{\mathrm{T}} = \begin{bmatrix} 0 & 1 & 1 & 0 & 0 & 0 & 0 & 0 \\ 0 & 0 & 0 & 1 & 0 & 0 & 0 & 0 \\ 0 & 0 & 0 & 0 & 1 & 0 & 0 & 0 \\ 0 & 0 & 0 & 0 & 0 & 1 & 1 & 0 \\ 0 & 0 & 0 & 0 & 0 & 0 & 0 & 0 \\ 0 & 0 & 0 & 0 & 0 & 0 & 0 & 0 \\ 0 & 0 & 0 & 0 & 0 & 0 & 0 & 1 \\ 0 & 0 & 0 & 0 & 0 & 0 & 0 & 0 \end{bmatrix}$$

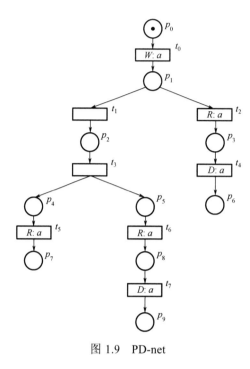

图 1.9　PD-net

接下来可以使用 Warshall 算法来计算变迁之间的可达矩阵，其是一种集合论中求关系闭包的方法。假设 J 是变迁之间的邻接矩阵，求 J 的传递闭包 J^+ 的方法如下：

(1) 置 $i, i \leftarrow 1$；

(2) 如果 A 的第 $j(1 \leqslant j \leqslant n)$ 行第 i 列处为 1，则对 $k(k=1,2,\cdots,n)$ 作如下计算：将 A 的第 j 行第 k 列处元素与第 i 行第 k 列处元素进行行逻辑加，然后将结果写到第 j 行第 k 列处，即 $A[j,k] \leftarrow A[j,k] \vee A[i,k]$；

(3) $i \leftarrow i+1$；

(4) 如果 $i \leqslant n$，转到 (2)，否则停止。

根据变迁之间的关系矩阵，利用集合论中求关系闭包的 Warshall 算法求可达性矩阵，这是一种运算量相对较小的算法，较适合运用于规模较大的业务流程的可达矩阵的运算，提高了计算效率。

所以，基于变迁之间的邻接矩阵 J，使用 Warshall 算法来计算变迁之间的可达矩阵 $J^<$，即变迁之间的因果关系矩阵。

$$J^< = \mathrm{War}(J) = \begin{bmatrix} 0 & 1 & 1 & 1 & 1 & 1 & 1 & 1 \\ 0 & 0 & 0 & 1 & 0 & 1 & 1 & 1 \\ 0 & 0 & 0 & 0 & 1 & 0 & 0 & 0 \\ 0 & 0 & 0 & 0 & 0 & 1 & 1 & 1 \\ 0 & 0 & 0 & 0 & 0 & 0 & 0 & 0 \\ 0 & 0 & 0 & 0 & 0 & 0 & 0 & 0 \\ 0 & 0 & 0 & 0 & 0 & 0 & 0 & 1 \\ 0 & 0 & 0 & 0 & 0 & 0 & 0 & 0 \end{bmatrix}$$

矩阵中元素 $j_{ij}^< = 1$ 表示变迁 i 到变迁 j 可达，即有一条通路可以从变迁 i 到达变迁 j，而 $j_{ij}^< = 0$ 则表示变迁 i 到变迁 j 不可达。

然后基于冲突关系的定义，利用矩阵 A 和可达矩阵 $J^<$，可以计算出变迁之间的冲突关系矩阵 $J^\#$，具体计算过程如算法 1.7 所示。

算法 1.7　变迁的冲突关系矩阵计算 (CF)

输入：变迁-库所邻接矩阵 A，可达矩阵 $J^<$

输出：变迁的冲突关系矩阵 $J^\#$

1:　$T_s := \varnothing$ /*冲突关系变迁对集*/

2:　根据矩阵 A 获得直接冲突关系变迁对 T_p ，例如， $T_p = \{(t_1, t_2) \mid {}^{\bullet}t_1 \bigcap {}^{\bullet}t_2 \neq \varnothing, t_1, t_2 \in T\}$

3:　**for each** $(t_1, t_2) \in T_p$ **do**

4:　　$t_1^+ := \{t_1\} \bigcup \{T(k) \mid T(i) = t_1, J^<(i,k) = 1\}$

　　　　$t_2^+ := \{t_2\} \bigcup \{T(k) \mid T(i) = t_2, J^<(i,k) = 1\}$ /* $i, k \in N, 0 \leqslant i, k < |T|$ */

　　　　/* $\forall x \in t_1^+, \forall y \in t_2^+ : t_1 \preccurlyeq x \wedge t_2 \preccurlyeq y$ */

　　　　/*T 与 $J^<$ 中的变迁次序相同， $T(i)$ 表示 T 中第 i 个元素*/

5:　　$T_s := T_s \bigcup (t_1^+ \times t_2^+) \bigcup (t_2^+ \times t_1^+)$ /* $\forall (x,y) \in (t_1^+ \times t_2^+) \bigcup (t_2^+ \times t_1^+) : x \# y$ */

6:　**end for**

7:　$J^{\#} := [J_{i,k}]_{|T| \times |T|}$ /* $J_{ik} = \begin{cases} 1, & (T(i), T(k)) \in T_s \\ 0, & (T(i), T(k)) \notin T_s \end{cases}$ */

使用算法 1.7 得出变迁的冲突关系矩阵 $J^{\#}$

$$J^{\#} = \mathrm{CF}(A, J^<) = \begin{bmatrix} 0 & 0 & 0 & 0 & 0 & 0 & 0 & 0 \\ 0 & 0 & 1 & 0 & 1 & 0 & 0 & 0 \\ 0 & 1 & 0 & 1 & 0 & 1 & 1 & 1 \\ 0 & 0 & 1 & 0 & 1 & 0 & 0 & 0 \\ 0 & 1 & 0 & 1 & 0 & 1 & 1 & 1 \\ 0 & 0 & 1 & 0 & 1 & 0 & 0 & 0 \\ 0 & 0 & 1 & 0 & 1 & 0 & 0 & 0 \\ 0 & 0 & 1 & 0 & 1 & 0 & 0 & 0 \end{bmatrix}$$

因为 **PD-net** 模型中的变迁只有三种关系，现在得到了其中两种关系的矩阵。那么，如果两个变迁之间既不是因果关系也不是冲突关系，那么它们就是并发关系了。变迁的并发关系矩阵 J^{co} 可以由以下公式得到

$$J^{co} = \sim (J^{\#} \vee I \vee J^> \vee J^<) \tag{1.18}$$

其中，矩阵 $J^>$ 为转置的可达矩阵 $J^<$， I 为一个单位矩阵，$\sim$ 代表矩阵的取反操作。按照上述公式计算，可得例子中的变迁的并发关系矩阵 J^{co}

$$J^{co} = \sim (J^{\#} \vee I \vee J^> \vee J^<) = \begin{bmatrix} 0 & 0 & 0 & 0 & 0 & 0 & 0 & 0 \\ 0 & 0 & 0 & 0 & 0 & 0 & 0 & 0 \\ 0 & 0 & 0 & 0 & 0 & 0 & 0 & 0 \\ 0 & 0 & 0 & 0 & 0 & 0 & 0 & 0 \\ 0 & 0 & 0 & 0 & 0 & 0 & 0 & 0 \\ 0 & 0 & 0 & 0 & 0 & 0 & 1 & 1 \\ 0 & 0 & 0 & 0 & 0 & 1 & 0 & 0 \\ 0 & 0 & 0 & 0 & 0 & 1 & 0 & 0 \end{bmatrix} \tag{1.19}$$

得到变迁的并发关系矩阵 J^{co} 后，根据前面所述的数据不一致性定义，将可能导致数据不一致性问题的并发变迁放入问题变迁对集 T_s 中

$$
\begin{aligned}
T_s = \{(t_i,t_j) \mid j_{ij}^{co} = 1, (\text{Read}(t_i) \bigcup \text{Write}(t_i) \bigcup \text{Delete}(t_i)) \\
\bigcap (\text{Write}(t_j) \bigcup \text{Delete}(t_j)) \neq \varnothing, t_i, t_j \in T\}
\end{aligned} \tag{1.20}
$$

1.6.2.3　启发式函数

当可能导致数据不一致性问题的变迁对集 T_s 得到后，可以以此为目标尝试在可达图中生成目标配置 c，即在配置 c 下可能导致数据不一致性问题的两个变迁都可以使能。为了能够尽快在可达图中到达目标配置 c，利用原网中的一些结构信息来指导可达图向着目标配置生成。

首先，定义一个启发式搜索的目标配置 c_f，c_f 为变迁对集 T_s 中一个变迁对的前集库所的集合，数据方面则先不考虑。然后，需要一个估价函数 $\zeta(c)$ 来评估生成可达图时发生某个变迁的代价，使其能花最少的代价到达目标配置 c_f。

$$
\zeta(c) = \eta(c) + h(c) \tag{1.21}
$$

其中，配置 c 满足 $\exists c' \in R(c_0) : c'[t\rangle$。$\eta(c)$ 为历史代价函数，表示从起始配置 c_0 到当前配置 c 所用的实际代价，即从 c_0 到 c 所发生的变迁的个数。$h(c)$ 是从当前配置 c 到目标配置 c_f 最佳路径的估计代价，即从 c 到 c_f 估计发生的变迁个数。

在估价函数 $\zeta(c)$ 中，$h(c)$ 的估价显得十分重要，计算方式如下

$$
h(c) = \text{dis}(c, c_f) \tag{1.22}
$$

其中，$\text{dis}(c, c_f)$ 是在 PD-net 中从当前配置 c 到目标配置 c_f 的距离，计算公式如下

$$
\text{dis}(c, c_f) = \begin{cases} 0, & c_f \subseteq c \\ 1 + \min\limits_{t \in p} \text{dis}(c, {}^\bullet t), & c_f = \{p\} \\ \sum\limits_{p \in c_f} \text{dis}(c, \{p\}), & \text{其他} \end{cases} \tag{1.23}
$$

$\text{dis}(c, c_f)$ 计算在原网 PD-net 中从配置 c 到目标配置 c_f 经过的所有变迁。如图 1.10 (a) 所示，如果变迁 t_0 是问题变迁，则 $c_f = \{p \mid p \in P, p \in {}^\bullet t\}$。因为根据变迁发生规则，一个变迁要发生，则其所有前集库所都要满足托肯要求，进而要把到达这些库所经过的变迁都计算进去，所以 $\text{dis}(c, {}^\bullet t) = \sum\limits_{p \in {}^\bullet t} \text{dis}(c, \{p\})$。如图 1.10 (b) 所示，如果要到达一个库所，根据 Petri 网发生规则，只需它的一个前集变迁发生即可。为了快速到达目标库所，优先选择最短的一条路径，所以 $\text{dis}(c, \{p\}) = 1 + \min\limits_{t \in {}^\bullet p} \text{dis}(c, {}^\bullet t)$。

通过迭代使用式 (1.23)，可以计算出 $h(c)$ 的值，进而得到 $\zeta(c)$ 的值。例如，

图 1.10 (b) 中所示变迁 t_1 和 t_2 在配置 $c = \langle \{p_1\}, \{a\} \rangle$ 下可以发生。此时，初始配置为 $c_0 = \langle \{p_0\}, \rangle$，目标配置为 $c_f = \langle \{p_4, p_8\}, \rangle$。假设在配置 c 下发生变迁 t_1，可以得到一个新的配置 $c_1 = \langle \{p_2\}, \{a\} \rangle$，按上述方法计算可得 $\eta(c_1) = 2$，$h(c_1) = 2$，$\zeta(c_1) = \eta(c_1) + h(c_1) = 4$。而在配置 c 下发生变迁 t_2，新配置为 $c_2 = \langle \{p_3\}, \{a\} \rangle$，此时 $\eta(c_2) = 2$，$h(c_2) = \infty$，$\zeta(c_2) = \eta(c_2) + h(c_2) = \infty$。这意味着不存在一条路径从配置 c_2 到目标配置 c_f。所以，此时选择发生变迁 t_1。假如存在一条路径到达目标，这条路径不是最短的。将其存储后，当最短路径无法到达时，尝试使用此路径到达目标。

通过估价函数，可以尽可能快速找到一条通往目标配置的路径，然后进行检测。

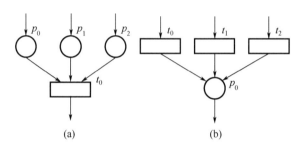

图 1.10　估价函数的计算

1.6.3　数据不一致性的启发式检测方法

基于上述的模型，能够尽可能快地在构建可达图的同时验证数据不一致性问题。由于这是有目的地在可达图中寻找状态，避免了许多不必要的状态的生成，如果系统中存在数据不一致性问题，能够在部分可达图中检测到，避免了状态空间爆炸问题。而且在搜寻目标状态时，使用了启发式函数来指导可达图的生成，提高了搜寻效率。

结合图 1.10 详细讲述检测算法的流程。首先，利用 Warshall 算法计算变迁的可达矩阵 (因果关系矩阵) 和冲突关系矩阵，然后用它们推出变迁的并发关系矩阵。根据数据不一致性定义，从并发关系矩阵中筛选出可能会导致问题的变迁，存入 T^{co}。对于 T^{co} 中的每一对变迁，取出它们的前集库所得到目标配置 c_f，并计算它们的 $\mathrm{dis}(c_0, c_f)$。为了尽快找到问题，从 $\mathrm{dis}(c_0, c_f)$ 值最小的目标配置开始检测，依次检测每个目标配置，直到问题出现才停止。对于一个目标配置，从初始配置 c_0 开始，依次计算其使能变迁 t 发生后的配置 c 的 $\mathrm{dis}(c, c_f)$，取其中值最小的配置生成，然后利用新生成的配置继续使用此方法计算。注意，其他的值如果不为无穷也需要记录，当最短的路径无法到达时，这些路径也需要生成来确定目标配置 c_f 是否真的不可达。根据引理 1.1，假如目标配置无法到达，则这两个问题变迁无法引发数据不一致性问题；假如可达，数据不一致性问题发生。该算法的时间复杂度为 $O(T^3)$ 。

算法 1.8　数据不一致性检测算法

输入：并发系统的业务流程的 PD-net 模型 Σ

输出：是否存在数据不一致性问题

1:　　计算 $J^{<}$ 和 $J^{\#}$ ，然后得到 J^{co}

2:　　根据 J^{co} 计算 J^{co}

　　　　/* J^{co} 中存储可能导致数据不一致性问题的并发变迁对*/

3:　　初始化队列 $C^t :=$ NULL

　　　　/* C^t 中存储配置*/

4:　　初始化 hashtable $HC :=$ NULL 和 $HT :=$ NULL

　　　　/*HC 的键存储将要生成的配置，对应的值存储其代价；HT 的键存储将要生成的配置，对应的值存储生成这个配置所要发生的变迁*/

5:　　**for each** $(t_1, t_2) \in T^{co}$

6:　　　　计算相应的 c_f 和 $dis(c_0, c_f)$ ， $C^t.add(c_f)$

　　　　　　/* c_f 为两个变迁的前集库所*/

7:　　**end for**

8:　　根据 $dis(c_0, c_f)$ 为 C^t 中的配置升序排序

9:　　**while** $C^t \neq \varnothing$ **do**

10:　　　　$c_f = C^t.peek()$, $C^t.poll()$

11:　　　　从 T^{co} 取出对应的 (t_1, t_2)

12:　　　　$HT.put(c_0, \varnothing)$, $HC.put(c_0, \zeta(c_0))$

13:　　　　**while** $HC \neq \varnothing$ **do**

14:　　　　　　从 HC 中获得 $\zeta(c)$ 最小的 $(c, \zeta(c))$ ，并将其从 HC 中移除

15:　　　　　　从 HT 中获取相应的 (c, t) ，并将其从 HT 中移除

16:　　　　　　$\forall t' : c[t'\rangle, T^{\varepsilon}.add(t')$

17:　　　　　　**for** $t' \in T^{\varepsilon}$ **do**

18:　　　　　　　　$c[t'\rangle c'$ ；

19:　　　　　　　　**if** $dis(c', c_f) == 0$ **then**

20:　　　　　　　　　　**if** $c'[t_1\rangle \&\& c'[t_2\rangle$ **then**

21:　　　　　　　　　　　　**return** 数据不一致性问题发生

22:　　　　　　　　　　**end if**

23:　　　　　　　　**else if** $dis(c', c_f) \neq \varnothing$ **then**

24:　　　　　　　　　　**if** HT 中存在 t' **then**

25:　　　　　　　　　　　　将 HT 中包含 t' 的项删除， $HT.put(c', \zeta(c'))$

26:　　　　　　　　　**else**
27:　　　　　　　　　　　HC.put$(c', \zeta(c'))$, HT.put(c', t')
28:　　　　　　　　**end if**
29:　　　　　　**end if**
30:　　　　**end for**
31:　　**end while**
32: **end while**
33:　**return** 系统没有数据不一致性问题

通过算法 1.8，可以检测出图 1.9 所示的系统的数据不一致性问题。图 1.11 (a) 为传统方法生成的完整可达图，图 1.11 (b) 为启发式方法生成的可达图。从原图计算得知，变迁对 (t_5, t_7) 可能会导致数据不一致性问题。图 1.11 (b) 中到达目标配置 c_4，在此配置下变迁 t_5 和 t_7 均可发生，所以数据不一致性问题产生了。对比两幅图，通过原网的结构特征和估价函数指导可达图的生成，通过避免不必要状态的生成，达到缓解可达图状态空间爆炸问题。

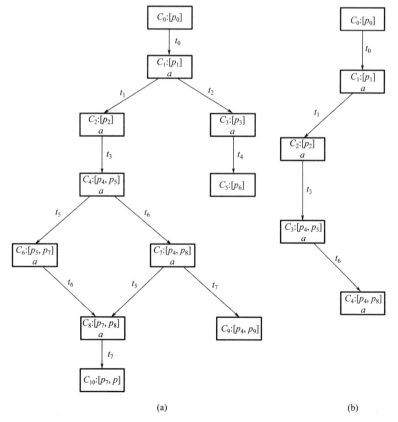

(a)　　　　　　　　　　　　　　　　　(b)

图 1.11　完整可达图以及启发式生成可达图

1.7 本 章 小 结

互联网大数据在井喷式增长的同时，数据滥采、盲采以及对互联网数据的无序使用，造成了巨大的资源浪费。为应对这种严峻挑战，本章构造了一种互联网新型虚拟数据中心——原位虚拟大数据中心。原位虚拟大数据中心通过对数据资源的勘探，实现数据资源不移动和数据资源分布信息的汇聚，向数据需求方提供数据资源信息服务或数据服务，从而提高数据资源的使用效率。另外，本章还介绍了原位虚拟数据中心平台的云边数据自适配存储、数据一致性和不一致性等核心技术。

参 考 文 献

[1] 工业和信息化部信息通信发展司. 全国数据中心应用发展指引(2018). 北京: 人民邮电出版社, 2019.

[2] 谈谈原创项目那点事. 百度站长学院. http://bbs.zhanzhang.baidu.com/thread-10507-1-1.html, 2013.

[3] Kumar M H, Peddoju S K. Energy efficient task scheduling for parallel workflows in cloud environment//The 2014 International Conference on Control, Instrumentation, Communication and Computational Technologies (ICCICCT), 2014: 1298-1303.

[4] Zhani M F, Zhang Q, Simon G, et al. VDC planner: dynamic migration-aware virtual data center embedding for clouds//The 2013 IFIP/IEEE International Symposium on Integrated Network Management (IM 2013), 2013: 18-25.

[5] 蒋昌俊, 王俊丽. 智能源于人、拓于工——人工智能发展的一点思考. 中国工程科学, 2018, 20(6): 93-100.

[6] Bian W, Wang Y, Cui L, et al. A collecting and processing system for health care big data based on web crawler technology. Journal of Shandong University, 2017, 55(6): 47-55.

[7] Kaur K, Kumar N, Garg S, et al. EnLoc: data locality-aware energy-efficient scheduling scheme for cloud data centers//The 2018 IEEE International Conference on Communications (ICC), 2018: 1-6.

[8] Ahmadvand H, Goudarzi M, Foroutan F. Gapprox: using gallup approach for approximation in big data processing. Journal of Big Data, 2019, 6(1): 1-24.

[9] Ding X, Qin S. Iteratively modeling based cleansing interactively samples of big data//International Conference on Cloud Computing and Security, 2018: 601-612.

[10] Nguyen T T, Song I. Centrality clustering-based sampling for big data visualization//2016 International Joint Conference on Neural Networks (IJCNN), 2016: 1911-1917.

[11] Herland M, Bauder R A, Khoshgoftaar T M. The effects of class rarity on the evaluation of supervised healthcare fraud detection models. Journal of Big Data, 2019, 6(1): 1-33.

[12] Johnson J M, Khoshgoftaar T M. Deep learning and data sampling with imbalanced big data//The 2019 International Conference on Information Reuse and Integration for Data Science (IRI), 2019: 175-183.

[13] He Q, Wang H, Zhuang F, et al. Parallel sampling from big data with uncertainty distribution. Fuzzy Sets and Systems, 2015, 258: 117-133.

[14] Slagter K, Hsu C H, Chung Y C. An adaptive and memory efficient sampling mechanism for partitioning in MapReduce. International Journal of Parallel Programming, 2015, 43(3): 489-507.

[15] Fan W, Geerts F, Cao Y, et al. Querying big data by accessing small data//Proceedings of the 34th ACM SIGMOD-SIGACT-SIGAI Symposium on Principles of Database Systems, 2015: 173-184.

[16] Taleb I, El Kassabi H T, Serhani M A, et al. Big data quality: a quality dimensions evaluation// The 2016 International Conferences on Ubiquitous Intelligence & Computing, Advanced and Trusted Computing, Scalable Computing and Communications, Cloud and Big Data Computing, Internet of People, and Smart World Congress (UIC/ATC/ScalCom/CBDCom/ IoP/SmartWorld), 2016: 759-765.

[17] Cheng D, Rao J, Guo Y, et al. Improving performance of heterogeneous MapReduce clusters with adaptive task tuning. IEEE Transactions on Parallel and Distributed Systems, 2017, 28(3): 774-786.

[18] Cheng D, Zhou X, Lama P, et al. Cross-platform resource scheduling for spark and MapReduce on YARN. IEEE Transactions on Computers, 2017, 66(8): 1341-1353.

[19] Guo Y, Rao J, Jiang C, et al. Moving Hadoop into the cloud with flexible slot management and speculative execution. IEEE Transactions on Parallel and Distributed Systems, 2016, 28(3): 798-812.

[20] 蒋昌俊, 丁志军, 喻剑, 等. 方舱计算. 中国科学: 信息科学, 2021, 51(8): 1233-1254.

[21] 蒋昌俊, 章昭辉, 王鹏伟, 等. 互联网新型虚拟数据中心系统及其构造方法: ZL 201910926698.2, 2022.

[22] Liu W, Wang P, Meng Y, et al. A novel algorithm for optimizing selection of cloud instance types in multi-cloud environment//The 25th International Conference on Parallel and Distributed Systems, 2019: 167-170.

[23] Cao E, Wang P, Yan C, et al. A cloudedge-combined data placement strategy based on user access regions//The 6th International Conference on Big Data and Information Analytics (BigDIA), 2020: 243-250.

[24] Csáji B, Browet A, Traag V, et al. Exploring the mobility of mobile phone users. Physica A: Statistical Mechanics and its Applications, 2012, 392(6): 1459-1473.

[25] Pérez-Torres R, Torres-Huitzil C, Galeana-Zapién H. A spatio-temporal approach to individual mobility modeling in on-device cognitive computing platforms, Sensors, 2019, 19(18): 3949.

[26] Ma D, Osaragi T, Oki T, et al. Exploring the heterogeneity of human urban movements using geo-tagged tweets. International Journal of Geographical Information Science, 2020, 34(11): 2475-2496.

[27] Johannes M, Waibel P, Schulte S. Cost- and latency-efficient redundant data storage in the cloud//The 10th IEEE International Conference on Service Oriented Computing and Applications (SOCA 2017), 2017: 164-172.

[28] Deb K, Pratap A, Agarwal S, et al. A fast and elitist multi-objective genetic algorithm: NSGA-II. IEEE Transactions on Evolutionary Computation, 2002, 6(2): 182-197.

[29] Starkweather T, Whitley D, Mathias K. Optimization using distributed genetic algorithms. Lecture Notes in Computer Science, 2005, 496: 176-185.

[30] Wang G, Deb S, Cui Z. Monarch butterfly optimization. Neural Computing and Applications, 2019, 31(7): 1995-2014.

[31] Ma L, Zhang Y, Zhao Z. Improved VIKOR algorithm based on AHP and Shannon entropy in the selection of thermal power enterprise's coalsuppliers//International Conference on Information Management, Innovation Management and Industrial Engineering, 2008: 129-133.

[32] Wang T, Lee H. Developing a fuzzy TOPSIS approach based on subjective weights and objective weights. Expert Systems with Applications, 2009, 36(5): 8980-8985.

[33] Amazon S3. https://aws.amazon.com/cn/s3/pricing/?nc=sn&loc=4,2020.

[34] Microsoft Azure Cloud Storage. https://azure.microsoft.com/en-us/pricing/details/storage/, 2020.

[35] Alibaba Cloud Object Storage. https://www.aliyun.com/price/product/oss/detail, 2020.

[36] Google Cloud Storage. https://cloud.google.com/pricing/, 2020.

[37] CloudHarmony. http://www.cloudharmony.com, 2020.

[38] Zhao T, Zhou S, Guo X, et al. Pricing policy and computational resource provisioning for delay-aware mobile edge computing//The 2016 International Conference on Communications in China, 2016: 1-6.

[39] Atakan A, Brandic I. Quality of service channelling for latency sensitive edge applications// The 1st International Conference on Edge Computing (EDGE), 2017: 166-173.

[40] Soffer P M. Mirror on the wall, can I count on you at all? Exploring data inaccuracy in business processes//Enterprise, Business-process and Information Systems Modeling, Berlin: Springer, 2010: 14-25.

[41] Kim K, Yavuzkahveci T, Sanders B A, et al. JRF-E: using model checking to give advice on eliminating memory model-related bugs. Automated Software Engineering, 2010, 19(4): 21-22.

[42] Tao X, Liu G, Yan B, et al. Workflow nets with tables and their soundness. IEEE Transactions on Industrial Informatics, 2019, 16(3): 1503-1515.

[43] 陶小燕. 含数据表的工作流网建模与分析. 上海: 同济大学, 2020.

[44] Yang B, Liu G, Xiang D, et al. A heuristic method of detecting data inconsistency based on petri nets//The 2018 IEEE International Conference on Systems, Man, and Cybernetics (SMC), 2018: 202-208.

第2章 大数据感知与勘探技术

2.1 网络数据勘探器构造

网络数据勘探器是原位虚拟大数据中心[1,2]的核心之一，它主要由四部分组成：数据采样引导模块、数据采样引导树/引导表、数据采样估算模块、数据资源分布图生成模块。网络数据勘探器的工作原理[2]如图 2.1 所示。其中，数据采样引导模块、数据采样引导树/引导表的作用是感知大数据，数据采样估算模块、数据资源分布图生成模块的作用是采样分析大数据和存储数据资源原位信息。

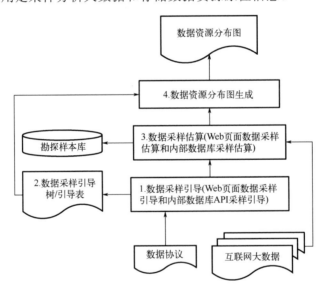

图 2.1 网络数据勘探器的构造

下面介绍网络数据勘探器的技术原理。

首先，数据采样引导模块主要是根据数据提供方的相关数据访问限制，生成数据采样引导信息。主要分为两类引导：一类是 Web 页面数据采样引导，一类是内部数据库 API 采样引导。Web 页面数据采样引导主要是读取互联网中的数据爬取协议文件、站点地图文件，并按照一定的策略读取部分数据，生成数据采样引导树。数据采样引导树记录了可访问数据站点资源及其访问权限等。内部数据库 API 采样引导主要是通过读取数据提供方提供的访问方式及访问限制的标准访问文件，生成数据采样引导树；若没有提供标准的访问限制文件，则人工配置标准访问文件，然后再生成数据采样引导树。

其次，数据采样引导树/引导表是数据采样引导模块生成的数据采样引导信息数据结构。数据采样引导树是指对 Web 信息进行采样的引导信息，Web 页面数据采样引导模块生成，如图 2.2 所示。Web 数据采样引导树主要是一棵树形结构，根节点是网站的根目录节点，子节点是子网站的子目录节点，每个节点的描述项包括数据位置(数据所在的站点位置)、数据模态(文本、图像、视频、语音等)、数据勘探器名字、数据访问的限制命令、数据的时序特征、访问命令、命令参数、返回的数据格式(页面或 Json 等数据格式)、扩展项(用于其他 Web 形式数据的扩展描述)。数据采样引导表是指对互联网上通过 API 接口访问内部数据库的数据采样引导信息表，如表 2.1 所示，主要包括数据位置(数据所在的站点位置)、数据模态、数据勘探器名字、访问禁止/限制项、API 调用函数表(含参数、返回值)描述、数据的时序性、数据的分布性、数据是否在线/离线、扩展项。

然后，数据采样估算模块根 Web 数据采样引导树和内部数据库 API 采样引导表，按照一定的策略(区间采样或点采样策略)抓取一定数量的数据存入互联网虚拟资源库；同时进行互联网 Web 数据采样估算或内部数据库应用程序编程接口采样估算，估算数据的类别、数据模态、数据量、数据成分、数据分布等。

最后，数据资源分布图生成模块根据数据采样的分析结果，以及数据采样引导树中的访问限制，生成数据资源分布图。

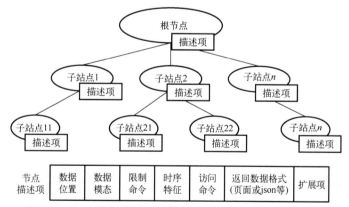

图 2.2　Web 数据采样引导树 Web-GuideTree 的构成模型

表 2.1　内部数据库 API 采样引导信息表 API-GuideList

数据位置	数据模态	数据勘探器名字	访问禁止/限制项	API 调用函数表(含参数、返回值)描述	数据的时序性	数据的分布性	数据是否在线/离线	扩展项
—	—	—	—	—	—	—	—	—

2.2 大数据感知方法

2.2.1 Web 数据采样引导算法

Web 数据采样引导方法如算法 2.1 所示，包含如下步骤：

首先输入种子 URL，抓取站点根目录下的爬虫协议文件 robots.txt，并提取其中的限制项、站点地图文件等。同时生成可抽取数据的站点引导树 Web-GuideTree 树（图 2.2）和不可访问站点资源列表 DisAllow-List。在生成的同时将允许访问 Allow、限制访问项 Crawl-delay 写入站点节点属性、将禁止访问项 Disallow 写入 DisAllow-List。

之后利用广度优先搜索 Web-GuideTree 树，随机抽取每个站点中的若干链接页面，并且分析页面中 URL、页面内容及文件名后缀，初步分离数据模态（文本、图像、视频、语音等），并写入 URL-Allow 树叶子节点的模态属性；分析页面内容的时间属性，并写入 Web-GuideTree 树叶子节点的时间序列相关属性。当访问结束后将限制访问的属性写入 Web-GuideTree 树叶子节点的限制属性中。

算法 2.1　Web 数据采样引导算法

输入： 种子 URL

输出： 数据模态信息

1:　抓取站点根目录下的爬虫协议文件 robots.txt

2:　提取 robots.txt 中的限制项、站点地图文件 sitemap.xml

3:　生成可抽取数据的站点引导树 Web-GuideTree 树和不可访问站点资源列表 DisAllow-List

4:　**while** Web 引导树访问未结束

5:　　广度优先搜索 Web 引导树，随机抽取每个站点中的若干链接

6:　　分析页面中的 URL，查找 DisAllow-List，若在表中则略去；否则继续

7:　　分析页面内容及文件名后缀，初步分离数据模态；并写入 URL-Allow 树叶子节点的模态属性

8:　　分析页面内容的时间属性，并写入 Web 引导树叶子节点的时间序列相关属性

9:　**end while**

10:　将限制访问的属性写入 Web-GuideTree 树叶子节点的限制属性中

2.2.2 内部数据库 API 采样引导算法

内部数据库 API 采样引导算法如算法 2.2 所示，首先抓取指定站点的内部数据 API 访问配置文件。若没有该文件，且站点不提供 API 访问，则结束；否则人工生

成 API 访问配置文件。然后分析配置文件，初步分离数据模态（文本、图像、视频、语音等）、访问限制等，填入 API 数据采样信息表 API-GuideList（表 2.1）。

算法 2.2　内部数据库 API 采样引导算法

输入：内部数据 API 访问配置文件

输出：数据模态信息

1:　　**if** 内部数据 API 访问配置文件存在 **then**

2:　　　　　分析配置文件，初步分离数据模态、访问限制等，填入采样信息表

3:　　**else** 不存在 **then**

4:　　　　　人工生成 API 访问配置文件

5:　　**end if**

2.3　大数据勘探方法

2.3.1　Web 数据采样估算算法

Web 数据采样估算算法具体步骤如算法 2.3 所示[2]，首先读取站点数据引导树，根据叶子站点抓取页面，根据该叶子节点的 URL 模板，分离出有效链接数。其次分析站点数据是否和时间序列相关，若相关，则设置抓取时间区间，并抓取区间内的数据，写入数据库，统计页面数；同时采用区间估算法，估算出各类模态数据在该区间内的数据分布；利用已有的分类模型对页面进行分类，采用区间估算法[3]，估算出各类数据在该区间内的数据分布。若不相关，则设置随机抓取页面位置（数），并抓取随机位置的数据，写入数据库，统计页面数；采用点估算法，估算出各类模态数据的数据分布；利用已有的分类模型对页面进行分类，采用点估算法，估算出各类数据分布。最后根据站点链接总数、数据模态分布、分类数据分布计算出站点的数据总量。

算法 2.3　Web 数据采样估算算法

输入：站点数据引导树

输出：站点的数据总量

1:　　读取站点数据引导树

2:　　根据叶子站点抓取页面，分离出有效链接数

3:　　**if** 站点数据时间序列相关 **then**

4:　　　　　设置抓取时间区间，并抓取数据写入数据库，统计页面数

5:　　　　　采用区间估算法估算各类模态数据在该区间内的数据分布

6:　　　　　对页面进行分类，采用算法估算出各类数据在该区间内的数据分布

7:	**else** //不相关
8:	设置随机抓取页面位置(数)，并抓取数据写入数据库，统计页面数
9:	采用点估算法，估算出各类模态数据的数据分布
10:	对页面进行分类，采用点估算法，估算出各类数据分布
11:	**end if**
12:	根据站点链接总数、数据模态分布、分类数据分布计算出站点的数据总量

2.3.2　内部数据库 API 采样估算算法

内部数据库 API 采样估算算法具体步骤如算法 2.4 所示，首先读取站点数据引导表并分析其中的数据项。其次判断站点数据是否和时间序列相关，如果是则设置若干个抓取时间区间，抓取区间内的数据，并写入数据库，统计各区间内的记录数；设置时间跳转步长，估算出区间内的数据分布；利用已有的分类模型对区间内数据进行分类并记入分布图的第一层节点项。如果不是则设置若干个随机抓取数据的记录号，并抓取数据，写入数据库，统计记录数；设置记录跳转步长，估算出数据分布[4]；利用已有的分类模型对数据进行分类并记入分布图的第一层节点项。最后根据站点数据模态分布、分类数据分布计算出站点的数据总量。

算法 2.4　内部数据库 API 采样估算算法

输入：站点数据引导表

输出：站点的数据总量

1:	读取站点数据引导表
2:	分析引导表的数据项
3:	**if** 站点数据和时间序列相关　**then**
4:	设置若干个抓取时间区间，并抓取数据写入数据库，统计页面数
5:	设置时间跳转步长，估算出区间内的数据分布
6:	对区间内数据进行分类并记入分布图的第一层节点项
7:	**else** 不相关　**then**
8:	设置若干个随机抓取数据的记录号，将数据写入数据库，统计记录数
9:	设置记录跳转步长，估算出数据分布
10:	对数据进行分类并记入分布图的第一层节点项
11:	**end if**
12:	根据站点数据模态分布、分类数据分布计算出站点的数据总量

2.3.3　数据勘探器的实验验证与分析

为了说明原位虚拟数据中心可以通过数据勘探有效地评估数据分布情况，下面进行实验验证。首先，采集了中国某新闻网站 2019 年全年文本新闻的数据，共获得

275883 条数据，用于勘探该网站数据量的评估对比。其次，以周为单位，分别从该网站采样 10、15、20、25、30、35、40 周的数据。然后，利用置信区间的随机采样法对该网站全年的数据总量进行评估，评估结果如图 2.3 所示。

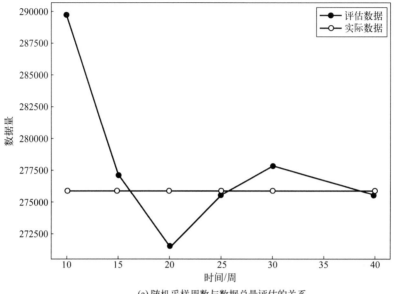

(a) 随机采样周数与数据总量评估的关系

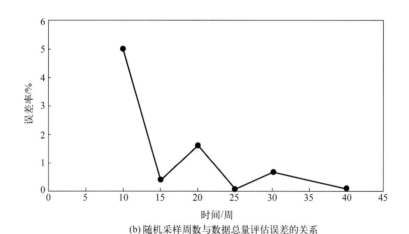

(b) 随机采样周数与数据总量评估误差的关系

图 2.3　置信度为 0.95 的随机采样评估数据总量的效果

　　图 2.3(a) 反映了采样周数与评估的数据总量的关系，图 2.3(b) 反映了采样周数与评估的数据总量误差的关系。可以看出，总体趋势是采样点越多，误差越小。对于大数据而言，采样点的数量可以根据评估的误差控制阈值来确定，而不必采集过多的数据。在本例中，如果误差率控制在 2% 以内，那么，采集 15 周的数据就可以

评估数据总量了。这个数据总量作为资源分布图的一部分,可以指导数据分析者去确定是否采集数据。比如说,需要 20 万条 2019 年的新闻数据做挖掘分析,那可以去该网站采集;如果需要 50 万条的数据,那就没必要去采集,否则会浪费资源。

为了进一步说明数据勘探器的作用,本节对某音频网站的音频数据量进行了勘探估算。该网站 2019 年 1 月～2020 年 1 月大约 400 天的数据量有 78806240 个音频数据(平均每个音频约 1M)。采用等距采样法,分别按每隔 4、6、8、10 天的间隔采集 100、66、50、40 天的数据。然后采用多项式拟合的方法拟合数据分布曲线,与 400 天的全量数据比较,如图 2.4 所示。可以看出,采样得到数据量的分布曲线与全量数据的分布曲线基本一致。根据采样拟合的曲线可以计算出全年的数据总量,如表 2.2 所示。采样时间间隔为 4、6、8 天的误差率分别为 1.11%、1.12%、1.81%,都小于 2%,而采样间隔为 10 天的误差率为 4.91%,远远高出间隔 8 天以下的误差率。这说明采样点较少时可以得到一个较准确的估算值,但采样点不宜过少。

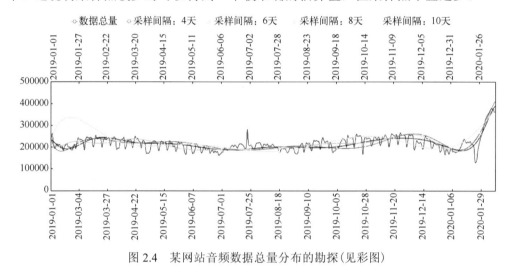

图 2.4　某网站音频数据总量分布的勘探(见彩图)

表 2.2　某网站音频数据勘探误差表

采样时间间隔/天	数据总量估算/个	误差率/%
4	79684421	1.11
6	79704764	1.12
8	80248137	1.81
10	82695108	4.91

从以上两个实验可以看出,利用数据勘探器可以有效地勘探互联网大数据,并能得到数据总体分布情况,除了数据总量的评估,还可以评估数据类型分布、数据成分的分布等数据总体性特征。另外,从国内某新闻网站中随机抽取某天的新闻,

利用某搜索引擎搜索相同的新闻，发现随机抽取的新闻在互联网上基本存在数量不等的重复内容，如图 2.5 所示。因此，以数据勘探器为核心的互联网虚拟数据中心对于减少互联网数据的重复存储具有重要意义。

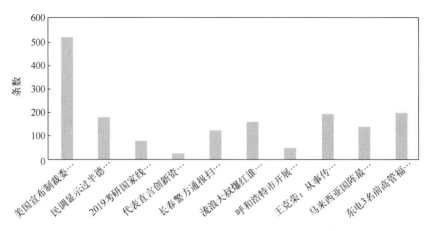

图 2.5　某新闻网站中的新闻在互联网上的重复数

2.4　融合文本与链接的主题建模方法

2.4.1　问题的提出

在线社交网络的高速发展极大地促进了用户生成内容(User Generated Content，UGC)的繁荣，用户间的朋友关系也将原本独立的信息关联起来。文档不再是相互独立的文本，它们成为网络结构中的节点。现有研究将这种同时包含文本与拓扑信息的数据统称为文本网络(Document Networks)。除了社交网络数据外，被超链接关联的网页或具有相互引用关系的学术论文也是典型的文本网络数据集。由于文本与链接是两种完全异构的数据，对于互联网上的文档、网页等数据进行勘探时，如何更好地建模文本与链接之间潜在的关联关系，给研究者提出了诸多挑战。

尽管对于相关问题的解决方法各不相同，但其往往都基于一个基本假设，即主题相似的文档间存在链接的概率更大。该假设源自于一个社会学的共识，即"物以类聚，人以群分"。然而在复杂的网络环境中，仅仅考虑相似性，会忽略数据中丰富的关联模式。例如，人们除了关注具有相似兴趣的朋友外，也喜欢关注发布突发新闻或具有独特观点的用户；同时，社交网络中，拥有差异兴趣的朋友也是极为常见的，这些都与传统假设相违背。

为此，提出两种不同的模型来克服传统方法的不足。第一，引入一个新的潜在变量"隐含关联因子"(Latent Correlation Factor)来将链接分类,不同种类的链接反映不同的关联关系。通过拟合训练数据,模型可以非常全面地刻画链接所表征的多样化关联类型。具体来说,对任意一条链接,模型通过典型关联分析最大化两端文档的主题分布的相关性,从而主题模型便与链接分析有机地结合起来。第二,引入了经济学中建模相关性的著名算法 Copula 函数。对于多元随机分布来说,Copula 函数可以在不考虑变量的边缘分布的情况下,显式地建模随机变量之间的依赖关系。如果将单个文档的主题分布看成一个随机变量,那么文档间的网络结构就可以看成变量之间的依赖关系,通过 Copula 函数就可以将链接分析与主题建模结合起来。同时,每个 Copula 函数都有一个参数,调整的数值可以改变 Copula 函数所刻画的关联关系的类型。尽管 Copula 函数在经济学中被广泛应用,但其在机器学习领域仍然没有得到足够的重视。

本节将主要从以上两个方面来切入对文本网络的建模研究,提出了两种不同的概率模型,并分别采用变分推断与 EM 算法来估计模型参数[5,6]。相较于已有算法,两个模型在主题建模与链接分析方面均获得了显著的效果提升。

2.4.2　关联主题分析模型

本节提出了一种建模文本网络的新方法——关联主题分析(Correlation-Topic Analysis,CTA)。由于链接通常被表示为二值变量(存在为 1,不存在为 0),所以仅从拓扑角度并不能对链接进行区分。这里提出一种新的思路,即根据链接两端文档主题分布的不同,将链接划分为不同种类,且每个种类表征一种特殊的关联类型。一般认为,任何存在链接的文本对之间的相关性要显著强于不存在链接的文本对,即链接是一种强关联性的反映,而非相似性的表征。从本质上来说,相似性仅是相关性的特例,社交网络中的趋异性(Heterophily)也是一种典型的强相关性。但是如果认为每条链接所表征的相关性都是独特的,那么模型需要建模的关联性种类将与链接数量呈现正相关。对于一个有 n 个节点的有向完全图,其节点对的个数趋近 n^2 个。换言之,规模为 10000 的文档集,其对应的关联种类趋近于一亿个,过多的参数不仅使得模型的推断过程极为复杂,也带来了过拟合的风险。

这里,引入一个新的假设,即从同一文档起始的链接同属一个分类。该假设的现实依据是,文档与链接均是由用户所创建,同一个用户的偏好往往是固定的,因而由该用户生成的链接往往具有强同质性。基于该假设,可以进一步改进模型的结构。如图 2.6 所示,对于某个文档 d_s,可以将其所对应的邻接文档聚合成一个新文档 d_e,那么模型的目标就转为建模 d_s 与 d_e 之间的关联关系。换言之,原本由链接所表征的关联信息被隐式地编码进了 d_s 与 d_e 的对应关系中,同时原本一对多的映射关系也转化为了一对一的模式。这种策略极大地减少了模型的参数数量,从而加速了模型的推断过程。从算法角度来说,引入了典型关联分析(Canonical Correlation

Analysis，CCA）来建模这种潜在特征。在 CCA 的概率解释中，两个随机变量集合的关联类型由一个隐含关联因子所控制，该变量恰好对应于模型对链接隐含关联种类的描述。对于任意一条链接，通过 CCA 最大化其两端文档的主题相关性，并通过最大似然估计来拟合数据，推断模型参数。

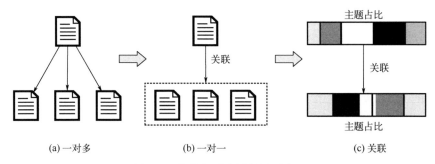

(a) 一对多   (b) 一对一   (c) 关联

图 2.6 关联主题分析的原型表示

在三个不同类型的数据集上验证模型的有效性，即具有共同作者关系的学术论文，存在相互引用关系的科技文献和具有超链接关系的网页文本。实验结果验证了模型在主题建模与链接预测上的有效性。本节的主要工作如下：

（1）提出了关联主题分析模型（CTA），其通过引入隐含关联因子，将链接划分为多个潜在分类。模型更全面地建模文档间多样化的语义联系。

（2）使用典型关联分析来最大化链接两端文档的相关性，模型突破了传统算法仅建模相似性的局限，使其具有更好的表达能力。

（3）采用变分 EM 算法进行后验推断，该方法较传统的马尔可夫链蒙特卡罗方法更具可控性。在三个不同数据集上同现有工作进行了比较，实验证明 CTA 在主题建模与链接预测效果上均有显著提升。

2.4.2.1 系统模型

这里首先给出模型的形式化定义，并从生成过程开始，详细介绍算法的设计思路，最后根据模型结构给出具体的参数推断方法。

设在一个文本网络数据集中存在 D 个文档，其中文档 d 包含 N_d 个单词。符号 V 表示词汇表中单词的数量。K 和 T 分别表示模型预先设定的主题数和链接的潜在分类数。符号 L 表示潜在关联因子的维度。θ 表示一个多项式分布，且其存在以 $\alpha \in R^T$ 为超参数的狄利克雷先验。$\beta_{1:K}$ 表示 K 个在词汇表上的多项分布。对于任意文档 d，其所对应的邻接文档被聚合为 d_e。设文档 d_e 中有 N'_d 个单词，为了更好地体现 d 与 d_e 之间的对应关系，将 d 等价地表示为 d_s。文档 d_s 与 d_e 中的主题占比分布被分别表示为 x_{d_s} 和 x_{d_e}。如前文所述，假设以 d_s 为起点的所有链接均属于同一分类，那么这些链接所表征的关联关系即被隐式地编码进 d_s 与 d_e 的对应关系中。用 $g_d \in [1,T]$ 表

示文档 d_s 所对应的关联种类。那么，关联主题分析 CTA 的生成过程如下：

步骤 1：生成多项分布 $\theta \sim \mathrm{Dir}(\alpha), \theta \in R^T$；

步骤 2：对于每一种关联分类 $t \in \{1, \cdots, T\}$，生成 L 维的高斯关联因子 $y_t \sim \mathcal{N}(0, I_L)$；

步骤 3：对于每个文档 $d \in \{1, \cdots, D\}$，生成该文档对应的关联类型 $g_d \sim \mathrm{Mult}(\theta)$；

步骤 4：生成 K 维的文档主题占比分布

$$x_{d_s} \sim \mathcal{N}(M_{s,g_d} y_{g_d} + \mu_{s,g_d}, \Sigma_{s,g_d})$$

$$x_{d_e} \sim \mathcal{N}(M_{e,g_d} y_{g_d} + \mu_{e,g_d}, \Sigma_{e,g_d})$$

步骤 5：对文档 d_s 中的每个单词 $w_{d_s,n} \in \{1, \cdots, N_d\}$，生成该单词对应的主题 $z_{d_s,n} \sim \mathrm{Mult}(f(x_{d_s}))$；

步骤 6：从主题对应的单词分布中生成该单词 $w_{d_s,n} \sim \mathrm{Mult}(\beta_{z_{d_s,n}})$；

步骤 7：对于文档 d_s 的邻接文档 d_e 中的每个单词 $w_{d_e,n} \in \{1, \cdots, N'_d\}$，生成该单词对应的主题 $z_{d_e,n} \sim \mathrm{Mult}(f(x_{d_e}))$；

步骤 8：从主题对应的单词分布中生成该单词 $w_{d_e,n} \sim \mathrm{Mult}(\beta_{z_{d_e,n}})$；

这里 $f(x)$ 被定义为 $f(x_i) = \exp(x_i) / \Sigma_j \exp(x_j)$，其中 $i \in \{1, \cdots, \lambda\}$，$\lambda$ 是向量 x 的维度。

图 2.7 中给出了关联主题分析的概率图模型，从上述的生成过程中可以得到如下信息。

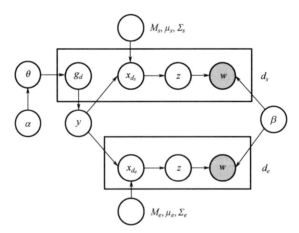

图 2.7　关联主题分析的概率图模型

(1) 步骤 2 和步骤 4 与典型关联分析的生成过程一致，即模型的最大后验估计将使得 x_{d_s} 与 x_{d_e} 之间的相关性最大化。模型中共定义了 T 种潜在的关联类型，每一种都对应一个典型关联因子 y_t。步骤 4 和步骤 5 与相关主题模型 (Correlated Topic Model，CTM)[26]的生成过程一致，CTM 是 LDA 的一种典型变种，旨在更好地发掘主题之间的关联关系。x_{d_s} 与 x_{d_e} 生成自两个高斯先验，Softmax 函数 $f(x)$ 将 x_{d_s} 与 x_{d_e}

映射到隐含的主题空间中。

(2) 使用 $\Theta = \{M_s, \mu_s, \Sigma_s, M_e, \mu_e, \Sigma_e, \alpha, \beta\}$ 来表示模型的参数集合。M_s 和 M_e 分别表示 T 个维度为 $K \times L$ 的矩阵，它们将隐含关联因子 y 线性地从隐含关联空间转换到主题空间（步骤 4）。同时，模型中还存在一系列隐变量的集合 $\Phi = \{\theta, y, g, x_{d_s}, x_{d_e}, z_{d_s}, z_{d_e}\}$。由于所有的链接信息都被编码进了文档 d_s 与 d_e 的对应关系中，使用 D 来表示可观察到的文本网络数据。

基于以上分析，可以得到关联主题分析模型在给定参数 Θ 的情况下，生成观察数据 D 的似然函数为

$$P(D \mid \Theta) = \int_y \int_\theta \int_{x_s} \int_{x_e} p(\theta \mid \alpha) \prod_{t=1}^{T} p(y_t) \prod_{d=1}^{D} \sum_g p(g_d \mid \theta) p(x_{d_s} \mid y_{g_d}) p(x_{d_e} \mid y_{g_d})$$

$$\times \prod_{d=1}^{D} \prod_{n=1}^{N_d} \sum_z p(z_{d_s,n} \mid x_{d_s}) p(w_{d_s,n} \mid z_{d,n}, \beta)$$

$$\times \prod_{d=1}^{D} \prod_{n=1}^{N_d'} \sum_z p(z_{d_e,n} \mid x_{d_e}) p(w_{d_e,n} \mid z_{d_e,n}, \beta) \, \mathrm{d}y \mathrm{d}\theta \mathrm{d}x_s \mathrm{d}x_e$$

通过极大似然估计（Maximum Likelihood Estimation，MLE），便可以在给定观察值的情况下，得到最优的模型参数 Θ，即

$$\arg\max_{\Theta} \log P(D \mid \Theta)$$

但是隐含变量之间的相互耦合关系使得模型参数的推断过程变得极其困难，同时高斯先验（如果考虑 Softmax 函数，其本质为对数高斯先验）与多项分布之间的非共轭关系很难基于采样方法得到后验分布。

2.4.2.2　变分推断与参数估计

尽管关联主题分析模型将文本与拓扑信息很好地统一起来，但如何进行有效的后验推断仍然是一个巨大的挑战。变分 EM 算法[7]提供了一种逼近真实后验分布的思路。假设求解真实的后验分布 $P(Z \mid X)$ 是计算上困难的，其中变量 X 和 Z 分别表示观察值和隐含变量，变分 EM 算法旨在通过引入一个变分分布 $Q(Z)$ 来逼近原始的后验分布，即使得 $P(Z \mid X) \approx Q(Z)$，其中 $Q(Z)$ 通常假设与 $P(Z \mid X)$ 来自同一个分布族。如果用 $d(Q \| P)$ 来表示这两个分布之间的差异，那么模型的目标转换为最小化函数 $d(Q \| P)$。在统计学中，通常用 KL 散度（Kullback-Leibler Divergence，KL-Divergence）来实例化 $d(Q \| P)$，即

$$D_{\mathrm{KL}}(Q \| P) = \sum_z Q(Z) \log \frac{Q(Z)}{P(Z \mid X)}$$

通过简单的变换可以得到

$$D_{KL}(Q \| P) = \sum_z Q(Z) \log \frac{Q(Z)}{P(Z,X)} + \log P(X)$$

即

$$\log P(X) = D_{KL}(Q \| P) - \sum_z Q(Z) \log \frac{Q(Z)}{P(Z,X)} = D_{KL}(Q \| P) + E_Q[P(Z,X)]$$

由于 $\log P(X)$ 是不随 Q 变化的，最大化 $E_Q[P(Z,X)]$ 等价于最小化 $D_{KL}(Q \| P)$。在选择合适的 Q 的情况下，最大化期望 $E_Q[P(Z,X)]$ 是计算上相对简单的。由于 $E_Q[P(Z,X)]$ 可被看成 $\log P(X)$ 的下界，整个问题转而变为优化 $E_Q[P(Z,X)]$ 的参数，从而使对数似然最大化。

(1) 变分推断：E 步算法。

在这一步骤中，固定模型参数，更新隐含变量 Φ 的后验分布。在变分 EM 算法中，首先需要为隐含变量 Φ 引入带有自由参数的变分分布 $q(\Phi)$。根据上文中的分析，已知最大化模型的似然函数等价于使 $q(\Phi)$ 尽可能地接近真实的后验分布，即二者对应的 KL 散度尽可能小。为了便于计算，假设 $q(\Phi)$ 中的隐含变量均是相互独立的，且变分分布与随机变量的原始分布具有相同的形式，因此 $q(\Phi)$ 可以被定义如下

$$\theta \sim \mathrm{Dirichlet}(\gamma), \quad y_t \sim N(\overline{y_t}, \Sigma_{yt})$$

$$x_{d_s,k} \sim N(\overline{x}_{d_s,k}, \Sigma_{d_s,k}), \quad x_{d_e,k} \sim N(\overline{x}_{d_e,k}, \Sigma_{d_e,k})$$

$$z_{d_s,n} \sim \mathrm{Mult}(\Phi_{z,d_s,n}), \quad z_{d_e,n} \sim \mathrm{Mult}(\Phi_{z,d_e,n})$$

$$g_d \sim \mathrm{Mult}(\Phi_{g_d})$$

$$\theta \sim \mathrm{Dirichlet}(\gamma), \quad y_t \sim \mathcal{N}(\overline{y}_t, \Sigma_{yt})$$

$$x_{d_s,k} \sim \mathcal{N}(\overline{x}_{d_s,k}, \Sigma_{d_s,k}), \quad x_{d_e,k} \sim \mathcal{N}(\overline{x}_{d_e,k}, \Sigma_{d_e,k})$$

$$z_{d_s,n} \sim \mathrm{Mult}(\phi_{z,d_s,n}), \quad z_{d_e,n} \sim \mathrm{Mult}(\phi_{z,d_e,n})$$

$$g_d \sim \mathrm{Mult}(\phi_{g_d})$$

其中，向量 x_{d_s}（对于 $x_{d_s,k}$ 有 $k \in [1,K]$）的每个维度均产生自一元高斯分布，同理适用于 x_{d_e}。由于 x_{d_s} 和 x_{d_e} 均拟合自单个文档，如果假设向量 x_{d_s} 或 x_{d_e} 产生自多元高斯分布，就需要引入一个全值的协方差矩阵，过多的参数对于单个文档来说意义不大，且可能导致欠拟合。以上的变分分布中有如下变分参数

$$v = \{\gamma, \overline{y}_t, \Sigma_{y_t}, \overline{x}_{d_s}, \Sigma_{d_s}, \overline{x}_{d_e}, \Sigma_{d_e}, \Phi_{z,d_s}, \Phi_{z,d_e}, \Phi_{g_d}\}$$

使用琴生不等式 (Jensen's Inequality)[7]便可以得到模型的对数似然函数的下

界，即

$$\log P(D|\Theta) \geq E_q(\log P(D,\Phi|\Theta,v)) + H(q)$$

其中，$\log P(D,\Phi|\Theta,v)$ 表示包含观察值 D 和隐含变量 Φ 的对数似然函数。变分分布 $q(\Phi)$ 的熵被表示为 $H(q)$，由此模型的对数似然 $\log P(D|\Theta)$ 的下界就可以被展开为

$$\log P(D|\theta) \geq E_q(\log P(\theta|\alpha)) + \sum_{t=1}^{T} E_q(\log P(y_t))$$

$$+ \sum_{d=1}^{D} [E_q(\log P(g_d|\theta) + E_q(\log P(x_{d_s}|y_{g_d}) + \log P(x_{d_e}|y_{g_d}))]$$

$$+ \sum_{d=1}^{D} \sum_{n=1}^{N_d} [E_q(\log P(z_{d_s,n}|x_{d_s})) + E_q(\log P(w_{d_s,n}|z_{d_s,n},\beta))]$$

$$+ \sum_{d=1}^{D} \sum_{n=1}^{N'_d} [E_q(\log P(z_{d_e,n}|x_{d_e})) + E_q(\log P(w_{d_e,n}|z_{d_e,n},\beta))]$$

当将变分参数 v 代入上式，右边的每一项就可以被逐个展开，从而得到对数似然函数对于变分分布 $q(\Phi)$ 的期望，这里有

$$E_q(\log P(\theta|\alpha)) = \log \Gamma\left(\sum_{i=1}^{T}\alpha_i\right) - \sum_{i=1}^{T}\log\Gamma(\alpha_i) + \sum_{i=1}^{T}(\alpha_i-1)\left(\psi(\gamma_i) - \psi\left(\sum_{j=1}^{T}\gamma_j\right)\right)$$

其中，Γ 表示伽马函数（Gamma Function），即阶乘在实数集的泛化形式。Ψ 表示双伽马函数（Digamma Function），即伽马函数的对数的一阶导数。

$$E_q(\log P(y_t)) = -\frac{L}{2}\log 2\pi - \frac{1}{2}\text{tr}(\Sigma_{y_t}) - \frac{1}{2}\bar{y}_t^{\mathrm{T}}\bar{y}_t$$

其中，$\text{tr}(\Sigma_{y_t})$ 表示协方差矩阵 Σ_{y_t} 的迹。

$$E_q(\log P(g_d|\theta)) = \sum_{t=1}^{T}\phi_{g_d,t}\left(\psi(\gamma_t) - \psi\left(\sum_{i=1}^{T}\gamma_i\right)\right)$$

$$E_q(\log P(x_{d_a}|y_{g_a})) = \frac{1}{2}\sum_{t=1}^{T}\phi_{g_a},t\left\{\log|\Sigma_{a,t}|^{-1} - \text{tr}(\text{diag}(\Sigma_{d_a})\Sigma_{a,t}^{-1})\right\}$$

$$- \text{tr}(\bar{x}_{d_a} - M_{a,t}\bar{y}_t - \mu_{a,t})(\bar{x}_{d_a} - M_{a,t}\bar{y}_t - \mu_{a,t})^{\mathrm{T}}\Sigma_{a,t}^{-1}$$

$$- \text{tr}\left(M_{a,t}\Sigma_{y_t}M_{a,t}^{\mathrm{T}}(\Sigma_{a,t}^{-1})^{\mathrm{T}}\right)\right\} - \frac{1}{2}K\log 2\pi$$

上面的公式是基于矩阵正态分布的特殊性质 $E(X^{\mathrm{T}}BX) = V\text{tr}(UB^{\mathrm{T}}) + M^{\mathrm{T}}BM$ 展开，其中变量 X 生成自矩阵正态分布 $X \sim MN(M,U,V)$。在生成过程中，由于文档 d_s 与 d_e

的生成形式是完全一致的，为了表示方便，使用 a 来替换符号 s 或 e。由于对应 d_s 与 d_e 的参数的更新公式具有完全相同的形式，在下面仅描述一次。对于变量 z，可以有

$$E_q(\log P(z_{d_a,n} \mid x_{d_a})) \geq \sum_{k=1}^{K} \overline{x}_{d_a,k} \phi_{z,d_a,n,k} - \zeta_a^{-1} \left(\sum_{k=1}^{K} \exp(\overline{x}_{d_a,k} + \Sigma_{d_a,k}/2) \right) + 1 - \log \zeta_a$$

由于主题占比分布 x_{d_a} 生成自高斯分布，而每个主题 z 则产生自 Softmax 函数所产生的多项分布 $P(z \mid x)_{d_a,k} = \exp(x_{d_a,k}) / \sum_i \exp(x_{d_a,i})$，对数正态分布与多项分布的非共轭关系使得直接求解非常困难。这里将 log 函数进行泰勒展开，并引入了一个新的变分参数 ζ_a，从而得到原始期望函数的近似下界

$$E_q(\log P(w_{d_a,n} \mid z_{d_a,n}, \beta)) = \sum_{k=1}^{K} \phi_{z,d_a,n,k} \log \beta_{k,w_{d_a,n}}$$

其中，$w_{d_a,n}$ 表示文档 d_a 中的第 n 个单词，$H(q)$ 表示变分分布的熵，$H(q)$ 的具体表达式可以通过查阅文献[8]得到，即

$$H(q) = -\log \Gamma\left(\sum_{i=1}^{T} \gamma_i \right) + \sum_{i=1}^{T} \log \Gamma(\gamma_i) - \sum_{i=1}^{T} (\gamma_i - 1)\left(\psi(\gamma_i) - \psi\left(\sum_{j=1}^{T} \gamma_j \right) \right) + \sum_{t=1}^{T} \frac{1}{2}\log |\Sigma_{y_t}|$$

$$- \sum_{d=1}^{D} \sum_{t=1}^{T} \phi_{g_d,t} \log \phi_{g_d,t} + \sum_{a}^{\{s,e\}} \sum_{d=1}^{D} \sum_{k=1}^{K} \frac{1}{2} \log \Sigma_{d_a,k}$$

$$- \sum_{a}^{\{s,e\}} \sum_{d=1}^{D} \sum_{n=1}^{N_d} \sum_{k=1}^{K} \phi_{z,d_a,n,k} \log \phi_{z,d_a,n,k}$$

将上述展开式代入模型的对数似然函数中，就可以得到其下界的解析表达式。通过对每一个变分参数求偏导数，并设函数值为 0，就可以得到对应参数的更新公式。这里有

$$\gamma_t = \alpha_t + \sum_{d=1}^{D} \phi_{g_d,t}$$

$$\Sigma_{y_t} = \left\{ \sum_{d=1}^{D} \phi_{g_d,t} (M_{s,t}^{\mathrm{T}} \Sigma_{s,t}^{-1} M_{s,t} + M_{e,t}^{\mathrm{T}} \Sigma_{e,t}^{-1} M_{e,t}) + I^L \right\}^{-1}$$

$$\overline{y}_t = \Sigma_{y_t}' \sum_{d=1}^{D} \phi_{g_d,t} (M_{s,t}^{\mathrm{T}} \Sigma_{s,t}^{-1} (\overline{x}_{d_s} - \mu_{s,t}) + M_{e,t}^{\mathrm{T}} \Sigma_{e,t}^{-1} (\overline{x}_{d_e} - \mu_{e,t}))$$

其中，Σ_{y_t}' 表示参数 Σ_{y_t} 更新后的数值，也可以直接将其替换为 Σ_{y_t} 的更新公式。参数 $\phi_{g_d,t}$ 的更新比较复杂，首先引入一个临时函数 h_a。这里有

$$h_a = \frac{1}{2}\log\left|\Sigma_{a,t}\right|^{-1} - \frac{1}{2}\text{tr}(\text{diag}(\Sigma_{d_a})\Sigma_{a,t}^{-1}) - \frac{1}{2}\text{tr}(M_{a,t}\Sigma_{y_t}M_{a,t}^{T}\Sigma_{a,t}^{-1})$$
$$- \frac{1}{2}\text{tr}(\overline{x}_{d_a} - M_{a,t}\overline{y}_t - \mu_{a,t})(\overline{x}_{d_a} - M_{a,t}\overline{y}_t - \mu_{a,t})^{T}\Sigma_{a,t}^{-1}$$

为了便于阅读，$\phi_{g_d,t}$ 可以由 h_a 来进一步表示

$$\phi_{g_d,t} \propto \exp\left\{\psi(\gamma_t) - \psi\left(\sum_{i=1}^{T}\gamma_i\right) + h_s + h_e\right\}$$

$$\phi_{z,d_a,n,k} \propto \beta_{k,w_{d_a,n}}\exp\{\overline{x}_{d_a,k}\}$$

$$\zeta_a = \sum_{d=1}^{D}\sum_{n=1}^{N_d}\sum_{k=1}^{K}\exp\{\overline{x}_{d_a,k} + \Sigma_{d_a,k}/2\} / \sum_{d=1}^{D}N_d$$

由于参数 $\{\overline{x}_{d_s},\Sigma_{d_s},\overline{x}_{d_e},\Sigma_{d_e}\}$ 不存在解析形式的更新公式，需要使用牛顿法来求解。这里，首先推导每个参数的一阶与二阶导数，即

$$\nabla f(\overline{x}_{d_a}) = \sum_{t=1}^{T}\phi_{g_d,t}\Sigma_{a,t}^{-1}(M_{a,t}y_t + \mu_{a,t} - \overline{x}_{d_a}) + \sum_{n=1}^{N_d}\phi_{z,d_a,n} - \frac{N_d}{\zeta_a}\exp\{\overline{x}_{d_a} + \Sigma_{d_a}/2\}$$

$$\nabla^2 f(\overline{x}_{d_a}) = \text{diag}\left(-\frac{N_d}{\zeta_a}\exp\{\overline{x}_{d_a} + \Sigma_{d_a}/2\}\right) - \sum_{t=1}^{T}\phi_{g_d,t}\Sigma_{a,t}^{-1}$$

其中，$\text{diag}(v)$ 表示使用向量 v 构造的对角矩阵，即 $\text{diag}(v)$ 返回的方阵的主对角线的值为 v，而其他元素均为 0。那么参数 $\overline{x}_{d_a}$ 可以由下式迭代更新得到

$$\overline{x}'_{d_a} = \overline{x}_{d_a} - \nabla f(\overline{x}_{d_a}) / \nabla^2 f(\overline{x}_{d_a})$$

同理，可以求得 Σ_{d_a} 每个元素的一阶与二阶导数，即

$$\nabla f(\Sigma_{d_a,k}) = -\frac{N_d}{\zeta_a}\exp\{\overline{x}_{d_a,k} + \Sigma_{d_a,k}/2\} + \frac{1}{\Sigma_{d_a,k}} + \sum_{t=1}^{T}\phi_{g_d,t}(\Sigma_{a,t}^{-1})_{k,k}$$

$$\nabla^2 f(\Sigma_{d_a,k}) = -\frac{N_d}{2\zeta_a}\exp\{\overline{x}_{d_a,k} + \Sigma_{d_a,k}/2\} - \frac{1}{\Sigma_{d_a,k}^2}$$

$$\Sigma'_{d_a,k} = \Sigma_{d_a,k} - \nabla f(\Sigma_{d_a,k}) / \nabla^2 f(\Sigma_{d_a,k})$$

由于 Σ_{d_a} 被定义为一个行向量，需要对它的元素 $\Sigma_{d_a,k}$ 进行逐一更新。

(2) 参数估计：M 步算法。

在 E 步中，固定模型参数 Θ，更新变分参数 v，从而最大化模型的对数似然的

下界。在 M 步中，固定已更新的变分参数 v，通过优化模型参数 Θ 来进一步最大化模型后验概率。与 E 步中求解方法类似，对每个模型参数 Θ 求偏导数，并置函数值为零，从而得到对应的参数更新公式，这里有

$$M_{a,t} = \sum_{d=1}^{D}\phi_{g_d,t}(\overline{x}_{d_a}\overline{y}_t^{\mathrm{T}} - \mu_{a,t}\overline{y}_t^{\mathrm{T}})(\Sigma_{y_t} + \overline{y}_t\overline{y}_t^{\mathrm{T}})^{-1} / \sum_{D}^{d=1}\phi_{g_d,t}$$

$$\mu_{a,t} = \sum_{d=1}^{D}\phi_{g_d,t}(\overline{x}_{d_a} - M_{a,t}\overline{y}_t) / \sum_{d=1}^{D}\phi_{g_d,t}$$

$$\Sigma_{a,t} = \sum_{d=1}^{D}\phi_{g_d,t}\{(\overline{x}_{d_a} - M_{a,t}y_t - \mu_{a,t})(\overline{x}_{d_a} - M_{a,t}y_t - \mu_{a,t})^{\mathrm{T}} + \mathrm{diag}(\Sigma_{d_a}) + M_{a,t}\Sigma_{y_t}M_{a,t}^{\mathrm{T}}\} / \sum_{d=1}^{D}\phi_{g_d,t}$$

$$\alpha_t = \gamma_t$$

$$\beta_{k,v} \propto \sum_{d}^{D}\left\{\sum_{n=1}^{N_d}\phi_{z,d_s,n,k}\delta(w_{d_s,n} = v) + \sum_{n=1}^{N_d'}\phi_{z,d_e,n,k}\delta(w_{d_e,n} = v)\right\}$$

其中，$\delta(w = v)$ 表示 Kronecker Delta 函数，即当括号内的两个变量相等时（单词 w 与 v 一致），其返回 1，否则返回 0。模型训练过程中，迭代地执行 E 步与 M 步，直到对数似然收敛到稳定值。关联主题分析的训练算法如算法 2.5 所示。

算法 2.5　关联主题分析训练算法

输入：训练数据集 D，模型参数集 Θ，变分参数集 v，最大迭代次数 n，收敛阈值 ε

输出：训练完成的模型参数集 Θ 和训练完成的变分参数集 v

1:　　随机初始化参数 Θ 与 v

2:　　**for** i=1 to n **do**

3:　　　　根据 E 步中的更新公式，对变分参数集 v 进行逐一更新

4:　　　　根据 M 步中的更新公式，对模型参数集 Θ 进行逐一更新

5:　　　　计算模型对数似然 $P(D|\Theta)$ 的下界

6:　　　　**if**（对数似然相对于上一次迭代的增量$<\varepsilon$）

7:　　　　　　**break**

8:　　　　**end if**

9:　　**end for**

10:　**return** 更新后的参数 Θ 与 v

（3）模型时间复杂度分析。

本节将对模型推断算法的时间复杂度进行简略分析。在代码实现过程中，发现矩阵计算占用了大部分的模型执行时间。由于整个模型的更新公式比较复杂，对每个公式进行详细分析将占用太多篇幅。这里主要将时间复杂度分为几个类别，从而可以更直观地估算模型执行效率。首先，在 E 步与 M 步中，矩阵的逆运算被应用在

维度为 $T \times T$ 和 $K \times K$ 的矩阵上，其时间复杂度分别为 $O(K^3)$ 和 $O(T^3)$。维度为 $n \times m$ 和 $n \times p$ 的两个矩阵乘法的时间复杂度为 $O(nmp)$，由于模型中主要存在四种类型的矩阵乘，那么其对应的时间复杂度可以表示为 $O(aKL^2 + bL^2K + cL^2 + dK^2)$，其中，$\{a,b,c,d\}$ 为常量系数。对两个有 N 个元素的矩阵，矩阵加减法的时间复杂度为 $O(N)$，在大部分情况下，矩阵加减操作都极为高效。总体来说，模型时间复杂度可以被看成上述三部分的线性叠加。由于隐变量维度 $\{K, T, L\}$ 通常被设定为相对较小的数值，所以整个计算过程是极为迅速的。

2.4.2.3　实验结果与分析

本节从链接预测与主题建模两个方面来对比模型与现有工作的优劣。将文本与链接构建在统一的模型中，旨在达到两种异构数据之间的信息互补。与现有方法所基于的相似性假设不同，将链接泛化为强关联性的体现，从而更好地拟合链接所隐含的多样化关联关系。本节与四种建模文本网络的经典方法进行了实验比较。

LCTA：潜在社区主题分析（Latent Community Topic Analysis）[9]旨在通过分析文本网络，达到社区检测与主题建模相互增强的目的。模型在许多度量指标上超越了传统的方法，如 LinkLDA[10]和 SSNLDA[11]。

NetPLSA：该方法[12]在传统的 PLSA 模型目标函数后加上了一个基于图结构的调和正则项，模型旨在使被链接关联的文档间的主题分布趋于一致。

RTM：关联主题模型（Relation Topic Model，RTM）[13]假设任意一条链接都生成自伯努利分布，且分布的参数由链接两端的文档的主题相似性决定。换言之，主题越相似的文档间存在链接的概率越大。RTM 是一种基于 LDA 模型的纯概率生成模型。

LDA：隐含狄利克雷分配（Latent Dirichlet Allocation，LDA）[14]是主题建模领域经典的基础方法。大量工作证明，LDA 可以非常高效地挖掘出文档集中语义一致的主题集合。

（1）数据集与参数设置。

这里使用三种公开的数据集，即 DBLP、Cora[15]与 WebKB[16]。其中 DBLP 包含了计算机领域大部分会议和期刊论文，由于该数据集信息过于庞大，从中抽取了四个具有代表性的会议数据，即 SIGKDD、NIPS、WWW 和 SIGIR。在预处理中，将同一用户发表的所有论文的标题聚合为单个文档，文档之间的链接由作者之间的合作关系构建；WebKB 由网页文本与超链接构成；Cora 数据集中同时包含了论文的摘要与相互引用关系。虽然这三个数据集的属性完全不同，但它们均是文本网络的经典实例。在本节中，随机划分出 10% 的数据作为测试集，剩下的 90% 作为模型的训练集。

对于 LDA 与 RTM，采用吉布斯采样算法来推断模型的后验分布。设定了 2000 次的迭代次数来确保收敛。根据文献[17]，将这两个模型的超参数启发性地设定为

$\alpha = 50/K$ 和 $\beta = 0.01$，将在大部分情况下获得较好的最终结果（参数 α 与 β 的定义与原文一致，K 表示主题数量）。对于 LCTA 和 NetPLSA，采用 EM 算法进行模型的参数推断。E 步和 M 步迭代执行，直至模型的对数似然增长少于 10^{-3}，这也是本节模型设置的收敛阈值。

（2）主题建模结果与分析。

在自然语言处理领域，现有工作已提出许多度量指标用以衡量主题建模的效果。困惑度（Perplexity）就是一种被广泛使用的方法，其数学上等于每个单词似然性的算数平均的倒数。该指标旨在衡量模型对数据的拟合能力，模型泛化能力越强，困惑度的取值也越小。但是文献[18]也指出，模型的泛化能力往往与人类对主题的理解呈现弱相关，有时甚至是相反的关系，因此一种新的主题衡量方法——主题一致性（Topic Coherence）被研究者提出。

主题一致性旨在衡量主题的可解释性，通过与大量的专家标记相比较，研究人员发现一致性得分越高的模型，抽取的主题可解释性也越强。在本节中，选用训练模型的文档集作为计算主题一致性的语料，同时每个主题中最大概率的前 20 个单词被抽取出来。将每个模型的平均主题一致性作为最终结果。

图 2.8 对比了各个模型在设置不同主题个数的情况下的困惑度与主题一致性。可以发现，关联主题分析在三个数据集上均获得了最高的主题一致性与最低的困惑度，并且随着主题数量的增加，模型的优势愈加明显。RTM 与 LDA 在大部分情况下均获得了非常接近的结果，其主要原因是 RTM 忽略了文本网络中所有没有链接的文本对。由于网络本身是稀疏的，仅仅考虑可观察到的链接，并将其建模为来自于伯努利的分布的二值数据，极大地削弱了拓扑信息对主题建模的影响。

如果仅仅从主题一致性指标上来看，NetPLSA 相较于其他模型，获得了非常有竞争力的结果。在 WebKB 与 Cora 数据集上其略逊色于关联主题分析模型；在 DBLP 数据集上，NetPLSA 大幅领先于其他现有工作。然而 NetPLSA 在困惑度指标上表现很不稳定，例如，在 WebKB 与 Cora 数据集上，其困惑度表现最差，这也意味着

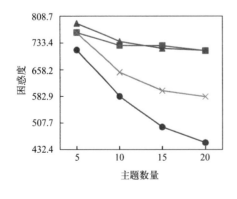

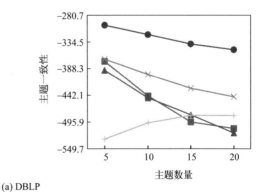

(a) DBLP

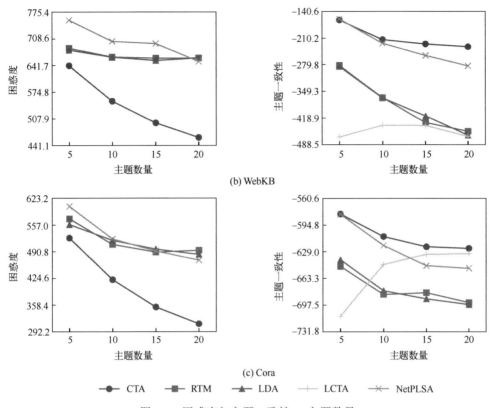

(b) WebKB

(c) Cora

● CTA　　■ RTM　　▲ LDA　　+ LCTA　　× NetPLSA

图 2.8　困惑度与主题一致性 vs 主题数量

模型的泛化能力最弱。随着主题数量的增加，除了 LCTA 外，其他模型的主题一致性均逐渐减少，该现象的主要原因是 LCTA 旨在寻找主题与社区之间的对应关系，而细粒度的主题更有利于得到更精确的结果；相反随着主题数量的增加，其他建模方法更容易引入噪声，从而减小了其主题一致性。在图 2.8 中，由于 LCTA 的困惑度指标远远大于其他模型，为了作图清晰，移除了 LCTA 在困惑度上的结果，这也从侧面反映 LCTA 模型并没有很好地拟合文本数据的潜在特性，这与模型将社区信息作为目标函数主体有很大关系。

(3)链接预测结果与分析。

本节使用链接排序(Link Rank)指标来衡量模型对于链接建模的效果。链接排序通过衡量测试集中链接在预测列表中的位置，从而计算模型的预测准确度。排序值越小，说明模型预测能力越强。从原始数据集中随机抽取10%的文档作为测试集，同时所有以测试集中文档为端点的链接也被移除。实验采用了与文献[13]类似的度量方案，即对于训练集中的文档 d，存在一条以之为端点，且另一端为测试集中文档 d' 的链接的概率为

$$p(y_{d,d'} \mid w_d, w_{d'}) \approx E_q(p(y_{d,d'} \mid z_d, z_{d'}))$$

其中，$E_q(x)$ 表示参数 x 对于变分分布 $q(\Phi)$ 的期望。为了使不同模型之间达到更加公平对比，定义

$$p(y_{d,d'} \mid z_d, z_{d'}) = z_d \circ z_{d'}$$

其中，符号。表示 Hadamard 乘积。在实验中发现，Hadamard 乘积相较于其他相关性度量方法要更加稳定。将基于以上计算公式的关联主题分析模型表示为 CTA-S。事实上，CTA-S 与传统模型所基于的相似性假设有诸多相通之处，其主要原因是 Hadamard 乘积仍然是一种相似性的度量指标。为了更好地引入本节模型所建模的多样化相关关系，将上述公式中的 z_d 替换为 z_{d_e}，从而链接预测的概率公式转变为 $p(y_{d,d'} \mid w_{d_e}, w_{d'})$。当模型训练完成后，文档 d_s 与 d_e 的主题分布可以直接从变分分布的参数中得到。换言之，认为文档 d 与 d' 之间存在链接的概率，正比于文档 d_e 与 d' 之间相似的程度。d_e 与 d' 相似程度越大，d 与 d' 的关联性越强。将使用该度量方法的关联分析模型表示为 CTA-E。

图 2.9 展示了在设定不同主题数的条件下，各个模型的平均链接排序值。可以发现，CTA-E 的结果要远低于其他模型。尽管 CTA-S 也是基于关联主题分析模型，但其在 DBLP 与 WebKB 数据集上获得了相对 CTA-E 差得多的结果，而在 Cora 数据集上稍弱于 CTA-E。该现象的主要原因是 Cora 数据集中的链接为论文间的相互引用关系，具有互引关系的论文之间通常是主题相近的，而网页间的超链接或共同作者关系的所表征的关联类型往往更加复杂。这也从侧面说明传统模型的相似性假设并不适合复杂的现实数据，本节提出的关联主题分析模型则具有更好的鲁棒性。在 DBLP 与 WebKB 数据集上，RTM 与 LDA 在链接预测指标上获得了非常相近的结果，这与主题建模的结果一致。但在 Cora 数据集上，RTM 要明显好于 LDA。随着主题数量的增长，CTA-E 的结果也获得了明显提升。

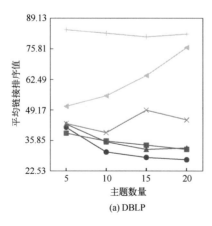

(a) DBLP

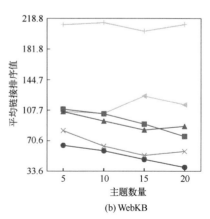

(b) WebKB

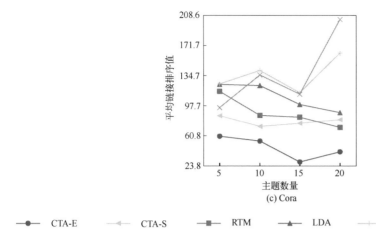

(c) Cora

●── CTA-E　◄── CTA-S　■── RTM　▲── LDA　+── LCTA　✕── NetPLSA

图 2.9　平均链接排序 vs 主题数量

为了验证模型对主题与拓扑信息的融合能力，这里基于模型学习出的文档主题分布 z_d，尝试还原文档间原本存在的网络结构。具体来说，使用 Hadamard 乘积来计算两个文档之间的关联关系，并将得到的关联度值填入一个 $D×D$ 的关联矩阵 M。如果模型很好地拟合了数据中潜在的特征，那么拓扑信息应该被很好地嵌入到文档的主题分布中，从而矩阵 M 与原始网络的邻接矩阵应尽可能相似。为了直观展示矩阵数据，将 M 与邻接矩阵都划分为 64(8×8) 份，每个子方块表示其中元素的累加值。

图 2.10 给出了 CTA 与 NetPLSA 模型生成的关联矩阵 M，更深的颜色表示更大

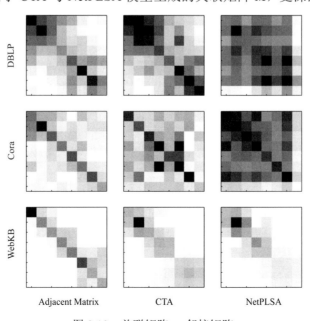

Adjacent Matrix　　　　CTA　　　　NetPLSA

图 2.10　关联矩阵 vs 邻接矩阵

数值。可以发现，CTA 所得到的关联矩阵 M 与原始网络的邻接矩阵有着高度的一致性，除了对角线上的特征被很好地保留外，非对角线元素也被填充上了合适的数值，整个矩阵的轮廓信息得到了完好的重现。NetPLSA 模型比较好地重现了邻接矩阵对角线上的特征，但其丢失了大量细节，且 M 的非对角线部分被错误地赋予了高关联性。

2.4.3　CopulaPLSA 模型

2.4.3.1　问题引入

CopulaPLSA 与上一节中提出的关联主题分析非常类似，二者均认为链接仅能作为强关联性的反映，而并非传统方法所认为的相似性的表征；不同的是，关联主题分析的目标是最大化所有文本间的统计学相关性（即皮尔逊相关系数），而 CopulaPLSA 旨在进一步建模链接所反映的潜在关联类型，如正相关、负相关或尾相关（Tail Dependence）等。CopulaPLSA 引入了经济学领域的一种重要工具，即 Copula 函数。在统计学中，Copula 函数是一种建模随机变量之间相互依赖关系的方法。通过 Copula 函数，可以在仅已知多个随机变量的边缘分布的情况下，得到它们的多元概率分布函数。在建模文本网络时，如果将每个文档的主题分布看成一元随机变量，那么 Copula 函数便可以用来建模这些随机变量之间的关联模式，即对应的网络结构，从而主题模型与链接建模便被 Copula 函数有机地结合起来。

在统计学中，通常用相关性来描述两组数据集合之间的关联关系，并且不同种类的相关关系与现实生活中的观察现象是紧密对应的，例如，正相关在文本网络中通常表现为"相似节点之间的关联性趋向更强"，而负相关则表现为"性质相异的节点之间倾向于更紧密的联系"。如果暂时忽略这种关联性的类型，仅仅考虑相关性的强弱，那么就可以使用相关系数 $\mathrm{Corr}(z_{d_1},z_{d_2})$ 来度量一条观察到的链接的权重，其中 d_1 和 d_2 分别表示文本网络中的两个文档节点。类似地，整个网络结构便可以表示为一个多元高维的度量 $\mathrm{Corr}(z_{d_1},\cdots,z_{d_n})$，其中 n 表示文本网络中文档的数量。如将 z_{d_n} 看成表示文档 d_n 的主题分布的随机变量，那么模型中将至少存在 n 个随机变量。对于一个规模较大的数据集，传统的概率图模型在建模如此大规模的随机变量时将变得极为低效。

为此，引入了 Copula 函数[19,20]来解决这个问题。Copula 本质上也是一种多元概率分布，其可以显式地建模随机变量之间的相关关系，而不考虑它们的边缘分布（Marginals）。因此 $\mathrm{Corr}(z_{d_1},\cdots,z_{d_n})$ 可以直接由一个高维的 Copula 函数 $C(u_1,\cdots,u_n)$ 进行实例化，其中 u_n 表示第 n 个随机变量 z_{d_n} 的边缘分布。基于以上的构造方法，便可以重新来考虑文档之间的相关类型。

如上文所说，仅仅考虑文档的相似性是远远不够的，通过引入不同的 Copula 族（Copula Families），可以建模非常丰富的相关关系，这也大大地增强了模型的表达能力。例如，Clayton Copula 擅长于建模随机变量之间的尾部依赖，而 FGM Copula（Farlie-Gumbel-Morgenstern Copula）则可以更好地建模正负相关关系。通过将不同的 Copula 函数代入模型中，可以让模型更好地适应不同种类的数据集。尽管 Copula 函数在经济学[20]中已经得到了广泛的应用，但其在机器学习领域仍然没有得到足够的重视。

在建模文本网络时，另一个必须面对的问题是网络稀疏性。对于两个节点，如果它们之间没有链接，那么现有工作[13,21]就将其当成未观察到的数据，而非负样本。研究者将该做法的原因归咎于数据集的规模太大，从而导致这两个节点之间缺乏意识到彼此存在的机会，而非互相之间拒绝产生联系。但是把所有的无链接节点对都抛弃掉，将忽略掉那些因为彼此不喜欢而拒绝产生链接的节点对，即缺少负样本信息。在本节中，利用 Tree-averaged Copula[22]来更全面地建模节点之间可能的相关关系。Tree-averaged Copula 表示数据集中所有可能存在的生成树所构成的树状 Copula 函数的调和平均，该模型结构可以建模随机变量之间极度复杂的依赖关系。由于生成树的数量与节点数呈指数关系，直接求解模型参数往往并不现实。基于 Ensemble-of-Trees 模型[23]，可以用解析形式表示指数个树状 Copula 的混合，同时高效地推断模型参数。本节中，将 Tree-averaged Copula 作为调和正则项加入传统 PLSA 题模型的目标函数中，为了表达方便将其简称为 CopulaPLSA。在 CopulaPLSA 模型中，每个文档的主题分布被看成边缘分布，Tree-averaged Copula 构成的正则项则负责建模文档间高维的关联关系。

2.4.3.2　系统模型

下面将具体介绍 CopulaPLSA 模型的实现细节。PLSA 是最原始的统计主题模型，其假设文档由有限个主题组成，通过拟合数据，即可以估计出每个文档的主题分布与每个主题上的单词分布。设在一个数据集中有 D 个文档，文档的下标用小写字母 d 表示；用 N_d 表示文档 d 中单词的数量；数据集中词汇的总数用 V 来表示；K 表示模型预先定义的主题数量；w 和 z 分别表示某个特定的单词和主题；$c(w, d)$ 表示文档 d 中单词 w 的出现次数。那么，文档集 D 在 PLSA 模型中的对数似然可以被表示为

$$L(D) = \sum_d \sum_w c(w,d) \log \sum_{k=1}^{K} p(w \mid z)_k \, p(z_k \mid d)$$

模型所对应的参数为 $\Theta = \{p(z \mid d) \in \mathbf{R}^{D \times K}, p(w \mid z) \in \mathbf{R}^{K \times V}\}$，通常使用 EM 算法来估计这两个参数。在 CopulaPLSA 中，将每个文档的主题分布 $\{p(z \mid d)\}_D$ 看成一元随机变量，那么整个数据集中即存在 D 个这样的随机变量。换言之，文本网络的拓扑结构就可以表示为这 D 个随机变量之间的树状关联关系。为了尽可能全面地建模文档之间的相关关系，将 Tree-averaged Copula 作为正则项加入目标函数中。已知 β_{uv} 表示

两节点 u 和 v 之间关联性权重，那么可以非常自然地将其作为伯努利分布的参数，并用来生成二值的链接数据。显然，需要增加新的限制条件 $\beta_{uv} \in (0,1)$，(u, v) 间关联性越大，二者之间越可能存在链接。现在，就可以得到 CopulaPLSA 模型的对数似然为

$$L(D,G) = \sum_d \sum_w c(w,d) \log \sum_{k=1}^{K} \{p(w|z)_k\} p(z_k \mid d) + \sum_{(u,v) \in \varepsilon} \log \beta_{uv}^{Y(u,v)}$$
$$+ \sum_k^{K} \log \left\{ \frac{1}{G} \sum_{\varepsilon \in E} \prod_{(u,v) \in \varepsilon} [\beta_{uv} c_{uv}(a_u^k, a_v^k \mid \theta)] \right\}$$

其中，G 表示数据集中的链接信息。$Y(u, v)$ 表示文档对 (u, v) 之间的度量，如果 u 和 v 之间存在链接，那么 $Y(u, v)=1$，否则 $Y(u, v)=0$。使用 a_u^k 表示文档 u 选择主题 k 的累积概率分布，即 $a_u^k = \sum_{t=0}^{k} p(t \mid u)$。该公式实际上假设主题之间是完全独立的，即当 $k_1 \neq k_2$ 时，$c(a_u^{k_1}, a_u^{k_2})=0$，该假设与文献[13]中的处理方法也是一致的。

上述目标函数中，如果以加号将公式分割为三个部分，那么参数 $p(z|d)$ 被第一项与第三项共享，而参数 β 被第二项与第三项共享，Copula 函数所构成的第三项将文本与链接信息很好地桥接起来。基于上述公式，可以得到模型参数集合为 $\Theta = \{p(z|d), p(w|z), \beta, \theta\}$，其中 θ 表示二元 Copula 函数的参数。现在的目标转为寻找最优的参数来最大化上面的对数似然函数，即

$$\arg\max_{\Theta} L(D,G \mid \Theta)$$

由于 D 个节点可能存在的生出树的数量为 $|E| = D^{D-2}$，直接通过 EM 算法进行模型的参数推断将十分困难，这里采用一些图论的方法来加速模型计算过程。

2.4.3.3 模型参数估计

首先，要处理目标函数中的归一化常量 G，其被定义为 $|E|=D^{D-2}$ 个生成树的参数混合。事实上，根据加权的基尔霍夫矩阵树(Kirchoff's Matrix Tree) 理论[23]，G 等价于矩阵 $L^*(\beta)$ 的行列式值，其中 $L^*(\beta)$ 表示拉普拉斯矩阵 $L(\beta)$ 的前 $D-1$ 行与列，即

$$L_{uv}(\beta) = L_{vu}(\beta) = \begin{cases} -\beta_{uv}, & 1 \leqslant u < v \leqslant D \\ \sum_{i=1}^{D} \beta_{ui}, & 1 \leqslant u = v \leqslant D \end{cases}$$

由此可见，CopulaPLSA 是基于隐含主题与生成树的概率混合模型，依然可用 EM 算法来进行参数推断。在 E 步中，利用对隐藏变量的现有估计值，计算其最大似然期望 $\Psi(\Theta; \Theta_n)$，其中，Θ_n 表示在上一次迭代中得到的模型参数。在 M 步中，重新估

计分布参数, 以使得数据的似然性最大, 从而给出未知变量的期望估计。本模型中, 假设主题与生成树这两个隐含变量之间是相互独立的。那么, 在 E 步中有

$$p(z_k \mid d, w) = \frac{p(z_k \mid d) p(w \mid z_k)}{\sum\limits_k p(z_k \mid d) p(w \mid z_k)}$$

$$\Psi(\Theta; \Theta_n) = \sum_d \sum_w c(w, d) \sum_{k=1}^{K} p(z_k \mid d, w) \log p(w \mid z_k) p(z_k \mid d)$$
$$+ \sum_{k=1}^{K} \sum_{\varepsilon \in E} p(\varepsilon \mid a, \beta, \theta) [\log p(\varepsilon \mid \beta) c(a^k \mid \varepsilon, \theta) - \log G] + \sum_{(u,v) \in \varepsilon} \log \beta_{uv}^{Y(u,v)}$$

概率分布 $p(\varepsilon \mid a, \beta, \theta)$ 与其树形先验分布有着完全相同的形式, 然而公式第二行对于所有可能存在的生成树的求和使得推导变得非常复杂。Kirshner 等[22]提出了一种高效的计算方法, 将该项转换为对所有边的累加, 于是其可被展开为

$$\sum_{k=1}^{K} \sum_{\varepsilon \in E} p(\varepsilon \mid a, \beta, \theta) [\log p(\varepsilon \mid \beta) c(a^k \mid \varepsilon, \theta) - \log G]$$
$$= \sum_{(u,v)} \sum_{k=1}^{K} s_k(u, v) (\log \beta_{uv} + \log c_{uv}(a_u^k, a_v^k \mid \theta_{uv})) - K \log \left| L^*(\beta) \right|$$

其中, $s_k(u, v)$ 表示为

$$s_k(u, v) = \sum_{\substack{\varepsilon \in E \\ (u,v)}} p(\varepsilon \mid a, \beta, \theta) = \sum_{\substack{\varepsilon \in E \\ (u,v)}} \frac{\prod\limits_{(u,v) \in \varepsilon} \beta_{uv} c_{uv}(a_u^k, a_v^k \mid \theta_{uv})}{\left| L^*(\beta c) \right|}$$

矩阵 βc 的每一项 (u, v) 的值为 $\beta_{uv} c_{uv}(a_u^k, a_v^k)$。该方法将对生成树的求和转换为计算 $s_k(u, v)$。根据图论[22], $s_k(u, v)$ 存在一种多项式复杂度的求解方法。这里假设 $Q(\beta c) = (L^*(\beta c))^{-1}$, 其中 L^* 表示从拉普拉斯矩阵 L 中删除第 n 行和列, 那么

$$s_k(u, v) = \sum_{\substack{\varepsilon \in E \\ (u,v) \in \varepsilon}} p(\varepsilon \mid a, \beta, \theta \}$$
$$= \begin{cases} \beta_{uv} c_{uv}(a_u^k, a_v^k \mid \theta_{uv}) (Q_{uu}(\beta c) + Q_{vv}(\beta c) - 2Q_{uv}(\beta c)), & u \neq v, u \neq w, v \neq w \\ \beta_{uw} c_{uw}(a_u^k, a_w^k \mid \theta_{uw}) Q_{uu}(\beta c), & u = w \\ \beta_{wv} c_{wv}(a_w^k, a_v^k \mid \theta_{wv}) Q_{vv}(\beta c), & v = w \\ 0, & u = v \end{cases}$$

计算 $s_k(u, v)$ 转换为计算一个 $(D-1) \times (D-1)$ 的矩阵的逆, 其时间复杂度为 $O(D^3)$。在 M 步中, 最大化似然参数的计算比 E 步稍显复杂。其中, 更新 $p(w \mid z)$ 是有解析表

达式的，其与 PLSA 方法一致，即

$$p(w\mid z) = \frac{\sum_d c(w,d)\,p(z\mid d,w)}{\sum_d \sum_w p(z\mid d,w)}$$

Tree-averaged Copula 的超参 β 可以由梯度下降法计算得到。Meila 等[23]给出一种计算公式 G 对于参数 β_{uv} 偏导数的方法，即

$$\frac{\partial G}{\partial \beta_{uv}} = M_{uv}(\beta)\left|L^*(\beta)\right|$$

L^* 与先前定义相同，这里定义 $Q(\beta) = (L^*(\beta))^{-1}$，那么 M_{uv} 即为一个对角线为 0 的对称矩阵，即

$$M_{uv}(\beta) = \begin{cases} Q_{uu}(\beta) + Q_{vv}(\beta) - 2Q_{uv}(\beta), & u \neq v, u \neq w, v \neq w \\ Q_{vv}, & u = w, u \neq v \\ Q_{uu}, & v = w, u \neq v \\ 0, & u = v \end{cases}$$

将 $\Psi(\Theta;\Theta_n)$ 对于参数 β_{uv} 求偏导，即可得到梯度

$$\nabla \beta_{uv} = \sum_{k=1}^{K} s_k(u,v)\frac{1}{\beta_{uv}} - KM_{uv}(\beta) + Y(u,v)\frac{1}{\beta_{uv}}$$

可以发现剩下的两个参数 $\{p(z\mid d),\theta\}$ 的更新公式都是与模型所选择的 Copula 函数息息相关的，不同的 Copula 函数将使得推导结果完全不同。

在本节中，引入了两种典型的 Copula 函数，即 FGM Copula 和 Clayton Copula。在图 2.11 中给出了 FGM Copula 和 Clayton Copula 在给定不同参数 θ 时的密度函数，可以发现这两种 Copula 函数刻画了完全不同的关联类型。Clayton Copula 擅长建模尾部依赖，而 FGM Copula 更适合建模正负相关性。当 θ 趋近于 ± 0 时，二者均收敛为 Product Copula，即描述了随机变量间的独立关系。这从侧面说明，可以针对数据集的特性，引入不同种类的 Copula 函数来获得更好的建模效果。

在给出详细的推导之前，需要首先介绍一下针对 $p(z\mid d)$ 的推导方法。显然，对于任何一篇文档，$p(z\mid d)$ 在所有主题上的求和应该为 1，即 $\sum_z p(z\mid d) = 1$。但在本节模型中，由于不能解析地求解 $p(z\mid d)$，无法通过拉格朗日乘子来引入该限制条件。换言之，需要采用带有等式约束的牛顿法来解决一个凸优化问题。这里，该问题可以被泛化为如下定义

$$\arg\max_{p(z\mid d)} \log\Psi(\Theta;\Theta_n), \quad \text{st} \sum_z p(z\mid d) = 1$$

为了表示方便，用 $f(x)$ 表示目标函数，用 x 表示 $p(z|d)$。Boyd 等[24]通过 KKT（Karush-Kuhn-Tucker）条件来构造上述问题的对偶问题，即

$$\begin{bmatrix} \nabla^2 f(x) & A^T \\ A & 0 \end{bmatrix} \begin{bmatrix} \Delta x \\ w \end{bmatrix} = \begin{bmatrix} -\nabla f(x) \\ 0 \end{bmatrix}$$

其中，等式约束被转换为

$$A\Delta x = 0, \quad A = \underbrace{[111\cdots1]}_{K}$$

其中，向量 $A \in \mathbf{R}^{1 \times K}$ 的所有元素均为 1，那么可以得到

$$\sum_{k=1}^{K} (x_k + \Delta x) = \sum_{k=1}^{K} x_k + A\Delta x = 1$$

每一步的梯度更新 $(x_k + \Delta x)$，在满足约束条件的同时，也解决了优化问题。可以基于上述方法，推导对应两种 Copula 函数的更新公式。

（1）FGM Copula：二元 FGM Copula 的密度函数可以被表示为

$$c(u,v;\theta) = 1 + \theta(1-2u)(1-2v), \quad \theta \in [-1,1]$$

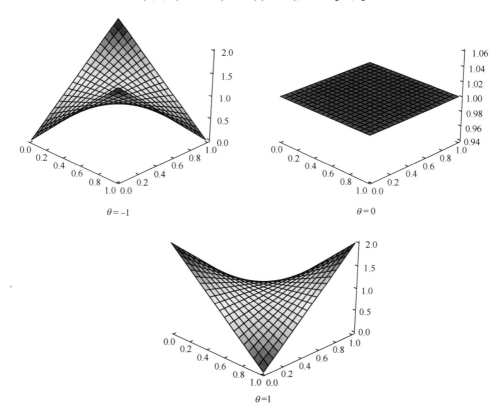

(a) FGM Copula

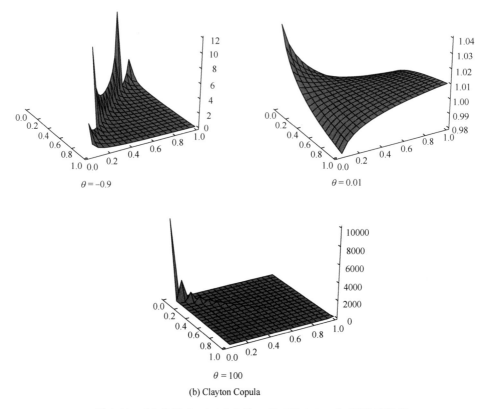

图 2.11 （a）参数 $\theta = \{-1, 0, 1\}$ 的二元 FGM Copula 密度函数和
（b）参数 $\theta = \{-0.9, 0.01, 100\}$ 的二元 Clayton Copula 密度函数

其对于参数 $p(z \,|\, d)$ 的梯度与海森矩阵分别为

$$\frac{\partial f(x)}{\partial p(z_t \,|\, d)} = \sum_{(d,v)} \sum_{k=t}^{K} s_k(d,v) \frac{-2\theta_{dv}(1-2a_v^k)}{1+\theta_{dv}(1-2a_v^k)(1-2a_d^k)} + \sum_{w} c(w,d) \frac{p(z_t \,|\, d, w)}{p(z_t \,|\, d)}$$

$$\frac{\partial^2 f(x)}{\partial p(z_{t1} \,|\, d)\partial\{p(z_{t2} \,|\, d)\}} =$$
$$\begin{cases} -\sum_{w} c(w,d) \dfrac{p(z_t \,|\, d, w)}{p(z_t \,|\, d)} - \sum_{(d,v)} \sum_{k=t}^{K} \left[\dfrac{-2\theta_{dv}(1-2a_v^k)s_k(d,v)}{1+\theta_{dv}(1-2a_v^k)(1-2a_d^k)} \right]^2, & t = t_1 = t_2 \\[4mm] -\sum_{(d,v)} \sum_{k=\max(t_1,t_2)}^{K} \left[\dfrac{-2\theta_{dv}(1-2a_v^k)s_k(d,v)}{1+\theta_{dv}(1-2a_v^k)(1-2a_d^k)} \right]^2, & t_1 \neq t_2 \end{cases}$$

其中，集合 $\{(d,v)\}$ 表示所有 $D-1$ 个文档对，$v \in \{D \setminus d\}$。由于 θ 中的每个元素都是相互独立的，可以对每一个维度单独求导，从而得到对应每个元素的一阶导数与二阶导数，即

$$\frac{\partial f(x)}{\partial \theta_{uv}} = \sum_{k=1}^{K} s_k(u,v) \frac{(1-2a_u^k)(1-2a_v^k)}{1+\theta_{uv}(1-2a_u^k)(1-2a_v^k)}$$

$$\frac{\partial^2 f(x)}{\partial \theta_{uv}^2} = \sum_{k=1}^{K} s_k(u,v) \left[-\left(\frac{(1-2a_u^k)(1-2a_v^k)}{1+\theta_{uv}(1-2a_u^k)(1-2a_v^k)} \right)^2 \right]$$

（2）Clayton Copula：二元 Clayton Copula 的密度函数定义为

$$c(u,v;\theta) = (\theta+1)(uv)^{-\theta-1}(u^{-\theta}+v^{-\theta}-1)^{-\frac{2\theta+1}{\theta}}, \quad \theta \in [-1,\infty) \setminus \{0\}$$

同 FGM Copula 类似，可以求得其对于 $p(z \mid d)$ 的梯度与海森矩阵

$$\frac{\partial f(x)}{\partial p(z_t \mid d)} = \sum_{(d,v)} \sum_{k=t}^{K} s_k(d,v) \left(\frac{-\theta-1}{a_d^k} + \frac{(2\theta+1)(a_d^k)^{-\theta-1}}{(a_d^k)^{-\theta}+(a_v^k)^{-\theta}-1} \right) + \sum_w c(w,d) \frac{p(z_t \mid d,w)}{p(z_t \mid d)}$$

$$h(x) = (2\theta+1) \frac{-(a_d^k)^{-2\theta-2} + ((a_v^k)^{-\theta}-1)(-\theta-1)(a_d^k)^{-\theta-2}}{[(a_d^k)^{-\theta}+(a_v^k)^{-\theta}-1]^2}$$

$$\frac{\partial f(x)}{\partial p(z_{t_1} \mid d)\partial p(z_{t_2} \mid d)} = \begin{cases} -\sum_W c(w,d) \frac{p(z_t \mid d,w)}{p(z_t \mid d)} + \sum_{(d,v)} \sum_{k=t}^{K} s_k(d,v) \left(\frac{\theta+1}{(a_d^k)^2} + h(x) \right), & t = t_1 = t_2 \\ \sum_{(d,v)} \sum_{k=t}^{K} s_k(d,v) \left(\frac{\theta+1}{(a_d^k)^2} + h(x) \right), & t_1 \neq t_2 \end{cases}$$

为了增强表达式的可读性，暂时忽略了 θ_{dv} 的下标，并且更新公式的共同部分被抽取为两个临时的函数 $h(x)$ 和 $g(x)$，参数 θ 的一阶与二阶导数可以表示如下

$$g(x) = \frac{(a_u^k)^{-\theta_{uv}} \log a_u^k + (a_v^k)^{-\theta_{uv}} \log a_v^k}{(a_u^k)^{-\theta_{uv}} + (a_v^k)^{-\theta_{uv}} - 1}$$

$$\frac{\partial f(x)}{\partial \theta_{uv}} = \sum_{k=1}^{K} s_k(u,v) \left\{ \frac{1}{\theta_{uv}+1} + \frac{2}{\theta_{uv}^2} \log((a_u^k)^{-\theta_{uv}} + (a_v^k)^{-\theta_{uv}} - 1) - \log(uv) + \left(2 + \frac{1}{\theta_{uv}}\right)g(x) \right\}$$

$$\frac{\partial^2 f(x)}{\partial \theta_{uv}^2} = \sum_{k=1}^{K} s_k(u,v) \left\{ \frac{2}{\theta_{uv}^2} \left(g(x) + \frac{1}{\theta_{uv}} \log((a_u^k)^{-\theta_{uv}} + (a_v^k)^{-\theta_{uv}} - 1) \right) \right.$$
$$\left. - \frac{1}{(\theta_{uv}+1)^2} \left(\frac{(a_u^k)^{-\theta_{uv}} \log^2 a_u^k + (a_v^k)^{-\theta_{uv}} \log^2 a_v^k}{(a_u^k)^{-\theta_{uv}} + (a_v^k)^{-\theta_{uv}} - 1} - g^2(x) \right) \right\}$$

迭代地执行 E 步与 M 步，直到模型参数收敛。

2.4.3.4　实验结果与分析

本节仍然从主题建模与链接分析两个方面来衡量模型效果。由于本节工作与上一节关联主题分析关注同样的问题，所以采用了与其相同的数据集、对比模型与参数设置。

1. 主题建模结果与分析

图 2.12 中给出了各个模型在设定不同主题数的情况下，困惑度与主题一致性的结果对比。由于 LCTA 的困惑度远远超过了其他模型，为了增强图表的可读性，在图中忽略了它的结果。可以发现在所有的数据集上，本节提出的 CopulaPLSA（简称 cPLSA）模型相对于现有工作均获得了显著的提升。在困惑度与主题一致性两个指标上，RTM 与 LDA 获得非常接近的结果，其主要原因是 RTM 忽略了文本网络中所有没有链接的文本对。由于网络本身是稀疏的，仅仅考虑可观察到的链接，并将其建模为来自于伯努利分布的二值数据，极大地削弱了拓扑信息对主题建模的影响。对

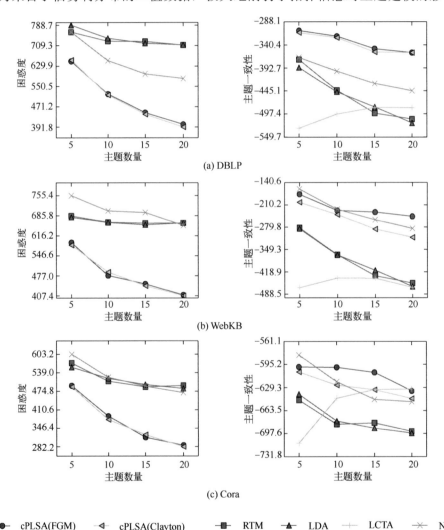

图 2.12　困惑度与主题一致性 vs 主题数量

于困惑度指标,可以发现选择不同的 Copula 函数(FGM 或 Clayton)对结果影响不大,但是在 WebKB 与 Cora 数据集上,FGM 获得了比 Clayton 明显更好的主题一致性。这主要因为正负相关比尾部相关更适合描述文档之间的相关性。尽管 CopulaPLSA 和 NetPLSA 都是通过引入正则项来优化 PLSA 的主题建模效果,但 CopulaPLSA 仍然在困惑度和主题一致性上明显地超越了 NetPLSA,这也从另一侧面说明 Copula 函数比基于图的调和正则项更具优势,表达能力也更强。随着主题数量的增加,可以发现,除了 LCTA 外,其他模型的主题一致性值均逐渐减少,该现象的主要原因是 LCTA 旨在寻找主题与社区之间的对应关系,而细粒度的主题更有利于得到更精确的结果。

2. 链接建模结果与分析

尽管各个模型在方法上有很大不同,NetPLSA、RTM 和 CopulaPLSA 都旨在将拓扑信息嵌入到文档的主题分布 $p(z|d)$ 中。通过影响 $p(z|d)$,进而影响整个模型对文本网络的建模效果。如果模型更好地拟合了数据的特征,那么链接两端文档的主题分布的相关性也会越大。首先根据不同模型学习出的主题分布 $p(z|d)$,计算链接两端文档间的语义相关性的累加和。模型对链接的建模效果越好,该值也就越大。然而,该度量方法存在一个明显缺陷,即弱表达能力的模型在赋予链接高关联性的同时,也可能为没有链接的文档间构建了强语义联系。这里进一步基于 $p(z|d)$ 构建一个关联矩阵。如果该关联矩阵与网络的邻接矩阵尽可能相似,则说明模型很好地融合了文本与拓扑信息。该方法也可以为原来没有边的文档间赋予一定权重,进而方便一些后续应用,如链接预测或相似推荐等。

在统计学中,有许多种度量两个离散分布之间相关性的方法,例如,Hadamard Product、KL 散度、Hellinger 距离等。Liu 等[25]指出不同的度量方法之间并没有本质的差异。本节主要采用了 Hadamard Product 方法,发现在多个数据集上,其比另外两种指标更加稳定。图 2.13 展示了各个模型在设定不同的主题数时,链接两端文档主题分布之间相关度的累加和。可以发现,RTM 和 LDA 的结果非常相近,这和二者在主题建模中的结果类似。NetPLSA 相较于 RTM 获得了更好的结果,但是与 CopulaPLSA 仍然差距明显。

尽管本节提出的模型相较于现有工作获得了显著提升,但 FGM Copula 和 Clayton Copula 在不同数据集上表现仍有很大不同,其主要原因是这两个 Copula 函数描述了不同的相关类型,因而对不同数据集的适应能力也不同。例如,对于 WebKB 数据集来说,其主要包含网页文本与超链接,而两个网页间通常只在锚文本处有些许联系,这就导致了不同文档间更倾向于局部相关,因而 Clayton Copula 更适合建模此类数据;而 Cora 数据集主要包含相互引用的学术论文,通常引用关系意味着相同的研究内容,所以刻画正相关的 FGM Copula 更适合建模此类数据。DBLP 中的

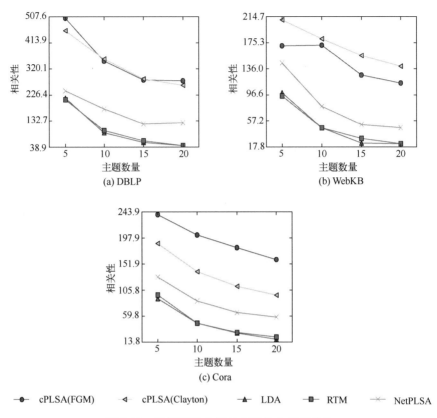

图 2.13 链接两端文档对之间的主题相关性

链接由共同作者关系所构成，而许多因素影响着该类链接所表征的关联类型，例如，跨领域合作通常表示负相关，而同行合作则更可能是正相关。因而，在实验中 FGM 与 Clayton 之间并没有表现出明显的差异，二者获得了非常相似的结果。

在这一部分中，构建了文档间的关联矩阵 M，其中，矩阵元素 (i, j) 的值表示分布 $p(z|d_i)$ 与 $p(z|d_j)$ 之间的 Hadamard Product 相关系数。如果拓扑信息被很好地嵌入主题分布，那么由 $p(z|d)$ 构建的相关矩阵应该与网络的邻接矩阵尽可能相似。这里，为了直观地展示这种效果，将 $D \times D$ 的矩阵划分为 8×8 份，每一个子方块表示该区域内相关度的累加，越深的颜色表示关联度越大。图 2.14 中给出了 CopulaPLSA 与 NetPLSA 的对比结果。可以发现，CpulaPLSA 生成的相关矩阵与网络结构的邻接矩阵更加相似，且保留了拓扑信息的大部分细节。在 DBLP 与 Cora 数据集上，NetPLSA 为大部分的文档对赋予了强关联性。这主要因为这两个数据集中的文档主要是计算机领域的学术论文，因而文档之间的主题相似性要更加显著，但本节提出的 CopulaPLSA 模型很好地将链接与非链接区域区分开来。在 WebKB 数据集上，NetPLSA 丢失了矩阵右下角的大部分信息，而 CopulaPLSA 仍然获得了很好的建模

效果。在不同的数据集上，CopulaPLSA 表现得更加鲁棒，这也从侧面证明假设与模型结构更加合理。

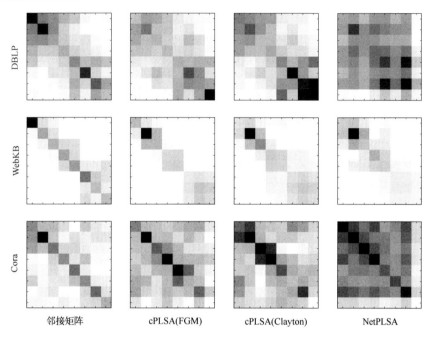

图 2.14　关联矩阵 vs 邻接矩阵

2.5　本章小结

　　本章首先介绍了原位虚拟大数据中心的核心组件网络数据勘探器的构造及其原理。其次分别介绍了大数据感知方法和勘探方法，提出了两种建模文本网络的概率模型，并通过实验验证了勘探器勘探网络数据的有效性。最后介绍了涉及网络数据勘探文本数据与文本链接的关联分析方法。基于典型关联分析与 Copula 函数，分别提出了关联主题分析(CTA)与 CopulaPLSA 模型。CTA 通过引入隐含关联因子，将链接根据其两端文档的主题相关性划分为不同种类；CopulaPLSA 则利用经济学中著名的 Copula 函数刻画文档间复杂的依赖关系，从而更全面地建模拓扑结构。这个工作是第一个将 Copula 函数与主题模型相结合的研究。

参 考 文 献

[1] 蒋昌俊, 丁志军, 喻剑, 等. 方舱计算. 中国科学: 信息科学, 2021, 51(8): 1233-1254.

[2] 蒋昌俊, 章昭辉, 王鹏伟, 等. 互联网新型虚拟数据中心系统及其构造方法: ZL201910926698.2,

2022.

[3]　徐付娟. 有限访问下"钻井式"流数据采样评估研究. 上海: 东华大学, 2022.

[4]　章鹏. 大规模流数据的动态钻井采样方法的研究. 上海: 东华大学, 2023.

[5]　He Y, Wang C, Jiang C. Discovering canonical correlations between topical and topological information in document networks. IEEE Transactions on Knowledge and Data Engineering (TKDE), 2018, 30(3): 460-473.

[6]　He Y, Wang C, Jiang C. Modeling document networks with tree-averaged copula regularization// Proceedings of the 10th ACM International Conference on Web Search and Data Mining, 2017: 691-699.

[7]　Jordan M I, Ghahramani Z, Jaakkola T S, et al. An introduction to variational methods for graphical models. Machine Learning, 1999, 37(2): 183-233.

[8]　Bishop C M. Pattern Recognition and Machine Learning. Berlin: Springer, 2007.

[9]　Yin Z, Cao L, Gu Q, et al. Latent community topic analysis: integration of community discovery with topic modeling. ACM Transactions on Intelligent Systems and Technology, 2012, 3(4): 1-21.

[10]　Erosheva E, Fienberg S, Lafferty J. Mixed-membership models of scientific publications. Proceedings of the National Academy of Sciences, 2004, 101(1): 5220-5227.

[11]　Zhang H, Giles C, Foley H, et al. Probabilistic community discovery using hierarchical latent gaussian mixture model//Proceedings of the 22nd AAAI Conference on Artificial Intelligence, 2007: 663-668.

[12]　Mei Q, Cai D, Zhang D, et al. Topic modeling with network regularization//Proceedings of the 17th International Conference on World Wide Web, 2008: 101-110.

[13]　Chang J, Blei D. Relational topic models for document networks//International Conference on Artifical Intelligence and Statistics, 2009: 81-88.

[14]　Blei D, Ng A, Jordan M. Latent dirichlet allocation. The Journal of Machine Learning Research, 2003, 3: 993-1022.

[15]　Mccallum A, Nigam K, Rennie J, et al. Automating the construction of Internet portals with machine learning. Information Retrieval, 2000, 3(2): 127-163.

[16]　Craven M, Mccallum A, Pipasquo D, et al. Learning to extract symbolic knowledge from the world wide web. AAAI/IAAI, 1998, 3(3.6): 2.

[17]　Griffiths T, Steyvers M. Finding scientific topics. Proceedings of the National academy of Sciences of the United States of America, 2004, 101(1): 5228-5235.

[18]　Chang J, Gerrish S, Wang C, et al. Reading tea leaves: how humans interpret topic models. Advances in Neural Information Processing Systems, 2009: 288-296.

[19]　Roger B N. An Introduction to Copulas. Berlin: Springer, 2006.

[20] Elidan G. Copulas in Machine Learning. Berlin: Springer, 2013.

[21] Airoldi E, Blei D, Fienberg S, et al. Mixed membership stochastic blockmodels. Advances in Neural Information Processing Systems, 2009: 33-40.

[22] Kirshner S. Learning with tree-averaged densities and distributions//Proceedings of the 21st Annual Conference on Neural Information Processing Systems, 2007.

[23] Meila M, Jaakkola T. Tractable bayesian learning of tree belief networks. Statistics and Computing, 2006, 16: 77-92.

[24] Boyd S, Vandenberghe L. Convex Optimization. Cambridge: Cambridge University Press, 2004.

[25] Liu Y, Niculescu-Mizil A, Gryc W. Topic-link LDA: joint models of topic and author community// Proceedings of the 26th Annual International Conference on Machine Learning, 2009: 665-672.

[26] Blei D, Lafferty J. Correlated topic models. Advances in Neural Information Processing Systems, 2006, 18: 147.

第 3 章　多源多维数据融合计算技术

3.1　基于动态加权信息熵的交易数据不均衡去噪方法

3.1.1　问题的提出

准确辨识网络欺诈交易是一项非常具有挑战性的任务[1]。其中一个非常重要的原因是数据不均衡(Data Imbalance)的噪声问题，尤其是带有数据重叠(Data Overlapping)噪声的类别不均衡问题。数据不均衡的噪声问题出现在不同类别样本的数量有较大差异时[2]，在网络交易数据中由于欺诈交易样本的数量远远小于正常交易样本的数量，数据不均衡的噪声问题非常突出。数据重叠的噪声问题通常是指不同类别的数据在特征空间中交叉重叠在一起，准确区分重叠区域中不同类别的样本十分困难[3]。

在网络交易数据中，数据重叠问题也十分突出，欺诈分子会费尽心思地模仿正常用户的交易行为，使得所产生的欺诈交易数据尽可能地与正常交易数据相似，从而逃过欺诈交易辨识系统的检测。这就造成欺诈交易与正常交易在原始特征空间中交叉重叠，给欺诈交易辨识带来很大的挑战。

Das 等[4]研究发现，单纯的数据不均衡噪声不是造成分离模型性能下降的主要原因，一些机器学习模型在数据不均衡比很高的数据集上也能取得很好的结果，例如，基于最大间隔的支持向量机(Support Vector Machine, SVM)模型[5]，这些模型学习的决策边界受到不同类别样本数量的影响很小。但是，如果同时存在数据不均衡和数据重叠的噪声问题，即带有数据重叠的不均衡问题，即使是上述这些受到数据不均衡问题影响较小的模型也无法准确区分不同类别的样本。不幸的是，网络交易数据明显具有数据重叠的不均衡问题，这也是网络交易欺诈辨识非常具有挑战性的主要原因之一。

针对带有数据重叠的不均衡噪声问题的研究不多，而且现有方法大多基于计算效率较低的 KNN 模型，使得这些方法难以适用于数据量巨大的网络交易欺诈辨识场景中。为此，本节提出以 OCSVM 模型为基础的层次化欺诈交易辨识方法，并提出动态加权信息熵作为 OCSVM 模型超参数选择的参考指标。该方法在动态加权信息熵的帮助下能够避开模型超参数调整所需的计算代价高的步骤，节省了大量模型训练所需要的时间和计算资源，也使得所提出的基于动态加权信息熵的欺诈交易辨识方法更具有实用性[6-12]。

基于动态加权信息熵的欺诈交易辨识方法主要包括两个部分，分别是基于单类别支持向量机模型的重叠数据划分和基于重叠数据子集的非线性机器学习模型训练，如图 3.1 所示，下面将对这两个部分进行展开说明。

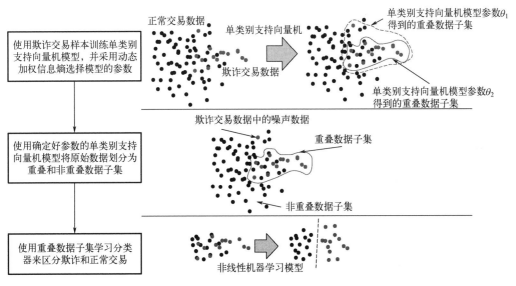

图 3.1　基于动态加权信息熵的欺诈交易辨识方法(见彩图)

(1)重叠数据划分。

不同于现有方法中使用计算代价大的 KNN，本章提出的方法使用单类别支持向量机模型进行重叠数据子集的划分。首先使用训练数据集中的全部欺诈交易样本训练单类别支持向量机模型，来确定欺诈交易样本的边界。完成单类别支持向量机模型的训练之后，将全部的训练集输入此单类别支持向量机模型，判定为欺诈交易的样本全部划分到重叠数据子集中，而判定为正常交易的样本全部划分到非重叠数据子集中。

欺诈交易样本中难免含有一些因标记错误导致的噪声数据，这些欺诈交易噪声数据可能和正常交易在特征空间中比较相近，如果将这些噪声数据也划分到重叠数据子集中，与之相近的大量正常交易数据也将一同被划分到重叠数据子集，从而使得重叠数据子集中数据不均衡比增大，给后续非线性机器学习模型的训练带来困难。虽然，这些欺诈交易的噪声样本可以通过调整单类别支持向量机模型的相关超参数将它们划分到非重叠数子集中，同时也将大量正常交易样本排除在重叠数据子集，但是如果将过多的欺诈交易作为噪声数据，将会导致丢失很多重要的欺诈交易样本的信息，使得最终得到的欺诈交易辨识模型无法尽可能多地识别欺诈交易。因此需要为单类别支持向量机模型设置合理的超参数来权衡其中的得失，这也是本章研究的重点。针对上述问题，本节提出动态加权信息熵作为单类别支持向量机模型选择参数的参考依据。

(2)非线性机器学习模型训练。

对于非重叠数据子集，其中仅有少量的少数类样本，且被当成少数类的异常样本(或噪声样本)，余下的全部为正常交易样本，因此，本节提出的方法将非重叠数据子集中的所有样本判定为多数类样本，对于网络交易数据来说，即将非重叠数据子集中的所有交易数据判定为正常交易。

重叠数据子集中包含几乎全部的欺诈交易样本和少部分正常交易样本，相比于原始数据集，重叠数据子集的数据不均衡比要小得多，正常和欺诈交易数据更加均衡。因此，重叠数据子集的重点问题是数据重叠噪声，即正常和欺诈交易在原始特征空间中交叉重叠在一起，给欺诈交易辨识带来困难，常规的机器学习模型，尤其是线性模型，由于非线性学习能力低，无法准确区分不同类型的交易。

需要使用学习能力更强的非线性机器学习模型，例如，随机森林模型、人工神经网络模型、深度神经网络模型等。非线性机器学习模型不是本章的主要研究内容，因此,针对网络交易欺诈辨识任务，本章选择最常用且效果良好的随机森林模型[13,14]来辨识重叠数据子集中的不同类型交易数据。

3.1.2　动态加权信息熵

在使用单类别支持向量机模型将原始数据划分为重叠数据子集和非重叠数据子集时，单类别支持向量机模型的超参数设置将影响到用于训练此模型的欺诈交易样本中被认为是噪声(异常)样本的比例。如图 3.2 所示，一方面将越多的欺诈交易作为噪声样本，就能排除重叠数据子集中更多的正常交易，使得重叠数据子集的数据不均衡比降得更低，更加有利于重叠数据子集上非线性机器学习模型的学习，提高模型辨识欺诈交易的性能；然而，另一方面，越多的欺诈交易噪声样本会带来越多的欺诈交易信息丢失，使得更多的欺诈交易错误地被判定为正常交易，给整体欺诈交易辨识模型的性能带来不利影响。

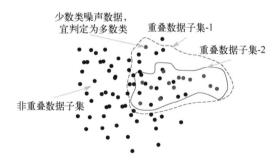

图 3.2　不同超参数下单类别支持向量机模型的决策边界图(见彩图)

为了能够综合考虑上述因单类别支持向量机模型不同超参数带来的影响，本章提出动态加权信息熵(Dynamic Weighted Entropy, DWE)来综合评价单类别支持向量机模型对原始数据划分的性能。动态加权信息熵可以形式化地表示为

$$G_{\mathrm{DWE}}(\theta) = W_{\mathrm{SNR}} \times H \tag{3.1}$$

其中，θ 表示单类别支持向量机模型的一组超参数，H 表示重叠数据子集的信息熵，W_{SNR} 表示少数类数据的信噪比(Signal-to-Noise Ratio, SNR)(全部欺诈交易样本中有部分样本被单类别支持向量机模型判定为异常噪声数据)。变量 H 和 W_{SNR} 的具体形式如下

$$H = -\sum_{i=0}^{k-1} p_i \log_{10}(p_i) \tag{3.2}$$

$$W_{\mathrm{SNR}} = \log_{10}\left(\frac{n_{\mathrm{all}} - n_{\mathrm{outliers}}}{n_{\mathrm{outliers}}}\right) = \log_{10}\left(\frac{n_{\mathrm{all}}}{n_{\mathrm{outliers}}} - 1\right) \tag{3.3}$$

其中，$i \in \{0, 1, \cdots, k-1\}$，$k$ 表示重叠数据子集中类别的个数；p_i 表示重叠数据子集中任意一个样本属于类别 i 的概率；n_{all} 表示原始训练数据集中欺诈交易样本的总数量，而 n_{outliers} 表示被单类别支持向量机模型判定为异常样本的欺诈交易样本的数量。

信息熵 H 通常用来衡量一个数据集的平均信息量[14]，因此这里使用信息熵来表示重叠数据子集的信息量。随着单类别支持向量机模型将欺诈交易样本中划分为异常噪声样本数量的减少，其决策边界会逐渐外延扩大，使得更多的正常交易数据被划分到重叠数据子集中。如果重叠数据子集中正常交易样本的数量远远大于欺诈交易样本的数量，那么会使得重叠数据子集中任意一个样本属于正常交易的概率 p_{normal} 接近于 1，而属于欺诈交易的概率 p_{fraud} 接近于 0，此时重叠数据子集的信息熵 H 会很小(接近于最小值 0)。但是，随着单类别支持向量机模型将欺诈交易样本划分为异常噪声样本数量的增加，其决策边界会逐渐收缩变小，使得划分到重叠数据子集中的正常交易样本数量迅速减少，那么在重叠数据子集中任意一个样本属于正常交易的概率 p_{normal} 将会降低，同时属于欺诈交易的概率 p_{fraud} 会升高，此时重叠数据子集的信息熵 H 会增大。重叠数据子集的信息熵 H 越大，说明其中正常交易样本的数量和欺诈交易样本的数量之间的差距在缩小，即重叠数据子集的不均衡比在降低，这有利于非线性机器学习模型的训练。

重叠数据子集的信息熵 H 能表示单类别支持向量机模型决策边界变化对调节重叠数据子集数据不均衡比的作用，但是无法衡量决策边界变化时将部分欺诈交易样本划分为异常噪声数据给整体模型的性能造成的影响。因此，本章引入欺诈交易样本的信噪比作为重叠数据子集信息熵的权重来衡量这一影响。由于在单类别支持向量机模型决策边界变化时，欺诈交易样本的信噪比也在动态地改变，所以本章使

用 W_{SNR} 来表示这一动态变化的权重。当单类别支持向量机模型决策边界外延扩大时，欺诈交易样本中被划分为异常噪声的样本数量减少，使得欺诈交易的信噪比 W_{SNR} 增加；反之，当单类别支持向量机模型决策边界收缩变小时，欺诈交易样本中被划分为异常噪声的样本数量增加，使得欺诈交易的信噪比 W_{SNR} 减小。如果欺诈交易数据的信噪比 W_{SNR} 减小，说明欺诈交易数据中的信息损失在增加。

单类别支持向量机模型决策边界外延扩大时，重叠数据子集的信息熵 H 减小，而欺诈交易的信噪比 W_{SNR} 增加；反之，单类别支持向量机模型决策边界收缩变小时，重叠数据子集的信息熵 H 增加，而欺诈交易的信噪比 W_{SNR} 减小。因此，在单类别支持向量机模型的决策边界因选择不同超参数而变化时，重叠数据子集的信息熵 H 和欺诈交易数据的信噪比 W_{SNR} 一增一减，相互牵制来动态地平衡由此带来的重叠数据子集数据不均衡比的变化以及欺诈样本数据信息损失。当重叠数据子集的信息熵 H 和欺诈交易数据的信噪比 W_{SNR} 同时取得较大值时，才能得到较大的动态加权信息熵 $G_{\text{DWE}}(\theta)$。因此，本章提出的动态加权信息熵可以同时权衡重叠数据子集数据不均衡比的变化以及欺诈样本数据信息损失，能够作为单类别支持向量机模型超参数选择的判断指标，指导单类别支持向量机模型超参数的快速、高效地选择。基于动态加权信息熵的欺诈交易辨识算法如算法 3.1 所示。

算法 3.1　基于动态加权信息熵的欺诈交易辨识方法

输入：标注好的网络交易数据 $X = \{x_1, x_2, \cdots, x_m\}$，其中包含 n_{fraud} 个欺诈交易数据 X_{fraud} 和 n_{normal} 个常交易数据 X_{normal}

参数：需要使用到的单类别支持向量机模型的超参数 $\theta_{\text{ocsvm}} = \{\theta_{\text{ocsvm}}^1, \theta_{\text{ocsvm}}^2, \cdots, \theta_{\text{ocsvm}}^r\}$，应用于重叠数据子集的非线性机器学习模型参数 θ_{clf}

输出：单类别支持向量机模型 M_{ocsvm}（超参数为 $\overline{\theta}_{\text{ocsvm}}$），训练完成的非线性机器学习模型 M_{clf}

1: 初始化变量：$i = 0$，$V_{\text{GWE}} = 0$，$\overline{\theta}_{\text{ocsvm}} = \theta_{\text{ocsvm}}^1$

2: **while** $i < r$

3:　　使用 X_{fraud} 训练超参数为 θ_{ocsvm}^i 的单类别支持向量机模型

4:　　使用训练好的单类别支持向量机模型将 X 划分为重叠数据子集和非重叠数据子集

5:　　使用式 (3.2) 计算重叠数据子集的信息熵 H

6:　　使用式 (3.3) 计算欺诈交易的信噪比，即信息熵的权值 W_{SNR}

7:　　使用式 (3.1) 计算动态加权信息熵 $G_{\text{DWE}}(\theta_{\text{ocsvm}}^i)$

8:　　**if** $V_{\text{GWE}} < G_{\text{DWE}}(\theta_{\text{ocsvm}}^i)$ **then**

9:　　　　$V_{\text{GWE}} \leftarrow G_{\text{DWE}}(\theta_{\text{ocsvm}}^i)$

10:　　　　$\overline{\theta}_{\text{ocsvm}} \leftarrow \theta_{\text{ocsvm}}^i$

11:　　**end if**

12: **end while**

13: 获得超参数为 $\overline{\theta}_{\text{ocsvm}}$ 的单类别支持向量机模型 M_{ocsvm}

14: 使用 M_{ocsvm} 将原始数据划分为重叠数据子集和非重叠数据子集

15: 使用重叠数据子集训练非线性分类器模型 M_{clf}

16: **return** 由 M_{ocsvm} 和 M_{clf} 构成的欺诈交易识别模型

3.1.3　实验验证

3.1.3.1　实验数据集

实验使用三个实验数据集，分别来自是 UCI 数据仓库[①]、Kaggle 开放数据集[②]以及私有的中国某金融公司的真实交易数据集。

（1）UCI 数据集。

UCI 数据仓库是专门面向机器学习社区准备的数据存储仓库，其中包含 497 个不同数据集。从中选择 11 个常用且带有不同程度数据不均衡问题的数据集，这些数据集的相关信息展示在表 3.1 中，包括不同类型样本的数据量、特征数量、数据不均衡比、数据重叠率等。这 11 个数据集的数据不均衡比差别较大（1.82～129.4），并且数据重叠率变化为 0.280～5.913。然而，这些数据集的数据量都很少，最多仅有 5472 条数据。使用这些数据集，虽然能从一定程度上检验本章提出方法的有效性，但是与真实的网络交易数据有较大差距，因此使用下面两组数据集来更加充分地检验本章提出方法的性能。

（2）Kaggle 开放数据集。

Kaggle 开放数据集是机器学习研究人员公开出来用于促进科学研究的数据仓库。本章从 Kaggle 开放数据集中选择与网络交易欺诈辨识相关的一个数据集，即信用卡欺诈交易识别数据集[③]。该数据集是欧洲信用卡用户的交易数据，是用户在 2013 年 9 月某两天产生的。如表 3.1 所示，此数据集包含 284807 条交易样本，其中仅有欺诈交易样本 492 条，使得该数据集的不均衡比达到 577.8，数据重叠率为 0.391。尽管该数据集是真实的网络交易数据，但是仅包含两天的交易样本，不足以使机器学习模型充分学习，因此测试结果和网络交易欺诈辨识的真实情况还是有一定差距。

（3）私有数据集。

私有数据集来自中国某金融公司，包含用户 2017 年 4 月～6 月连续三个月的全部交易样本，总交易样本的数量达到 350 万条，并且都由金融公司专业的审核员进行标记。为了充分利用数据，将该数据集按照每连续 10 天的数据样本合并成一个数据组，共拆分成 9 个数据组。然后，将连续的 4 个数据组再组成一个子数据集，作为一个完整的数据集用于模型的训练和测试，一共可以生成 6 个这样的数据子集，

---

① https://archive.ics.uci.edu/ml/index.php

② https://www.kaggle.com/datasets

③ https://www.kaggle.com/mlg-ulb/creditcardfraud

分别用 Private1, Private2,…, Private6 表示。如表 3.1 所示，这 6 个数集中每个数据集至少包含连续 40 天的 140 万条交易记录，数据不均衡比在 50 左右，数据重叠率在 0.266～0.295。为了防止模型训练和测试过程中出现评估穿越问题(由于样本划分不当，测试集中的信息"穿越"到了训练集中，导致模型出现过拟合，从而使得模型评估结果看似很好却不够准确)，实验时将每个数据集的前 3 组数据作为训练集用于模型训练，而最后一组数据用于模型的测试。

表 3.1　实验数据集信息

数据集	样本总数	特征数量	多数类/少数类	不均衡比	重叠率
Abalone19	4174	9	4142/32	129.4	1.889
Car-good	1728	22	1659/69	24.04	0.986
Ecoli1	336	7	259/77	3.36	0.377
Flare-F	1066	11	1023/43	23.79	0.685
Glass1	214	9	138/76	1.82	5.272
Haberman	306	3	225/81	2.78	5.404
Page-blocks0	5472	10	4913/559	8.79	1.966
Vehicle1	846	18	629/217	2.9	5.913
Wisconsin	683	9	444/239	1.86	0.280
Yeast1	1484	8	1055/429	2.46	4.128
Yeast6	1484	8	1449/35	41.4	0.508
Kaggle	284807	30	284315/492	577.8	0.391
Private1	1625103	43	1602076/23027	69.6	0.295
Private2	1687306	43	1654001/33305	49.6	0.289
Private3	1669601	43	1635503/34098	47.9	0.281
Private4	1555098	43	1525143/29955	50.9	0.273
Private5	1500516	43	1469909/30607	48.0	0.284
Private6	1455989	43	1426883/29106	49.0	0.266

3.1.3.2　实验结果

(1)动态加权信息熵效果验证。

首先对本章提出的动态加权信息熵的效果进行验证，检验其对于指导单类别支持向量机模型超参数选择的作用，以及动态加权信息熵与本章提出的处理带有数据重叠的不均衡问题的方法的性能之间的关系。

实验中单分类支持向量机模型的核函数选择最常用的非线性核函数，即径向基核函数(RBF Kernel)[15]；本章提出的基于动态加权信息熵的处理带有数据重叠的不均衡问题的模型中，非线性分类器根据数据集的不同选择不同的模型，对于数据量比较小的 UCI 数据集使用 C4.5 模型，而对于数据量较大的 Kaggle 信用卡欺诈交易识别数据集和私有金融机构交易数据集则使用随机森林 (Random Forests, RF) 模型。实验使用网格搜索的方式来遍历单类别支持向量机模型的超参数，图 3.3 为不同超参数下本章提出的处理带有数据重叠的不均衡问题的方法的 F1 值与其对应动态加权信息熵的散点图，而 GM 值与其对应加权信息熵的关系展示在图 3.4 中。

由图 3.3 和图 3.4 可知，本章提出的处理带有数据重叠的不均衡问题的方法的性能指标 F1 值和 GM 值都和动态加权信息熵 DWE 正相关，且模型在其动态加权信息熵取得最大值时，大部分情况下都能获得最好的性能。由此可知，本章提出的动态加权信息熵能够作为指导处理带有重叠的不均衡问题的方法选择超参数的参考指标。

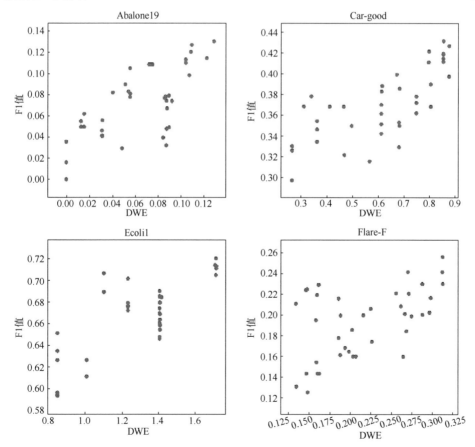

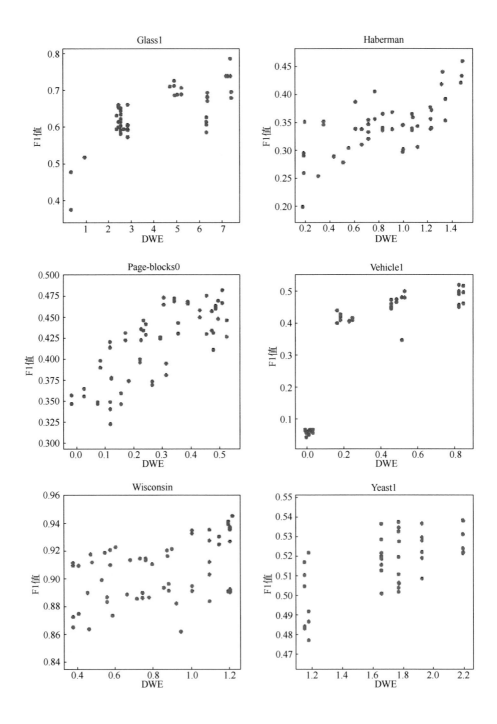

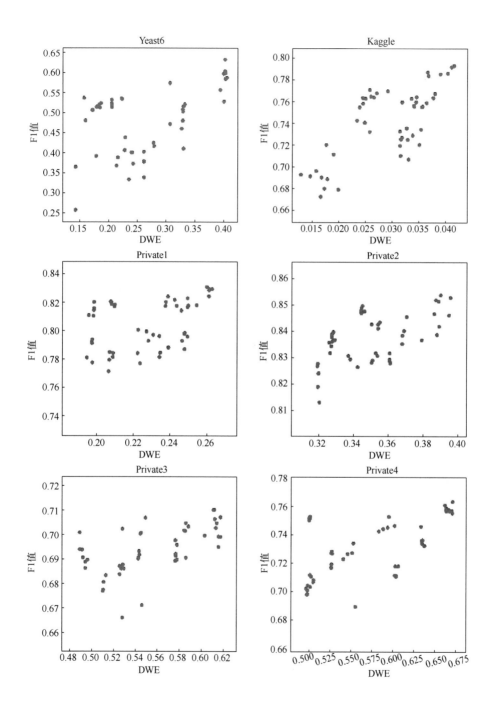

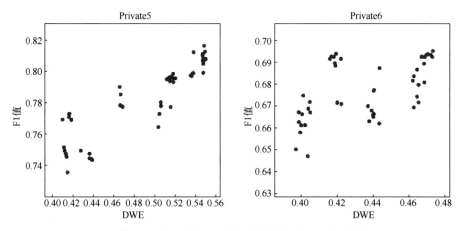

图 3.3　模型不同超参数下动态加权信息熵与 F1 值的散点图

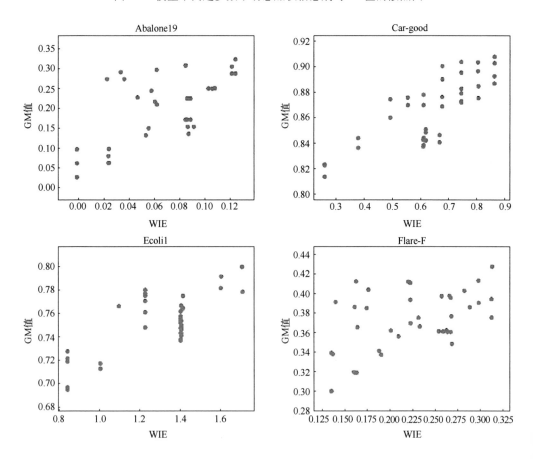

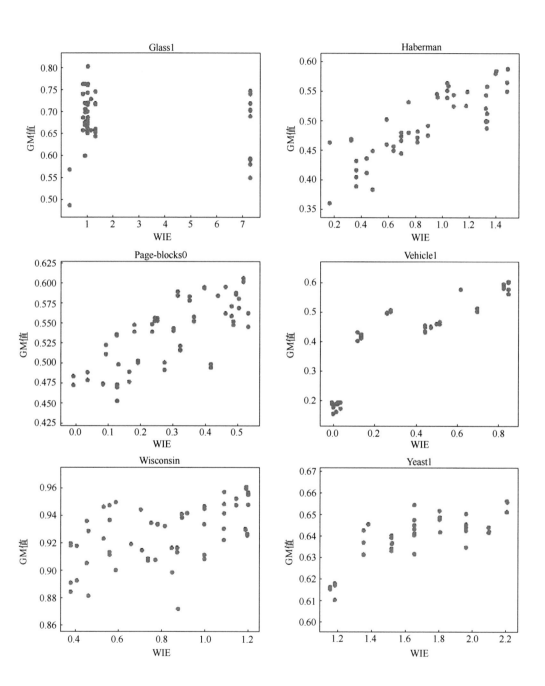

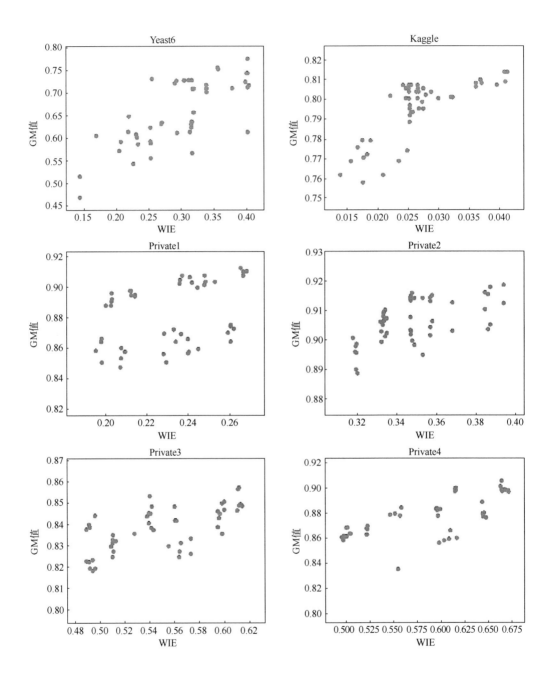

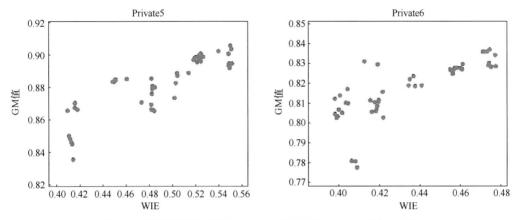

图 3.4　模型不同超参数下动态加权信息熵与 GM 值的散点图

(2)方法性能验证。

将本章提出方法与处理带有数据重叠的不均衡问题的最新方法以及处理数据不均衡问题的常用方法进行对比,来检验本章提出方法的性能。本章提出的方法采用动态加权熵来选择合适的超参数,对比模型使用推荐的参数。

实验结果如表 3.2 所示。首先,除了 UCI 数据集中的 Ecoli1、Flare-F 和 Wisconsin之外,本章提出的基于动态加权信息熵的方法在其他数据集上都取得了最佳的效果,充分证明了本章提出方法在处理带有数据重叠的不均衡问题上的优势。

表 3.2　不同测试数据集下各模型 F1 值与 GM 值

数据集	Baseline (C4.5/RF)		Tomek Links		SMOTE		OC-SVM		OSM		NB-Tomek		本章方法	
	F1 值	GM 值	F1 值	GM 值	F1 值	GM 值	F1 值	GM 值	F1 值	GM 值	F1 值	GM 值	F1 值	GM 值
Abalone19	0.09	0.35	0.11	0.35	0.11	0.35	0.09	0.35	0.13	0.35	0.14	0.35	**0.15**	**0.35**
Car-good	0.79	0.81	0.81	0.88	0.76	0.83	0.74	0.82	0.78	0.85	0.76	0.84	**0.81**	**0.89**
Ecoli1	0.72	0.80	0.76	0.83	0.71	0.79	0.70	0.77	**0.79**	**0.87**	0.75	0.84	0.72	0.80
Flare-F	0.13	0.29	0.29	0.41	0.33	0.42	0.14	0.31	**0.37**	**0.41**	0.31	0.38	0.23	0.42
Glass1	0.61	0.75	0.61	0.77	0.65	0.78	0.60	0.71	0.77	0.79	0.79	0.81	**0.85**	**0.86**
Haberman	0.34	0.51	0.38	0.52	0.39	0.55	0.27	0.43	0.29	0.43	0.37	0.49	**0.44**	**0.59**
Page-blocks0	0.49	0.78	0.51	0.80	0.49	0.80	0.47	0.59	0.53	0.82	0.51	0.79	**0.59**	**0.84**
Vehicle1	0.54	0.64	0.55	0.68	0.57	0.69	0.61	0.72	0.60	0.73	0.56	0.71	**0.62**	**0.74**
Wisconsin	0.88	0.87	0.86	0.91	0.88	0.89	0.85	0.87	0.94	0.96	**0.94**	**0.97**	0.93	0.94
Yeast1	0.45	0.53	0.51	0.60	0.47	0.58	0.44	0.51	0.51	0.63	0.53	0.66	**0.53**	**0.67**
Yeast6	0.44	0.66	0.47	0.69	0.49	0.71	0.44	0.69	0.46	0.73	0.54	0.73	**0.66**	**0.74**
Kaggle	0.77	0.80	0.70	0.79	0.74	0.81	0.68	0.76	0.79	0.81	0.76	0.82	**0.80**	**0.85**
Private1	0.78	0.87	0.82	0.90	0.82	0.88	0.76	0.85	0.83	0.89	0.82	0.90	**0.85**	**0.93**

数据集	Baseline (C4.5/RF)		Tomek Links		SMOTE		OC-SVM		OSM		NB-Tomek		本章方法	
	F1 值	GM 值	F1 值	GM 值	F1 值	GM 值	F1 值	GM 值	F1 值	GM 值	F1 值	GM 值	F1 值	GM 值
Private2	0.79	0.86	0.81	0.88	0.84	0.87	0.78	0.85	0.84	0.91	0.86	0.90	**0.86**	**0.94**
Private3	0.66	0.79	0.68	0.81	0.69	0.81	0.65	0.77	0.71	0.82	0.71	0.81	**0.71**	**0.83**
Private4	0.70	0.81	0.73	0.83	0.72	0.81	0.69	0.81	0.75	0.77	0.72	0.83	**0.76**	**0.88**
Private5	0.68	0.78	0.67	0.81	0.69	0.79	0.68	0.79	0.71	0.85	0.69	0.88	**0.72**	**0.89**
Private6	0.67	0.83	0.69	0.79	0.69	0.82	0.66	0.75	0.72	0.81	0.71	0.80	**0.72**	**0.83**

(3)计算效率分析。

首先,相比于现有处理带有数据重叠的不均衡问题的相关方法,本章提出的方法使用单类别支持向量机模型,而不是类似于其他相关方法(如 OSM 模型)使用 KNN 模型,进行数据重叠区域的划分。本章提出方法训练单类别支持向量机模型时,仅需要使用少数类样本即可,欺诈交易的数量仅占全部数据集的一小部分,模型的训练速度很快。而其他相关方法训练 KNN 模型寻找数据重叠区域时,需要在全部数据集上计算每个样本与其他全部样本之间的距离,随着样本数量的增加,计算复杂度呈指数级增加,需要消耗的计算资源相比于仅需要使用欺诈交易进行训练的单类别支持向量机模型要大得多。因此,单类别支持向量机模型在划分数据重叠区域时,比现有基于 KNN 的方法需要更少的计算资源,更加高效、快速。

另外,在单类别支持向量机模型选择超参数时,使用本章提出的动态加权信息熵作为参考指标能够简化参数调整所需的流程,去除其中计算代价较大的非线性机器学习模型的结果反馈,即与当前其他相关方法相比,本章提出的方法不需要在重叠数据子集上训练的非线性机器学习模型性能的反馈信息,直接参考动态加权信息熵即可完成单类别支持向量机模型的超参数选择,并完成重叠数据子集与非重叠数据子集的划分。如图 3.5 所示,在私有的金融公司交易数据集中的 6 组数据上分别

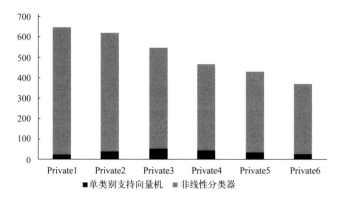

图 3.5　不同模型训练需要的时间

完成一次本章提出方法的模型训练，其中单类别支持向量机模型所需的时间远小于非线性机器学习模型所需的时间。显然，有了本章提出的动态加权信息熵作为超参数选择的参考指标，可以省去大量反复训练非线性机器学习模型所消耗的时间和计算资源，因此本章提出的基于动态加权信息熵的欺诈交易辨识方法不仅具有良好的处理带有数据重叠的不均衡问题的性能，而且该方法所消耗的时间和计算资源都得到优化，具有很高的执行效率。

3.2　多源多维数据的无标签数据处理

3.2.1　问题的提出

用数据来检测各被检测品的风险，需要历史标签数据，但由于各种原因，很多系统并未存入标签数据，所以该方法存在预测精度低的技术问题，并且，由于其严重依赖历史数据已经标注的标签，无法应用于无标签数据预测的环境，也无法用于对异常检测的业务场景。为此，提出一种无标签数据的处理方法[16]，用于解决现有技术中从无标签数据中识别出异常数据困难、对无标签数据的处理效果不理想的问题。

3.2.2　无标签数据的处理方法

无标签数据的处理方法包括以下步骤：获取数据集，数据集中包括异常数据和无标签数据；计算无标签数据的离群分数；计算无标签数据的异常相似分数；基于离群分数和异常相似分数，对无标签数据进行分类；获取经分类后的无标签数据的可靠性权重。

采用局部异常因子算法计算离群分数，其计算公式为

$$O\_Score(x) = \frac{1}{1 + e^{-LOF(x)}} \tag{3.4}$$

其中，$O\_Score(x)$ 表示无标签数据 x 的离群分数；无标签数据 $x = \mathbf{R}^d$，$\mathbf{R}^d$ 表示数据空间，d 表示无标签数据的特征维度；$LOF(x)$ 表示无标签数据 x 通过局部异常因子算法计算得到的结果。

计算无标签数据的异常相似分数包括以下步骤：对异常数据进行聚类，产生至少一异常簇，并获取异常簇的中心数据；计算无标签数据与中心数据的距离；基于距离，获取异常相似分数。

计算无标签数据与中心数据的距离的计算公式为

$$e\_d(x, u_i) = \sqrt[2]{\sum_{j=1}^{d} (x^j - u_i^j)^2} \tag{3.5}$$

其中，u_i 表示第 i 个异常簇的中心数据；$e\_d(x,u_i)$ 表示无标签数据 x 与中心数据 u_i 之间的距离；无标签数据 $x=\mathbf{R}^d$，$\mathbf{R}^d$ 表示数据空间，d 表示无标签数据的特征维度；j 的值为 $1\sim d$。

基于距离，获取异常相似分数的计算公式为

$$S\_Score(x) = \max_{i=1}^{k}\{e^{-e\_d(x,u_i)}\} \tag{3.6}$$

其中，$S\_Score(x)$ 表示无标签数据 x 的异常相似分数；k 表示异常簇的数量。

基于离群分数和异常相似分数，对无标签数据进行分类包括以下步骤：基于离群分数和异常相似分数，计算无标签数据的最终分数；获取分类阈值；基于最终分数和分类阈值，对无标签数据进行分类。

获取经分类后的无标签数据的可靠性权重包括以下步骤：对经分类后的无标签数据进行聚类，以产生聚类结果；聚类结果包括至少一伪标签簇；计算伪标签簇的标签熵；基于标签熵，计算伪标签簇的可靠性权重，以获取经分类后的无标签数据的可靠性权重。

伪标签簇的标签熵的计算公式为

$$H(U_i) = \sum_{s}\left(-\frac{n_s(U_i)}{n(U_i)}\right)\log_2\left(-\frac{n_s(U_i)}{n(U_i)}\right) \tag{3.7}$$

记聚类结果为 $U=\{U_1,U_2,\cdots,U_t\}$；t 表示伪标签簇的个数；U_i 表示第 i 个伪标签簇，i 的值为 $1\sim t$；$n(U_i)$ 表示第 i 个伪标签簇中伪标签数据的个数；$n_s(U_i)$ 表示第 i 个伪标签簇中属于类别 s 的伪标签数据的个数，$s\in\{-1,+1\}$；-1 表示正常数据；$+1$ 表示异常数据；$H(U_i)$ 表示第 i 个伪标签簇的标签熵。

基于标签熵，计算伪标签簇的可靠性权重的公式为

$$w(U_i) = 1 - H(U_i) \tag{3.8}$$

其中，$w(U_i)$ 表示第 i 个伪标签簇的可靠性权重。

伪标签簇中伪标签数据的可靠性权重与该伪标签簇的可靠性权重相等。

3.3　基于异质图神经网络的抽取式文本摘要方法

3.3.1　问题的提出

自动文本摘要旨在将原文本压缩并生成简短的描述，用于概括原文的整体内容。本节关注抽取式摘要，即抽取出原文中与主旨相关度较高的句子。

近年来，图神经网络(Graph Neural Networks)在图数据中展现出强大的特征抽取能力。同时，一些基于图神经网络的文本摘要方法也被提出，例如基于文本的修

辞关系构建文本图，但根据修辞拆分句子与构建树的过程较为复杂。另外一类方法将单词和句子视为两类节点，之后直接连接单词和句子构成异质图，单词节点充当着间接连接的角色以丰富句子间的关联，但是，仅将单词和句子进行连接，忽略了句子之间的直接关联。本节提出一种基于异质图神经网络的抽取式文本摘要方法（Method based on Heterogeneous Graph Neural Network for Abstracted Text Summarization，MHGS）[17]。

3.3.2　MHGS 模型

图 3.6 为基于异质图神经网络的抽取式文本摘要方法结构图，主要包括文本图构建、异质图更新和多角度指标三个部分。将单词和句子转化为向量节点并构建异质文本图，图中包含句子间的同质边以及单词与句子间的异质边。在图神经网络的消息传递过程中，不同类型节点的信息将迭代更新。通过异质图结构和图神经网络的更新，不但可以捕捉单词和句子间的关系，而且可以捕捉句子间的直接关联。除此之外，最重要的是在模型中设计了多角度的摘要分类指标，以此更加充分地利用句子特征。句子分类将会从四个方面进行考察，分别为相关度、冗余度、新信息量和 Rouge 分数。

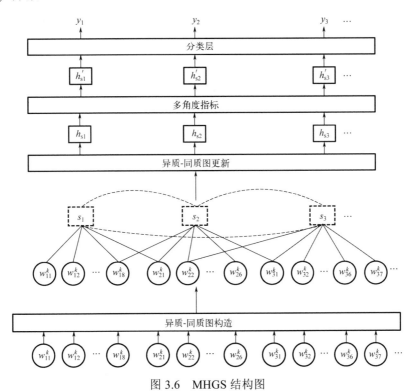

图 3.6　MHGS 结构图

3.3.3　文本图构建模型

文本图构建模型如图 3.7 所示，单词-句子异质边表示单词与句子的所属关系。为增加更多语义关系信息，在此使用 TF-IDF 值作为异质边权值。句子特征则分别应用卷积神经网络（Convolutional Neural Network，CNN）和双向长短期记忆网络（Bidirectional Long Short-Term Memory Network，BiLSTM）捕捉局部和全局信息，再将两种特征进行拼接，获取到完整的句子特征。在句子之间添加了同质边，形成句子全连接图。同质边表示句子间的相关程度，初始化的边权值根据句子特征向量的余弦相似度（Cosine）确定。

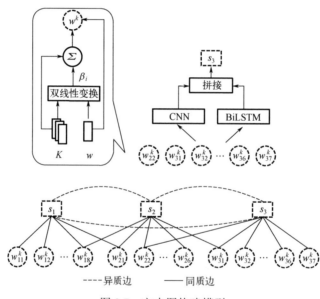

图 3.7　文本图构建模型

3.3.4　异质图更新层计算

采用图注意力网络（Graph Attention Network）更新图中节点特征。单词和句子的隐层状态分别表示为 H_w 和 H_s，文档的隐层状态为 H_d。更新层计算过程如下

$$\alpha_{ij} = \frac{\exp(\mathrm{LeakyReLU}(W_a[W_q h_i, W_k h_j]))}{\sum\limits_{n \in N_i} \exp(\mathrm{LeakyReLU}(W_a[W_q h_i, W_k h_n]))} \tag{3.9}$$

$$u_i = \sigma\left(\sum_{j \in N_i} \alpha_{ij} W_v h_j\right) \tag{3.10}$$

其中，h_i 和 h_j 为节点的隐层状态，W_a、W_q、W_k、W_v 为可训练参数矩阵，α_{ij} 为 h_i 和 h_j

间的注意力权重，N_i 为节点 i 的邻居节点集合。增量 u_i 通过注意力权重加权计算。

每个更新迭代过程包含三个步骤：句子对单词更新、单词对句子更新、句子间更新。t 时刻的更新过程如下

$$M_{\mathrm{w \leftarrow s}}^t = \mathrm{GAT}(\mathrm{TG}, H_{\mathrm{w}}^{t-1}, H_{\mathrm{s}}^{t-1}) \tag{3.11}$$

$$H_{\mathrm{w}}^t = \mathrm{MLP}(M_{\mathrm{w \leftarrow s}}^t, H_{\mathrm{w}}^{t-1}) \tag{3.12}$$

$$M_{\mathrm{s \leftarrow w}}^t = \mathrm{GAT}(\mathrm{TG}, H_{\mathrm{s}}^{t-1}, H_{\mathrm{w}}^t) \tag{3.13}$$

$$M_{\mathrm{s \leftarrow s}}^t = \mathrm{GAT}(\mathrm{TG}, H_{\mathrm{s}}^{t-1}, H_{\mathrm{s}}^{t-1}) \tag{3.14}$$

$$H_{\mathrm{s}}^t = \mathrm{MLP}(M_{\mathrm{s \leftarrow w}}^t, M_{\mathrm{s \leftarrow s}}^t, H_{\mathrm{s}}^{t-1}) \tag{3.15}$$

其中，$\mathrm{GAT}(\mathrm{TG}, H_s, H_w)$ 表示式 (3.13) 和式 (3.14) 所示的图注意力更新层，TG 为文本图，H_s 为句子向量矩阵，H_w 为单词向量矩阵。$M_{\mathrm{s \leftarrow w}}^t$ 表示从单词向句子传递消息，隐层状态通过 MLP 更新。每次迭代，文档的特征通过 BiLSTM 更新，即

$$H_{\mathrm{d}}^{t+1} = \mathrm{BiLSTM}(H_{\mathrm{s}}^{t+1}) \tag{3.16}$$

根据文本摘要的任务特点设计多角度的分类指标。本节提出方法从相关度（Rel）、冗余度（Red）、新信息量（Info）和 Rouge 分数四个角度对句子进行度量。

3.3.5　实验效果

在 CNN 和 DailyMail 数据集上的实验结果如表 3.3 所示，表中列出了各种文摘方法的 Rouge 分数。可以看出，MHGS 模型与 RNN 模型 BiGRUExt 相比优势明显，也领先于 TransformerExt 模型。TransformerExt 的得分与 HomoGS 相近，这也说明 TransformerExt 确实可以看成是句子级的全连接图模型。与之前的异质图摘要模型 HSG+Tri-Blocking 相比，MHGS+Tri-Blocking 在 Rouge-1、Rouge-2、Rouge-L 三项指标上分别提高了 0.14、0.46、0.97，这表明所提出的方法可以有效改善异质图模型在文本摘要任务上的结果。

表 3.3　在 CNN 和 DailyMail 数据集上的实验结果

模型	Rouge-1	Rouge-2	Rouge-L
LEAD-3	39.20	15.70	35.50
ORACLE	52.59	31.24	48.87
SummaRuNNer	39.60	16.20	35.30
NEUSUM	41.59	19.01	37.98
REFRESH	40.00	18.20	36.60
LATENT	41.05	18.77	37.54
HER w/o Policy	41.70	18.30	37.10
JECS	41.70	18.50	37.90

模型	Rouge-1	Rouge-2	Rouge-L
Selective AttGCN	41.79	19.06	38.56
HSG	42.31	19.51	38.74
HSG + Tri-Blocking	42.95	19.76	39.23
BiGRUExt	39.42	16.13	35.11
TransformerExt	41.42	18.95	37.77
HomoGS	41.68	18.63	38.23
MHGS	42.37	19.67	40.09
MHGS + Tri-Blocking	43.09	20.22	40.20

3.4　基于关系图谱的特征提取方法

3.4.1　问题的提出

在互联网借贷场景下，互联网借贷反欺诈大多基于规则来捕获有欺诈行为的借贷人，忽略了大量对反欺诈工作有用的信息，特别是社交网络信息。此外，由于互联网电子商务的迅速发展，借贷场景下的欺诈行为愈发猖獗，欺诈手段也层出不穷，但是基于规则的反欺诈方法对于上述问题无法有效应对。

通过人工提取的特征具有一定的局限性，一是只能适用于当前的数据集，对于其他数据集的泛化能力差，二是提取的特征对于社交网络信息没有很好地结合起来，无法刻画出当前样本在社交网络中的特征[18,19]。图嵌入算法能够从网络中提取网络结构特征，但是对于基于借贷数据构建的关系图谱，并没有利用到边异质的特性，提取的网络结构特征不够充分。为此，本节提出一种基于边异质的图嵌入算法提取关系图谱特征，并结合人工提取的特征，来达到借贷反欺诈的目的[20]。同时提出对于基于边异质的图嵌入算法，解决结构特征表达不充分的问题。在实际借贷场景下存在数据增量问题，基于边异质的图嵌入算法也将提出增量式的更新策略。

3.4.2　数据清洗

以某保险公司提供的借贷数据集为例。该数据集样本数量庞大，但是由于整个数据集横跨的时间长，所以缺失数据也同样庞大。

对于构建反欺诈模型的数据，主要包含的信息有借贷用户的个人信息以及部分亲属或联系人的信息。具体来说，其中借贷用户的个人信息数据主要包括姓名、身份证、手机号、住址、户籍、公司、房产地址等，借贷用户的部分联系人信息主要包括配偶姓名、配偶电话、配偶关系、直系亲属姓名、直系亲属电话、直系亲属关系、联系人 1 姓名、联系人 2 姓名等。像身份证号码、电话号码、住址电话等数据都已经通过脱敏处理，在数据中以哈希编码呈现。原始数据的编号及标签如图 3.8 所示。

```
 1    APPL_CDE      label
 2    M20161018111153 2
 3    M20161018113814 2
 4    M20161018114411 0
 5    M20161018121220 2
 6    M20161018133712 2
 7    M20161018135018 2
 8    A20161018066739 2
 9    M20161019141950 2
10    M20161013144339 1
```

图 3.8　原始数据图

另外，数据集的数据总量达 2304043 条，数据为近几年来所有用户的数据，但是大部分都是没有标签的。只有少量数据含有标签信息，总数据维度也达到了 55 维。原始数据的数据分布如表 3.4 所示，其中正样本 282966 条，负样本 25510 条，无标签样本 1603744 条。

表 3.4　原始数据的数据分布

	正样本	负样本	无标签样本
条目数	282966	25510	1603744

由于数据集整体数量庞大且无用数据过多，为了对借贷反欺诈模型有更好的评估，在进行构建模型前，先进行数据清洗和分割数据集。过滤掉不能使用的数据条目，从可使用的数据集中划分出了部分数据作为训练集和测试集。为了能够符合事实且易于实验，将无标签样本全部舍弃。从正样本与负样本中，经过清洗后得到 23041 条可用数据，划分出其中约 60% 的样本数据作为训练集，并将剩余约 40% 的样本数据作为测试集。训练集主要用来进行反欺诈模型构建，而测试集主要是对用训练集构建的反欺诈模型进行测试，用以衡量模型的性能，并且评估模型的泛化能力。划分后的数据集分布如表 3.5 所示。

表 3.5　划分数据集后的数据分布

	正样本	负样本
训练集	6791	6984
测试集	4614	4652

数据清洗主要步骤如下：首先，进行缺失值清洗，对于缺失值来说，如果缺失

率比较大，通常可以通过直接删除来处理；如果缺失率不是很大，而且特征较为重要，通常可以通过填充来处理缺失值。对于缺失值的填充通常也有两种方法，一种是使用众数、中位数之类的方法直接填充，另一种是使用模型进行填充。

在实际进行数据清理的过程中，一般是先进行无监督清洗并产生相应的清洗报告，然后让专家根据报告对清洗的结果进行人工整理。在数据清理前，需要分析数据的特点并定义清楚数据清洗的规则，清洗结束后为了保证清洗的质量，还需要验证清洗完的结果。

在借贷数据进行数据清洗中，缺失比重最大的十个特征缺失统计结果如表 3.6 所示。可以发现，部分特征缺失比重特别大，像联系人 2 相关字段，缺失率达到了 99%以上，而排在缺失特征榜第十的特征的缺失率也达到了 90%以上。根据以往的经验，选择 20%作为挑选特征的缺失率阈值，将缺失率大于 20%的直接删除。

表 3.6　缺失特征统计表

原始字段名	中文字段名	缺失率/%
OCMOBILE2	联系人 2 手机号	99.78
OCRELATIONDESC2	联系人 2 关联	99.56
OCNAME2	联系人 2 姓名	99.52
OCRELATIONSHIP2	联系人 2 关系	99.52
PBC_MATEMOBILE	征信配偶手机号	95.41
PHONE	住址电话	94.47
PCB_MATEID	征信配偶身份证	94.17
VEH_NO	汽车发动机号	94.04
VEH_CLASSIS	车架号	94.02
PCB_MATENAME	征信配偶姓名	92.27

3.4.3　基础特征提取

(1)原始特征。原始特征一般指在数据集的基础上构造的简单特征。本节将经过数据处理的 19 个特征作为该数据集的原始特征,通过特征工程的方法构造常用的特征，主要构造了各个字段缺失率以及各个字段是否缺失等特征。

(2)累积特征。原始特征对于借贷信息的表达十分有限，所以需要尝试添加更多的特征。累积特征是特征工程中专家构造特征的常用手段，通常是累积某一特征，将这一累积值作为新维度的特征，这一特征构造方法虽然简单，但是十分有效。在本节的借贷数据中，主要构造了当前公司名的累积值、当前电话的累积值、当前住址的累积值等特征。实验结果表明了累积特征的有效性。

(3)一致性特征。在借贷数据集中，发现了一些不一致的问题。比如某位借贷用户填写的公司地址和另一位借贷用户填写的公司地址一致,但是公司电话却不一致，并且发现存在这种问题的黑样本比例更大。针对信息不一致的问题，构造出了几种不一致特征，如公司名-公司电话一致性、公司名-公司省市级地址一致性等特征。实验结果表明了一致性特征的有效性。

3.4.4　构建关系图谱

关系图谱的本质就是一个网络，由不同的点和边连接而成。在这个网络上，存在着很多关于点和边的信息，根据构建的关系图谱的差别，点和边表示的意义也存在差别。一般来说，通常建立关系网络，都是以实体作为网络中的点，将实体之间的关系作为网络中的边。对于构建好的关系图谱，能够从图论的角度去分析问题，解决问题。

构建关系图谱的方法有很多种，对于实际场景下的借贷数据，主要提出了三种关系图谱构建方案。

3.4.4.1　以样本编号为中心的关系图谱

建立关系图谱的方式可以有很多种，最开始提出的建立关系图谱的想法是以样本的编号为关系图谱上的节点，以样本之间信息的共同属性为边构建关系图谱。这种方式构建的关系图谱能够较好地刻画出样本之间的差异，但是却存在一个难以解决的问题，就是更新过于频繁。以样本编号为中心的关系图谱，对于每一条新样本，都需要实时更新关系图谱，再加上后续的图嵌入算法的更新，将会带来很高的时间成本，同时以样本编号为中心的关系图谱相比于以借贷人为中心的关系图谱，整个网络的规模要大好几倍，所以以样本编号为中心的关系图谱的方案不是最佳解决方案。

3.4.4.2　以属性为中心的关系图谱

以属性为中心的关系图谱以每个样本中的属性作为关系图谱的节点，以每个样本属性之间的关联作为关系图谱上的边构建关系图谱。这种方式构建的关系图谱能够通过一阶共同邻居、二阶共同邻居等简单的属性刻画出节点之间的相似性。但是，同样面临着网络庞大、图谱更新频繁、更新时间成本高等问题。

3.4.4.3　以借贷人为中心的关系图谱

以借贷人为中心的关系图谱是本节最终选择的方案。以借贷人为中心的关系图谱，是以借贷人的 ID 作为节点，以属性之间的关联作为边。通过这样的方式构建的关系图谱，节点数量仅为借贷人数量，网络大小要比前两种方法小很多，对于每一条新样本，如果样本中的借贷人 ID 是在之前出现过的，整个关系图谱就不用重新更新，相对于前两种方法，该方法更新的策略没有那么频繁，所以最终选定以借贷人为中心的方法构建借贷数据的关系图谱。

为了更好地刻画借贷人的关系网络特征，选取数据集中存在关联的 14 个不同的关系字段构建关系图谱，分别是：征信人、详细地址、住址电话、户籍地址、公司地址、房产地址、车牌号、配偶、直系亲属、联系人 1、联系人 2、联系人 3、联系人 4。这些字段构成的边能够将不同的借贷人关联起来，构建关系图谱。图 3.9 展示的是整个关系图谱的一部分，通过不同的关系信息将不同的借贷用户联系在一起。

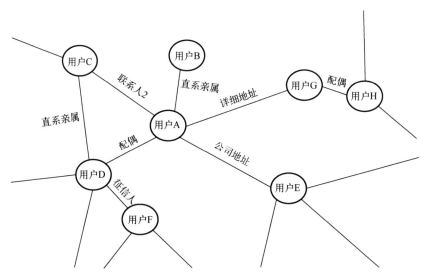

图 3.9　以借贷人为中心的关系图谱图

在构建好的边异质关系图谱中，很多图特征能够通过人工构建，比如图的关联度以及中心度。关联度是指一个节点能和多少个其他节点相邻，如果该网络是有向网络，还可以细分为入度和出度，分别对应着链入和链出的节点数。中心度是指有多少其他节点对之间的最短路径必须经过该节点，可以认为是关联度的一种延伸。

在实际场景下，分别构造一阶邻居至三阶邻居的各种特征，并通过模型对特征的重要程度筛选构造的特征，最终保留的图谱特征有以下几种：一阶邻居个数、二阶邻居个数、一阶邻居黑样本数、二阶邻居黑样本数、一阶邻居黑样本占比、二阶邻居黑样本占比、节点度数。图谱特征重要程度统计如表 3.7 所示。

表 3.7　图谱特征重要程度统计

特征	重要性
二阶邻居个数	0.142
一阶邻居个数	0.096
节点度数	0.092
二阶邻居黑样本数	0.042
一阶邻居黑样本数	0.041

3.4.5　基于图嵌入的隐含特征提取

3.4.5.1　基于边异质的图嵌入特征提取

所构建的关系图谱中，所有的节点均表示一个借贷用户，所有的边均表示两个借贷用户之间存在的某种联系。根据之前的关系图谱构建方法，所有这些边共有 14 个类别，分别表示配偶关系、联系人关系、相同住址等。这些不同类型的边在构建关系图谱时，是被赋予了不同的物理含义的，但是，使用现有的图嵌入算法构建特征时，这些边中包含的信息量是一致的。那么，是否能够根据不同边类型，给不同的边赋予不同的物理含义，进而改进图嵌入算法，从而得到更好的关系图谱的特征呢？为了解决这个问题，提出了一种针对互联网借贷欺诈数据构建的边异质关系图谱的图嵌入算法。

给定一个序列的初始节点 u，以及固定的随机游走序列长度。令节点 c_i 表示随机游走序列中的第 i 个节点，整个序列从 $c_0 = u$ 开始。在上一个节点为 v 的情况下，下一个节点 c_i 满足以下分布

$$P(c_i = x | c_{i-1} = v) = \begin{cases} \dfrac{\pi_{vx}}{Z}, & (v,x) \in E \\ 0, & \text{其他} \end{cases} \tag{3.17}$$

其中，π_{vx} 表示节点 v 与节点 x 之间的转移概率，E 表示网络中所有边的集合，而 Z 表示归一化常数。

在 DeepWalk 算法[21]中，π_{vx} 为 1，表示对于节点 v，所有的边可能游走的概率都是固定的。显然，这样的游走策略不能指导搜索的过程来探索不同类型的网络领域。在本节提出的边异质关系图谱的图嵌入算法中，主要是对这个转移概率进行了优化，转移概率为

$$\pi_{vx} = \alpha_{pq}(t,x) \times w_{vx} \tag{3.18}$$

其中，α_{pq} 为 Node2Vec[22]定义的那样。而 w_{vx} 表示边 (v,x) 的权重，并不是网络中定义好的权重，而是需要学习的一个参数。在构建的关系图谱中，共有 14 个不同的边，所以需要通过算法学习到 14 个不同的边权。

边异质关系图谱的图嵌入算法的伪代码如算法 3.2 所示，改进主要体现在通过网络中的边异质关系，从训练中学习不同异质边的权重，进而从网络中挖掘出更加丰富的语义信息。主要的基本思路为：对于每种不同关系的边，默认其权重为 1，分别设置粗粒度和细粒度更新参数 α 与 β，先用粗粒度参数更新边权，根据边权重新计算网络的所有边的转移概率，依据新的转移概率进行随机游走，直至最终指标 KS 不再提升为止。之后使用细粒度参数更新边权，直至 KS 值不再更新为止。

算法 3.2　边异质的图嵌入算法

输入：$G=(V, E)$ 表示关系图谱，D 为特征维度，R 为游走次数，L 为游走步长，K 为边类别数量，α、β 为粗粒度和细粒度更新参数

输出：KS 为评价指标

1:　　**for** $i = 1$ **to** K **do**

2:　　　　$U \leftarrow 0$ //更新权重粒度，0 表示粗粒度，1 表示细粒度，2 表示不更新

3:　　　　**repeat**

4:　　　　　$w_{\text{left}}, w_{\text{right}} \leftarrow$ 调整网络权重(w, U, i, α, β)　　//w 表示边的权重

5:　　　　　$P_{\text{left}}, P_{\text{right}} \leftarrow$ 初始化转移概率$(G, w_{\text{left}}, w_{\text{right}})$　　//P 表示边的转移概率

6:　　　　　$G' \leftarrow (V, E, P_{\text{left}}, P_{\text{right}})$

7:　　　　　$f \leftarrow$ 学习特征(G', D, R, L)　　//基于随机游走策略

8:　　　　　KS $\leftarrow$ 构建分类模型(f)　　//构建任意分类模型

9:　　　　**if** KS 不再提升

10:　　　　　$U \leftarrow U + 1$

11:　　　**until** $U > 1$

12:　　　**function** 调整网络权重(w, U, i, α, β)：

13:　　　　$w_{\text{left}}, w_{\text{right}} \leftarrow w$

14:　　　　**if** $U \leftarrow 0$　　//粗粒度调整

15:　　　　　$w_{\text{left}\,i} \leftarrow w_{\text{left}\,i} / \alpha \; w_{\text{right}\,i} \leftarrow w_{\text{right}\,i} \times \alpha$

16:　　　　**else**　　　//细粒度调整

17:　　　　　$w_{\text{left}\,i} \leftarrow w_{\text{left}\,i} - \beta$；$w_{\text{right}\,i} \leftarrow w_{\text{right}\,i} + \beta$

18:　　　　**return** $w_{\text{left}}, w_{\text{right}}$

19:　　　**function** 初始化转移概率$(G, w_{\text{left}}, w_{\text{right}})$

20:　　　　$V, E \leftarrow G$

21:　　　　**for** E 中的所有边 e **do**

22:　　　　　$P_{\text{left}} \leftarrow \alpha_{pq}(t,x) \times w_{\text{left\_vx}}$　　// α 由超参计算得到

23:　　　　　$P_{\text{right}} \leftarrow \alpha_{pq}(t,x) \times w_{\text{right\_vx}}$

24:　　　**return** $P_{\text{left}}, P_{\text{right}}$

3.4.5.2　图嵌入增量更新策略

算法 3.2 能够帮助关系图谱解决边异质使得信息表达不充分的问题，但是如果想让图嵌入的特征提取方法能够实时地用在互联网借贷反欺诈系统中，还有一个问题需要解决，那就是关系图谱的更新问题。

在互联网借贷问题中，新借贷用户是实际场景下不可避免的。如果只使用传统的基于规则的方法，或者是简单的构造特征的方法，对于新借贷用户是没有任何影响的。但是对于图嵌入构造特征的方法，会存在着巨大的影响。首先，对于一个新

借贷用户,关系图谱需要更新与这个新用户相应的点和边。其次,对于图嵌入算法的更新,传统的策略是需要重新随机游走采样,然后重新训练模型得到新的特征。显然,这样的传统策略的效率是非常低的,远远达不到实时的标准。所以本节提出了一种增量式的图嵌入算法更新策略。

　　增量式的图嵌入算法更新策略的伪代码如算法 3.3 所示,主要依据节点距离上次的更新时间与采用概率成正比的关系,采样与新节点数量相同的节点,通过算法 3.2 中的方式概率游走,继而更新特征学习模型。

算法 3.3　增量式更新策略

输入:$G=(V, E)$ 表示关系图谱,$G'=(V', E')$ 表示新增图谱,D 为特征维度,R 为游走次数,L 为游走步长,T 为每个节点距离上次更新的时间

输出:f 为特征向量,T 为每个节点距离上次更新的时间

```
1:   V″, T ← 概率采样(V, T, len(V′)) //从 V 中随机采样与 V′数量相同的点
2:   V_new ← V′ + V″
3:   G_new ← G + G′
4:   Walks ← empty
5:   for iter = 1 to R do
6:   for 所有 V_new 中的节点 u do
7:   Walk ← 概率游走(G_new, u, L)
8:   Walks ← walks + walk
9:   f ← SGD(D, walks) //更新特征学习模型
10:  return f, T
11:  function 概率采样(V, T, length):
12:  T_all ← sum(T)
13:  for iter = 1 to T 的长度 do
14:  P_i ← T_i / T_all  //对于 i 点的采样概率
15:  S ← 采样(P, length)
16:  for 所有 V 中的节点 u do
17:  if u in S:
18:  T_u ← 0
19:  else
20:  T_u ← T_u + length
21:  return S, T
```

　　增量式更新的主要策略是,对于每个节点都保存一个距离上次采样的时间 T_i,根据 T_i 的大小计算该节点被采样到的概率,T_i 越大则被采样到的概率就越大。在每次有新的节点需要更新特征时,从原图谱中概率采样与新节点相同数量的节点,分

别以这些节点为起点基于概率游走得到游走序列,继而更新 Skip-Gram 模型。对于一次只更新一个节点来说,整体更新策略需要以所有 V 个节点为起点游走,生成游走序列,增量式更新策略只需要以一个节点为起点游走,所以增量式更新策略的时间复杂度是整体更新策略的 $\frac{1}{|V|}$。

3.4.6 实验与分析

3.4.6.1 关系图谱特征有效性分析

基于关系图谱的特征构建实验中,统一使用 LightGBM 模型[23]对不同特征进行评估。LightGBM 是一个快速、分布式且高性能的梯度提升框架,由微软公司在 2017 年提出。通过调用 sklearn 库中的 LightGBM 模型,分别构建基于不同特征的模型。使用之前处理好的训练集对模型进行训练,之后使用测试集进行性能度量,其统计结果如图 3.10 所示。

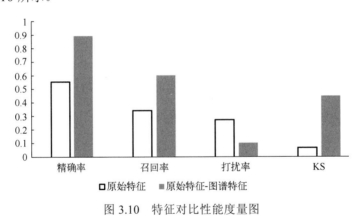

图 3.10　特征对比性能度量图

可以发现,原始特征的效果是非常差的,打扰率特别高,达到了 0.27,KS 指标也非常低,只有不到 0.1。这是由于原始特征中只包含了一些基础身份信息,而像房产地址、车牌号这些较能够体现消费价值的个人信息的缺失率都特别高,不能很好地利用起来,所以导致原始特征的效果非常不理想。而当加入从关系图谱中提取的图谱特征后,可以看到,KS 指标有了明显提升,提升到了 0.4 以上,其他的各个指标也有显著提升,这也非常好地验证了关系图谱对于互联网借贷反欺诈的有效性。

3.4.6.2 边异质图嵌入算法参数分析

边异质图嵌入算法涉及许多参数,在图 3.11 中,使用借贷数据集检验不同的参数选择对于该算法性能的影响。除了测试的参数外,其他参数均采用默认值。

使用图嵌入生成特征时,维度一般设置为 2 的倍数。可以看出,实验使用 KS

值进行度量，大体上指标会随着维度的增大而增大，直到 32 维才有了缓慢下降，可能是维度过大导致噪声过多，采样不充分造成的。基于游走步长 L 的实验，随着 L 的增大，指标也在增大。p 值与 q 值默认设置为 1，随着 p 值和 q 值的增加，指标也一直在增加，最终在 $p=2$、$q=2$ 时，结果最优。最后是关于粗粒度和细粒度参数 α 与 β 的实验，默认 α 与 β 均大于 0。当 $\alpha=0$ 或 $\beta=0$ 时，边权是不会更新的，所以效果最差，当 $\alpha=1.5$ 或 $\beta=0.1$ 时，得到最好的效果。

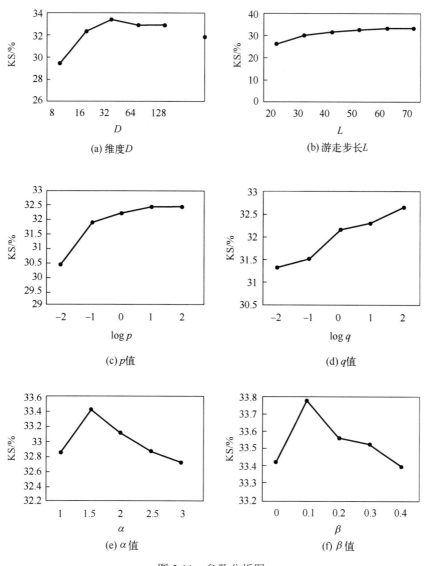

图 3.11 参数分析图

3.4.6.3　边异质图嵌入与其他图嵌入算法比较分析

为了验证基于边异质图嵌入算法构造的图谱特征的有效性，使用图嵌入算法提取特征，同样使用 LightGBM 模型对不同特征进行评估。在具体实验中，通过调用 sklearn 库中的 LightGBM 模型，分别构建基于不同特征的模型。使用之前处理好的训练集对模型进行训练，之后使用测试集进行性能度量，其统计结果如表 3.8 所示。

表 3.8　图嵌入算法性能对比结果

	精确率/%	召回率/%	打扰率/%	KS/%
DeepWalk	57.42	59.65	44.6	15.05
SDNE	90.51	33.62	3.55	30.07
Node2Vec	94.27	35	2.15	32.85
边异质图嵌入	94.51	36.62	2.08	33.77

可以看到，使用边异质图嵌入算法构造的特征比原始的图嵌入算法构造的特征效果要好一点，在各个指标上都要更加优秀，在主要的评价指标 KS 值上要高一个百分点。为了方便观察，将结果使用可视化后不同图嵌入算法的结果对比如图 3.12 所示。

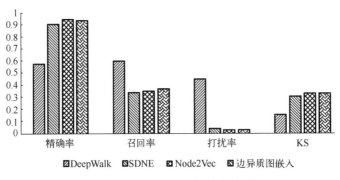

图 3.12　不同图嵌入算法性能度量图

可以看出，在图谱特征的基础上，用边异质图嵌入算法构造的特征对于模型的性能是有一定的提升的。这是由于，在构造的关系图谱中，不同的边所代表的物理意义是不一样的，有的边所代表的关系更加紧密，而有的边所代表的关系则是可有可无的，所以需要通过数据进行学习。借助优化的图嵌入算法生成的嵌入特征对样本有更好的刻画。边异质图嵌入算法也解决了异质边关系图谱的问题。

3.4.6.4　边异质图嵌入更新策略比较分析

边异质图嵌入使用的增量式更新策略比完整的图嵌入更新策略快$|N|$倍，其中$|N|$表示目前关系图谱中节点的数量，对比指标如表 3.9 所示。显而易见，增量式更新

策略在 **KS** 值相差不大的情况下，单次更新时间提升了接近|*N*|倍。通过实验验证了使用该策略能够完成实时更新的任务。

表 3.9　更新策略对比指标

	单次更新时间/s	KS/%
完整更新	585.4	33.68
增量式更新	0.27	33.53

3.5　本 章 小 结

在网络交易欺诈检测建模中，有来自交易系统内部的数据，也有来自互联网的各种数据，而且数据维度表征基本不一样。本章主要针对多源多维大数据的问题，提出了基于动态加权信息熵的交易数据不均衡去噪方法、无标签数据处理方法、基于异质图神经网络的抽取文本摘要方法、基于关系图谱的特征提取方法等，在反欺诈建模中实现多源多维数据的可信融合。

参 考 文 献

[1]　Abdallah A, Maarof M A, Zainal A. Fraud detection system: a survey. Journal of Network and Computer Applications, 2016, 68: 90-113.

[2]　López V, Fernández A, García S, et al. An insight into classification with imbalanced data: empirical results and current trends on using data intrinsic characteristics. Information Sciences, 2013, 250: 113-141.

[3]　Denil M. The effects of overlap and imbalance on SVM classification. Halifax: Dalhousie University, 2010.

[4]　Das S, Datta S, Chaudhuri B B. Handling data irregularities in classification: foundations, trends, and future challenges. Pattern Recognition, 2018, 81: 674-693.

[5]　Suykens J A K, Vandewalle J. Least squares support vector machine classifiers. Neural Processing Letters, 1999, 9(3): 293-300.

[6]　Li Z, Liu G, Jiang C. Deep representation learning with full center loss for credit card fraud detection. IEEE Transactions on Computational Social Systems, 2020, 7(2): 569-579.

[7]　Li Z, Liu G, Wang S, Xuan S, Jiang C. Credit card fraud detection via kernel-based supervised hashing//The 2018 IEEE SmartWorld, Ubiquitous Intelligence & Computing, Advanced & Trusted Computing, Scalable Computing & Communications, Cloud & Big Data Computing, 2018: 1249-1254.

[8]　Qin Y, Liu G, Li Z, et al. Pairwise Gaussian loss for convolutional neural networks. IEEE Transactions on Industrial Informatics, 2020, 16(10): 6324-6333.

[9]　Zhang F, Liu G, Li Z, et al. GMM-based undersampling and its application for credit card fraud detection//2019 International Joint Conference on Neural Networks (IJCNN), 2019: 1-8.

[10]　Xie Y, Liu G, Cao R, et al. A feature extraction method for credit card fraud detection//The 2nd International Conference on Intelligent Autonomous Systems (ICoIAS), 2019: 70-75.

[11]　Wang S, Liu G, Li Z, et al. Credit card fraud detection using capsule network//The 2018 IEEE International Conference on Systems, Man, and Cybernetics (SMC), 2018: 3679-3684.

[12]　Xuan S, Liu G, Li Z, et al. Random forest for credit card fraud detection//The 2018 IEEE International Conference on Networking, Sensing and Control (ICNSC), 2018: 1-6.

[13]　Nami S, Shajari M. Cost-sensitive payment card fraud detection based on dynamic random forest and k-nearest neighbors. Expert Systems with Applications, 2018, 110: 381-392.

[14]　Lee W, Xiang D. Information-theoretic measures for anomaly detection//Proceedings of the 2001 IEEE Symposium on Security and Privacy, 2000: 130-143.

[15]　Hssina B, Merbouha A, Ezzikouri H, et al. A comparative study of decision tree ID3 and C4.5. International Journal of Advanced Computer Science and Applications, 2014, 4(2): 13-19.

[16]　蒋昌俊, 闫春钢, 丁志军, 等. 无标签数据的处理方法、系统、介质及终端: ZL 202010107204.0, 2023.

[17]　Zhang C, Wang J, Qi H, et al. Multi-view metrics enhanced heterogeneous graph neural network for extractive summarization//The 2021 China Automation Congress (CAC), 2021: 3180-3185.

[18]　Tang J, Qu M, Wang M, et al. LINE: large-scale information network embedding//The 24th International Conference on World Wide Web, 2015: 1067-1077.

[19]　Wang D, Cui P, Zhu W. Structural deep network embedding//Proceedings of the 22nd ACM SIGKDD International Conference on Knowledge Discovery and Data Mining, 2016: 1225-1234.

[20]　蒋昌俊, 丁志军, 章昭辉, 等. 基于关系图谱学习的欺诈分析方法、系统、介质及设备: CN202010436169.7, 2020.

[21]　Perozzi B, Al-Rfou R, Skiena S. Deepwalk: online learning of social representations//Proceedings of the 20th ACM SIGKDD International Conference on Knowledge Discovery and Data Mining, 2014: 701-710.

[22]　Grover A, Leskovec J. Node2vec: scalable feature learning for network//Proceedings of the 22nd ACM SIGKDD International Conference on Knowledge Discovery and Data Mining, 2016: 855-864.

[23]　Zhan Z, You Z, Zhou Y. An efficient lightGBM model to predict protein self-interacting using Chebyshev moments and bi-gram//Intelligent Computing Theories and Application: 15th International Conference, 2019: 453-459.

第 4 章　基于多模型融合的信用评估技术

4.1　基于回归方法的自动化特征建模方法

4.1.1　问题描述与整体框架

假设有一个监督学习的任务 T，它可以被表示为 $T = \langle D, C, L \rangle$，其中，$D = \langle X, Y \rangle$ 表示一个具有 n 个特征和 m 个类别的数据集；C 是一个应用在数据集上的分类器，例如，决策树模型；L 是损失函数，例如，对数损失。任务 T 用来测量分类器 C 在数据集 D 上的性能表现，$P(D)$ 是指验证该模型所使用到的指标，例如，召回率。任务 T 的目标是通过学习一个分类器 C 使指标 $P(D)$ 尽可能最大化。

为了实现这一目的，需要从原始特征中构造一些新的具有区分度的特征。也就是说，寻找一个映射 M 将原始特征 X 转化到一个新特征空间 X_{new} 中，即 $X_{new} = \langle m_1(x), m_2(x), \cdots, m_n(x) \rangle$，通过对新特征空间 X_{new} 学习，模型指标 $P(D)$ 达到最大化。

在大部分研究中，通常的做法是将预定义的转化函数(如均值、方差)直接应用到原始的特征空间中。其依据是具有高信息量的特征通常是由基础特征所生成出来的。该方法的缺点是针对一个特定的数据集很难定义一些适合该数据集的转化函数，因此缺乏鲁棒性。

为解决这一问题，本节提出了基于回归的方法[1]来挖掘特征对之间存在的潜在规律。其依据是认为两个特征在不同的类别中可能存在不同的相关关系。举例来说，图 4.1 展示出了 UCI 中 Ionosphere 数据集的两个特征 f_1 和 f_2，从图 4.1 (a) 可以发现 f_1 与 f_2 在第一类中呈现非常强的线性关系，而从图 4.1 (b) 可以看到这两个特征在第二类中呈现的是非线性关系，可以利用这一特点来构造具有高信息量的新特征。

基于回归方法的自动化特征工程可以分为三个步骤：首先需要挑选出在不同类别中呈现不同相关关系的特征对，其次使用回归技术来生成高信息量的特征，最后利用最大信息系数对原始特征进行特征选择，并与新特征进行合并，从而生成最优特征子集。整体框架如图 4.2 所示。

具体来说，方法分为以下三部分：首先原始数据集按相同标签分别划分为一组，其次依次计算每一组中两两特征 (i, j) 的距离相关系数 $dcor(i, j)$。之后通过计算全部类别中 $dcor(i, j)$ 的方差并与阈值 1 进行比较，从而得到特征对间关系具有高区分度

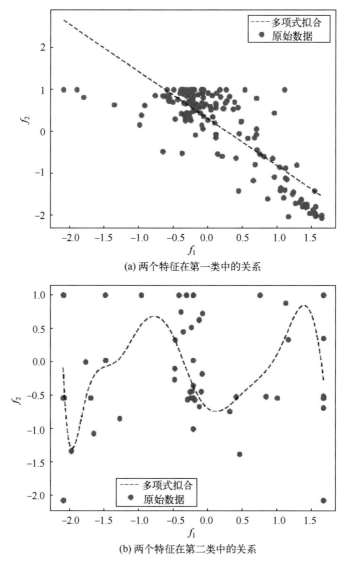

(a) 两个特征在第一类中的关系

(b) 两个特征在第二类中的关系

图 4.1　UCI 中 Ionosphere 数据集的两个特征之间关系(见彩图)

的特征对;紧接着,将前面计算得到的 dcor(i, j) 与阈值 2 进行比较,把特征对 (i, j) 之间的关系划分为线性关系与非线性关系。随之通过不同的回归技术来分别学习这两者之间的关系,从而构造新特征。最后使用最大信息系数[2]这种过滤式特征选择方法从原始特征空间中选择最优子集,并与之前构造的新特征进行合并,构成最终的新特征空间。

　　下面从挖掘高区分度的特征对、新特征的生成以及特征选择三部分内容进行详细介绍。

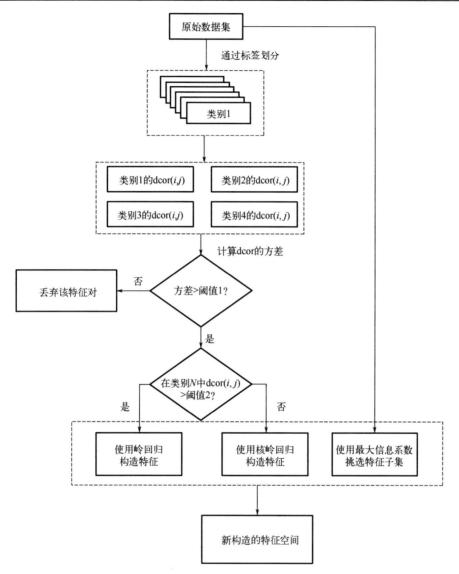

图 4.2　基于回归方法的自动化特征工程整体框架

4.1.2　基于距离相关系数的特征对挖掘方法

从普遍意义上来说，单特征的区分度是指某个特征在不同类别中呈现出不同的分布。如果在不同类别中差异性比较大，那么该特征的区分度比较高，反之较低。基于上述单特征的区分度的含义，下面给出特征间关系的区分度定义。

假设一个数据集中包含 m 个类别，其中第 k 类（$1 \leqslant k \leqslant m$）样本中的任意两个特征记为 f_i 与 f_j，并且假设存在一个函数 $\mathcal{R}(i, j, k)$ 可以度量这两个特征在第 k 类中的相关关系，那么 f_i 与 f_j 之间的关系的区分度 $\mathrm{Rela}(f_i, f_j)$ 可以由以下公式表示

$$\mathrm{Rela}(f_i, f_j) = \sum_{k=1}^{m} (\mathcal{R}(i,j)^k - \mathcal{R}(i,j,k))^2 \tag{4.1}$$

其中，$\mathcal{R}(i,j)$ 表示 $\mathcal{R}(i,j,k)$ 的平均值，即

$$R(i,j) = \frac{1}{m} \sum_{k=1}^{m} \mathcal{R}(i,j,k) \tag{4.2}$$

下面需要确定 $\mathcal{R}(i,j,k)$ 的具体形式。常见的可以用来度量两组数据之间相关关系的方法有皮尔森相关系数[3]，但是这种方法只能衡量两组变量之间的线性关系，无法得到它们之间的非线性关系。斯皮尔曼秩相关系数[4]虽然可以测量所有的单调关系，但是它们依然无法捕捉所有类型的非线性关系。

距离相关系数[5]的思想是基于傅里叶变换与随机变量集的特征函数以及相关性的独立性。这种方法可以确定两个任意维度的随机向量之间的相关性，也就是说可以适用于存在缺失值的数据集。更重要的是距离相关系数可以克服皮尔森相关系数等无法衡量特征之间非线性关系的缺点。记两组随机变量为 u 和 v，它们之间的距离相关系数记为 $\mathrm{dcor}(u,v)$，当 $\mathrm{dcor}(u,v) = 0$ 时，说明随机变量 u 和 v 是相互独立的关系，$\mathrm{dcor}(u,v)$ 越大，则越说明它们之间的关系呈现出线性相关的关系，$\mathrm{dcor}(u,v)$ 越小，则越说明它们之间的关系呈现出非线性相关的关系。$\mathrm{dcor}(u,v)$ 的取值范围为[0,1]。因此，使用距离相关系数来确定特征对之间的相关关系。假设 $\{(u_i, v_i), i = 1, 2, \cdots, n\}$ 表示随机变量 u 和 v 中的随机样本，则随机变量 u 和 v 的距离相关系数的具体公式如下

$$\mathrm{dcor}(u,v) = \frac{\mathrm{dcov}(u,v)}{\sqrt{\mathrm{dcov}(u,u)\mathrm{dcov}(v,v)}} \tag{4.3}$$

$$\mathrm{dcov}(u,v)^2 = S_1 + S_2 - 2S_3 \tag{4.4}$$

$$S_1 = \frac{1}{n^2} \sum_{i=1}^{n} \sum_{j=1}^{n} \left\| u_i - u_j \right\|_{d_u} \left\| v_i - v_j \right\|_{d_v} \tag{4.5}$$

$$S_2 = \frac{1}{n^2} \sum_{i=1}^{n} \sum_{j=1}^{n} \left\| u_i - u_j \right\|_{d_u} \frac{1}{n^2} \sum_{i=1}^{n} \sum_{j=1}^{n} \left\| v_i - v_j \right\|_{d_v} \tag{4.6}$$

$$S_3 = \frac{1}{n^3} \sum_{i=1}^{n} \sum_{j=1}^{n} \sum_{l=1}^{n} \left\| u_i - u_l \right\|_{d_u} \left\| v_i - v_l \right\|_{d_v} \tag{4.7}$$

其中，S_1、S_2 和 S_3 分别表示随机变量 u 和 v 的三组统计量，d_u 和 d_v 分别表示随机变量 u 和 v 的维度。$\|x\|$ 表示 x 的欧几里得范数，也称为第 2 范数。

结合式(4.1)计算出两两特征对间关系的区分度后，可以设定一个阈值 θ_1 来挑选

出 Rela $> \theta_1$ 的特征对集合 O，作为下一步新特征生成的原始特征集合。基于距离相关系数的特征对挖掘方法如算法 4.1 所述。

算法 4.1　基于距离相关系数的特征对挖掘方法

输入：　原始数据集 $D = \langle X, Y \rangle, X = \langle x_1, x_2, \cdots, x_n \rangle, Y = \langle y_1, y_2, \cdots, y_m \rangle$，$X$ 表示数据集中一共有 n 个特征，Y 表示数据集中一共有 m 个类别，阈值 θ_1

输出： 具有高区分度的特征对 $F_{\text{candidate}}$

1: 根据类别将数据集 D 划分成 m 个子集

2: 初始化 $F_{\text{candidate}} = \varnothing$

3: **for** $k = 1, 2, \cdots, m$ **do**

4: 　**for** $i = 1, 2, \cdots, n$ **do**

5: 　　**for** $j = i, i+1, \cdots, n$ **do**

6: 根据式 (4.3)～式 (4.7) 计算 $\text{dcor}(f_i, f_j, k)$

7: 　　**end for**

8: 　**end for**

9: **end for**

10: 计算两两特征对之间的 $\text{Rela}(i, j)$

11: **if**　$\text{Rela}(i, j) > \theta_1$　**then**

12: 更新 $F_{\text{candidate}}$：　$F_{\text{candidate}} \leftarrow F_{\text{candidate}} \bigcup (f_i, f_j)$

13: **else**

14: 丢弃该特征对

首先依次计算两两特征对在每个类别上的距离相关系数，之后计算出两两特征对间关系的区分度。若该区分度大于之前设置的阈值 θ_1，则添加该特征对，否则选择丢弃该特征对。这种方式选择出来的特征对在不同的类别可以呈现出显著的不同关系。如何根据这些特征对生成新的具有高区分度的特征，将会在下一节中进行详细介绍。

4.1.3　基于回归技术的新特征生成技术

在现实世界中，两个随机变量之间呈现的相关关系有很多种，例如，线性关系、二次函数关系、正余弦关系。因此很难对某一数据集的这些关系进行准确的估计。上一节所介绍的距离相关系数可以衡量两组随机变量间的线性关系以及非线性关系。因此本节将这些复杂的函数关系根据两个变量之间的距离相关系数划分为线性相关与非线性相关关系。具体来说，通过设置一个阈值 θ_2，若两个特征 f_i、f_j 在第 k 类样本之间的距离相关系数 $\text{dcor}(f_i, f_j, k) > \theta_2$，则认为这两个特征呈现线性关系。若 $\text{dcor}(f_i, f_j, k) < \theta_2$，则认为这两个特征呈现非线性关系。

回归技术是一种确定两个或者多个变量之间关系的统计分析方法，具有优秀的鲁棒性与可解释性。因此本节可以针对不同的关系使用不同的回归技术来拟合这些特征对，将拟合出的特征作为新特征。具体来说，假定已经给出包含一组特征的训练集，使用正则化回归方法来寻找它们之间的联系，以便构建新特征。正则化方法的优点是为回归模型添加了额外的约束，目的是防止过拟合从而增强模型的泛化性能。最简单的回归方法是最小二乘方法，但是该方法需要满足的假设条件非常多，也无法解决过拟合现象。因此使用岭回归（Ridge）方法以及核岭回归方法来分别建模特征对之间的线性关系与非线性关系。岭回归方法通过建立一组关于决策变量 x 与响应变量 y 的函数关系来确定其中的线性关系。岭回归通过对系数的大小施加惩罚，解决了普通最小二乘的一些问题，防止模型出现过拟合现象，从而使得到的新特征更具有区分度。岭回归的具体公式如下

$$\min_{w}\left\|Xw-y\right\|_{2}^{2}+a\left\|w\right\|^{2} \tag{4.8}$$

其中，$a \geq 0$ 是正则化系数，用来控制惩罚的程度。a 越大，说明惩罚的程度越大，系数共线性的鲁棒性就越强。

核岭回归方法（Kernel Ridge Regression，KRR）在原来的岭回归方法的基础上引入了核技巧。核技巧是指在原本不线性可分的数据集上通过一种函数变换使得原本 n 维的数据集变成了 N 维，其中 $N > n$，该函数称为核函数。核岭回归的学习方法与支持向量回归的学习方法基本相同，唯一不同的是，它们使用了不同的损失函数：核岭回归方法中采用的是平方误差损失，支持向量回归采用的是 ε-敏感损失，与支持向量回归相比，核岭回归可以求出封闭形式的解，并且在大规模的数据下能更快达到收敛。

在上一节中选择了特征对间关系具有高区分度的这些特征对，记为 S。现在定义一组分段函数 $F(i, j)$ 来表示 S 中任意一个特征对 f_i、f_j 之间的函数关系，即

$$F(i,j)=\begin{cases} \mathrm{dcor}(f_i,f_j,1) \\ \mathrm{dcor}(f_i,f_j,2) \\ \quad\cdots \\ \mathrm{dcor}(f_i,f_j,m) \end{cases} \tag{4.9}$$

其中，m 表示数据集中有 m 个类别，$\mathrm{dcor}(f_i,f_j,k)$ 表示 f_i、f_j 在第 k 类中的距离相关系数。若 $\mathrm{dcor}(f_i,f_j,k) > \theta_2$，则说明 f_i、f_j 在第 k 类中呈现出线性关系，因此使用岭回归技术将 f_i 或者 f_j 其中的一个特征作为自变量，将另一个特征作为要拟合的特征。拟合出来的特征作为通过第 k 类得到的新特征。

若 $\mathrm{dcor}(f_i,f_j,k) < \theta_2$，则说明 f_i、f_j 在第 k 类中呈现出非线性关系，因此使用核岭回归技术将 f_i 或者 f_j 其中的一个特征作为自变量，将另一个特征作为要拟合的特征。拟合出来的特征作为通过第 k 类得到的新特征。

将这种方法重复应用在每一组特征对上,那么每一组特征对最终会得到 m 个新特征。为了更加详细地说明此过程,假设从上一节中选出了 w 组具有特征对间关系的高区分度的特征对,那么共生成的新特征的数量是 $m \times w$。因为在测试集或者新的数据中没有所需要的标签信息,所以无法将测试集按照某个特定标签进行划分。因此对于每一组特征对都生成 m 个新特征,在新生成的 m 个特征中,每一个新生成的特征只与其中的一个类别最具有相关性,而与其他的类别不具有相关性,每一个新特征可以特定揭示其中一类样本中的潜在规律,这样也表明了新生成特征具有很高的区分度与信息量。基于回归技术的新特征生成算法如算法 4.2 所示。

算法 4.2　基于回归技术的新特征生成算法

输入:原始数据集 $D = \langle X, Y \rangle$,$X = \langle x_1, x_2, \cdots, x_n \rangle$,$Y = \langle y_1, y_2, \cdots, y_m \rangle$,$F_{\text{candidate}}$,$\text{dcor}(i, j)^k$ 表示特征对之间在第 k 类的距离相关系数,阈值 θ_2

输出:新生成的特征 F_{new}

1: 初始化 $F_{\text{new}} = \varnothing$
2: **for** (f_i, f_j) **in** $F_{\text{candidate}}$
3: 　**for** $k = 1, 2, \cdots, m$ **do**
4: 　**if** $\text{dcor}(i, j, k) > \theta_2$ **then**
5: 　　更新 F_{new}:$F_{\text{new}} \leftarrow F_{\text{new}} \cup \text{RR}(f_i, f_j)$
6: 　　/* $\text{RR}(f_i, f_j)$ 表示使用岭回归技术对 (f_i, f_j) 进行回归拟合*/
7: 　**else**
8: 　　更新 F_{new}:$F_{\text{new}} \leftarrow F_{\text{new}} \cup \text{KRR}(f_i, f_j)$
9: 　　/* $\text{KRR}(f_i, f_j)$ 表示使用核岭回归技术对 (f_i, f_j) 进行回归拟合*/
10: 　**end for**
11: **end for**

4.1.4　基于最大信息系数的特征选择方法

由于在原始特征空间中可能存在一些冗余特征,例如,需要预测某订单是否为欺诈交易,那么订单编号就是一个冗余特征,所以需要对原始特征空间进行特征选择,选出一个最优的特征子集 F_{org},将 F_{org} 与得到的新特征集合 F_{new} 进行合并,作为整个特征工程所得到的特征集合 F_{LbR},也就是后续机器学习模型的输入部分。

之所以生成新特征之后才对原始特征进行特征选择,主要是因为现在常用的特征选择方法如过滤法、包裹法、嵌入法只能对特征本身进行选择,即可以丢掉一些与标签无关的特征。然而,即使特征 a 与特征 b 都是与标签无关的冗余特征,特征 a 与特征 b 之间的关系也可能存在高区分度,即目前这些常用的特征选择方法无法帮助筛选具有高特征对间关系的特征。所以当生成这些新特征后,使用特征选择方法对原始特征空间进行筛选, 生成最优子集。

本节采用过滤式的特征选择方法。过滤式方法无须通过训练数据集来筛选特征, 其主要思想是基于统计信息或者信息熵理论, 来逐一筛选出信息量高的特征, 因此过滤式方法效率较高。

随着大数据时代的到来, 在金融等相关领域可收集到的数据越来越多, 最大信息系数方法可以适用于大数据量, 因此选择该方法进行特征选择。下面将详细介绍最大信息系数方法的原理。

最大信息系数基于互信息理论的非参数性质, 用来衡量两个随机变量 X 和 Y 的关联程度、线性或非线性的强度, 常用于机器学习的特征选择。其中, 互信息是信息论里的一种信息度量, 它可以看成一个随机变量 x 包含的关于另一个随机变量 y 的信息量。两个随机变量的互信息 $I(x;y)$ 的公式如下

$$I(x;y) = \int p(x,y)\log\frac{p(x,y)}{p(y)p(x)} \tag{4.10}$$

其中, $p(x,y)$ 为随机变量 x 和 y 的联合概率。但是在真实的数据集中联合概率计算起来比较繁琐, 因此最大信息系数的想法是针对两个随机变量的关系, 将其离散到二维空间中, 并使用散点图来表示, 将当前二维空间在坐标轴 x 和 y 的方向分别划分为一定的区间数, 用 a、b 表示。随后查看当前散点在各个方格中落入的情况, 用这种方法进行联合概率的计算, 解决了互信息中联合概率相对难求的问题。

给定随机变量 x 和 y, 那么最大信息系数 (Maximal Information Coefficient, MIC) 的公式如下

$$mic(x,y) = \max_{a\times b<B}\frac{I(x,y)}{\log\min(a,b)} \tag{4.11}$$

其中, a、b 是在坐标轴 x 和 y 方向上的划分的格子个数, 其本质上就是网格分布, B 是常数, 其值为数据量的 0.6 次方。

最大信息系数方法除了克服了联合概率比较难求的缺点之外, 还具有优秀的普适性与公平性。所谓普适性, 是指在样本量足够大 (包含了样本的大部分信息) 时, 能够捕获各种各样的关系, 而不限定于特定的函数类型 (如线性函数、指数函数或周期函数), 一般变量之间的复杂关系不是通过单独一个函数就能够建模的, 而是需要叠加函数来表现。对于普适性较好的函数, 不同类型的关联关系应当是接近的, 而且是接近于 1 的。所谓公平性, 是指在样本量足够大时能为不同类型单噪声程度相似的相关关系给出相近的数值。例如, 对于一个充满相同噪声的线性关系和一个正弦关系, 随着噪声的增加, 一个公平性较好的方法给出不同类型关联关系函数的结果应当是相近的。

本节将每一个原始特征 x 与类别 y 看成两组随机变量, 计算每一个特征 x 与类

别 y 的最大信息系数 $\mathrm{mic}(x,y)$，下一步选择最大信息系数最大的前 k 个原始特征作为最优特征子集 F_{org}，与上一节新生成的特征 F_{new} 进行合并作为最终的特征集合 F_{LbR}。

4.1.5　实验验证

本节首先选取来自 Kaggle 竞赛官方的信用评估数据集进行实验并给出详细的实验分析。其次为了验证该基于回归方法的自动化特征生成方法在其他领域的性能，选取了 14 个来自不同领域(如医疗、金融、物理、生活)的 UCI 公开数据集进行实验。

4.1.5.1　信用评估数据集介绍与实验设置

来自 Kaggle 官方的信用评估数据集主要由申请记录与信用记录两部分构成，详细信息如表 4.1 和表 4.2 所示。

表 4.1　Kaggle 数据集介绍(申请记录)

特征编号	特征名称	特征含义
1	ID	客户号
2	CODE_GENDER	性别
3	FLAG_OWN_CAR	是否有车
4	AMT_INCOME_TOTAL	年收入
5	NAME_INCOME_TYPE	收入类别
6	NAME_EDUCATION_TYPE	教育程度
7	NAME_FAMILY_STATUS	婚姻状态
8	FLAG_EMAIL	是否有电子邮件
9	OCCUPATION_TYPE	职业类型
10	CNT_FAM_MEMBERS	家庭人数
11	NAME_HOUSING_TYPE	居住方式
12	DAYS_BIRTH	生日
13	DAYS_EMPLOYED	开始工作日期
14	FLAG_MOBIL	是否有手机
15	FLAG_WORK_PHONE	是否有工作电话
16	FLAG_OWN_REALTY	是否有房产
17	CNT_CHILDREN	孩子个数

表 4.2　Kaggle 数据集介绍(信用记录)

特征编号	特征名称	特征含义
18	MONTHS_BALANCE	以抽取数据月份为起点，向前倒推，0 为当月，−1 为前一个月，依次类推
19	STATUS	0: 1～29 天逾期 1: 30～59 天逾期 2: 60～89 天逾期 C: 当月已还清 X: 当月无借款

在申请记录数据表中一共包含 438500 个不同 ID，而在信用记录数据表中一共包含 45985 个不同 ID，一共有 36457 个不同 ID 共同出现在这两个数据表中，因此只使用这 36547 条数据样本进行实验验证。首先将 STATUS 为 0、C、X 的样本划分为信用情况良好的正样本，将 STATUS 为 1、2 的样本划分为信用违约的负样本。然后从这 36457 条样本中随机抽取 80%作为训练集，将剩余 20%样本作为测试集。实验指标使用竞赛官方指定的 AUC 指标，AUC 的计算公式如下

$$AUC = \frac{\sum\limits_{positives} k - \frac{n_{pos}(n_{pos}+1)}{2}}{n_{pos}n_{neg}} \tag{4.12}$$

其中，k 表示数据集中被预测为正样本的概率，n_{pos} 表示数据集中正样本的数量，n_{neg} 表示数据集中负样本的数量。

接下来为了比较本节提出的自动化特征生成方法的性能，从参与该 Kaggle 竞赛的公开源代码中，选择其中利用人工新特征并且排名最靠前的第 11 名方法中的人工特征作为对照实验。具体操作方法是将不同特征组合成一个特征，例如，将 CODE_GENDER=M、FLAG_OWN_CAR=Y 和 FLAG_OWN_REALTY 这三个特征进行组合，代表借款人是男性有房产且有车产。按照该方法一共生成 10 个人工构造的特征。为了不失一般性，在自动化特征工程中也生成 10 个具有区分度的特征。按照上一节的思路，找到了 10 个特征对间关系随类别差异最大的特征对，如图 4.3 所示。

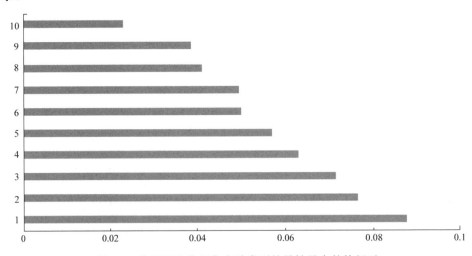

图 4.3 信用评估数据集中随类别差异性最大的特征对

图中横坐标是按照式(4.1)计算出来的特征间关系的区分度。这 10 个特征对用特征编号按照从大到小的顺序分别为(2，4)、(2，5)、(3，6)、(11，13)、(3，7)、

（8，18）、（5，9）、（14，16），（3，9）、（7，10）。其中，（2，4）是指性别与年收入这两个特征之间的关系在不违约类别中性别与年收入呈现线性关系，而在违约样本中性别与年收入呈现非线性关系，并且这两个特征之间的关系差异性最大。

4.1.5.2　信用评估数据集实验结果

使用随机森林方法对原始数据集（不经过任何特征工程）、加入 10 个人工特征、加入 10 个自动化特征所构成的新数据集分别训练，实验结果如表 4.3 所示。

表 4.3　信用评估数据集实验结果

实验方法	原始数据集	引入人工特征	自动化特征
AUC	0.8192	0.8569	0.8893

根据上述实验结果可以得到，引入利用上述自动化特征生成方法构造的特征达到的 AUC 最高。这是因为上述自动化特征工程方法根据区分度挖掘了特征对间的关系，而人工特征的生成中只是简单利用统计知识分析了违约与哪些特征有关，无法发现这些特征组合的潜在规律是否会对给模型性能带来提升。因此，本节提出的自动化特征工程方法在信用评估领域中是有效的。

4.2　面向信用评估的动态机器学习模型

4.2.1　问题描述与整体框架

机器学习问题的假设是测试集与训练集是独立同分布的。因此，机器学习方法可以通过学习训练集背后的潜在规律来预测测试集以及未来数据的模式。

然而正因为数据不断的到来，数据总量增长率不断提高，以高速、海量和动态为典型特征的流数据成为了大数据的重要组成部分，给机器学习方法提出了新的挑战：流数据常常以不可预知的方式发生数据分布的改变。例如，顾客网上购物的喜好分析会随着时间、商品的变化而改变，工厂的用电量随着季节交替出现周期性变化。这种变化称为概念漂移。因此给定无限连续的数据流，应该如何建立模型来捕捉它们背后的潜在规律进而做出预测，成为亟待解决的问题。在信用评估领域，同样也存在概念漂移的现象。例如，借款人的行为可能会随着外界的因素而发生不可抗拒的变化，国家的经济形势也会发生变化。使用静态的信用评估机器学习模型，无法对这些变化"做出"及时的反应，模型性能会降低，在这种情况下会严重影响金融机构的利润。因此在信用评估模型构建中需要考虑概念漂移，从而帮助信用机构做出更合理的信用决策。

这里给出概念漂移问题的数学定义。

　　每个样本 $z = (x, y)$ 包括一组特征 $x \in \mathbf{R}^N$，标签 $y \in \{-1, +1\}$。所有数据随着时间分批到达，为了不失一般性，假设所有数据中每一个批次包含的样本数量相同，即都包含 m 个数据

$$z_{(1,1)}, \cdots, z_{(1,m)}, z_{(2,1)}, \cdots, z_{(2,m)}, \cdots, z_{(t,1)}, \cdots, z_{(t,m)}, \cdots, z_{(t+1,1)}, \cdots, z_{(t+1,m)}$$

其中，$z_{(i,j)}$ 表示第 i 批数据中的第 j 个样本。对于每一批数据中所有样本都是关于 $p_i(x, y)$ 独立同分布的，由于概念漂移现象的存在，第 i 批数据的分布 $p_i(x, y)$ 可能与第 $i+1$ 批数据分布是不同的。学习器 $\mathcal{L}$ 的目标是利用已到来的数据来预测下一批数据的标签。例如，当第 $i+1$ 批数据到来时，学习器可以使用第 $1 \sim i$ 批数据中的任意子集来预测第 $i+1$ 批的标签，目标是使累积预测误差最小。

　　为解决这一问题，本节采用基于时间窗口的动态集成模型，设计思想是将已有信用数据按照时间顺序采用一定的策略划分为不同的窗口，使得每个窗口中的信用数据的分布是基本一致的，而不同窗口的信用数据的潜在分布尽可能不同。这样就保证了每个窗口维持一种数据分布，接下来采用集成分类器分别学习每个窗口中的数据分布，并采用动态权重调整策略来调整每个基分类器的权重。在构造与训练基分类器的同时，将基于时间的样本权重加入每一个基分类器的损失函数中。

　　面向信用评估的动态机器学习模型[1]研究的整体框架如图 4.4 所示。

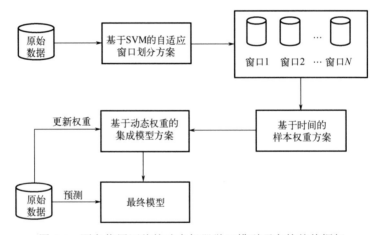

图 4.4　面向信用评估的动态机器学习模型研究的整体框架

4.2.2　基于 SVM 的自适应滑动窗口的样本划分方法

4.2.2.1　自适应滑动窗口的提出动机

　　数据流具有高速、海量和动态的特点，很大程度下会发生概念漂移，必须要求模型能够对概念漂移及时做出反应，从而便于更新已有模型。通常做法只关心最新

到达的数据，直接丢弃已有数据。但是这样会造成训练样本严重不足，很容易产生过拟合，并且过去的数据不一定不反映当前最新数据的信息。例如，在图 4.5(a) 中，表示 S1 时刻到来的两类数据(分别为黑色圆圈与白色圆圈)以及最优的分类超平面(中间的直线)，图 4.5(b) 与图 4.5(c) 以此类推。那么问题是：当经过 S3 时刻之后，应该根据哪部分样本进行模型的更新才能够使后续样本到来时分类器的准确率是最高的？如果为了减少可能代表不同概念的旧数据的影响，仅使用最新的数据流作为训练样本，即仅使用 S2 时刻的数据，那么训练样本的不足将会导致显著的模型方差，即过拟合现象的发生。

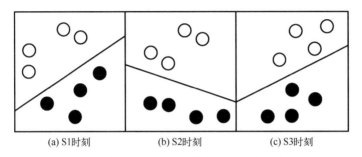

图 4.5　三个不同时刻到来的数据及最佳分类边界

但是从另一个角度来说，如果选择更多的训练样本，也有可能会造成分类模型性能的下降，如图 4.6 所示。从图 4.6(a) 可以看出，若将 S1 与 S2 两个时刻的数据合并作为更新模型的训练集，那么 S1 与 S2 数据间概念模式的差异会导致模型更新不准确。如果将 S1、S2 和 S3 三个时刻的数据合并作为更新模型的训练集，从图 4.6(b) 可以看出，也会发生概念模式的冲突从而导致模型更新不准确。因此可能不存在通过利用一段连续时间的训练数据更新模型来避免出现概念漂移以及过拟合的现象。但是若将 S1 与 S3 两个时刻的数据合并作为更新模型的训练集，从图 4.6(c) 可以看出，由这两个时刻叠加后的数据作为训练集来更新模型会大大提高模型的性能。原因是二者的概念模式之间的冲突比较小，以及数据样本的增多会减轻过拟合的现象。

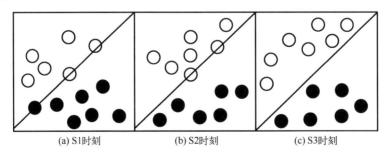

图 4.6　不同时间段叠加之后的数据以及最优分类边界

从以上分析可以看出，S1 与 S3 时刻具有相同的数据分布决定了 S1 时刻的数据与 S3 时刻的数据具有相同的概念模式。因此，不应该仅将数据流的到达时间作为是否丢弃该数据的唯一标准，而同样需要通过确定数据的分布来判断这批数据是否保留。具体来说，应该保留具有与收集到的最新数据相似分布的历史数据，这样会减少由于数据量不足带来的模型方差并提高模型的准确率。然而，在没有任何假设的前提下确定数据的分布是非常困难的。实际上，并不需要完全确定数据的分布是哪种具体的形式，而只需要确定每批样本之间是具有相同的数据分布还是不同的数据分布。因此在本节中，根据模型性能来确定样本间的分布情况，并根据数据的分布将数据划分到不同的窗口中，尽可能地保证同一个窗口内中的数据具有相似的分布，不同窗口间的数据具有不同的分布。

4.2.2.2　基于 SVM 的自适应滑动窗口划分方法

在之前的大多数工作中，滑动窗口的划分往往采用静态设置，选取的每个窗口都是固定的，按照时间顺序将数据流依次填充进每个窗口中。这样做有一个明显的缺点：其认为概念发生漂移都是在一个固定的时间段内（窗口大小）。但是在实际中，概念漂移现象发生的时间是不固定的，因此采用固定的时间窗口会导致模型性能的下降。因此本节设计了一种基于 SVM 的自适应的时间窗口调整策略。划分时间窗口的目的是使得模型对新样本预测的泛化误差最小。为了实现这一目的，在划分出来的时间窗口中，同一个窗口中的概念尽可能相似，而不同窗口中的概念尽可能不同。

为了阐明基于 SVM 模型中的估计来衡量上述的相似程度的主要思想，需要介绍 $\xi\alpha$- 估计，对于一批含有 n 个样本的训练数据 $S = ((x_1, y_1), \cdots, (x_n, y_n))$，首先将 (x_1, y_1) 剔除，剩下的 $S^{\backslash 1} = ((x_2, y_2), \cdots, (x_n, y_n))$ 用于训练，得到分类器 $h_{\mathcal{L}}^{\backslash 1}$，然后使用 $h_{\mathcal{L}}^{\backslash 1}$ 去测试 (x_1, y_1)，若预测结果为错误则记为留一错误。在所有训练样本重复进行，那么泛化误差的留一错误估计可以表示为

$$\text{Err}_{\text{leave}} = \frac{\text{全部留一错误}}{n} \tag{4.13}$$

虽然留一估计很好地逼近了泛化误差，但计算起来非常耗时。因为对于一个大小为 n 的训练样本，必须运行学习器 n 次。$\xi\alpha$- 估计通过计算并估计留一错误的上界，避免了暴力训练 n 次。其中，ξ 是原始 SVM 训练问题损失向量，α 是对偶 SVM 训练问题的解向量。那么对于由 n 个训练样本得到的 SVM 分类器 $h_{\mathcal{L}}$ 的 $\xi\alpha$- 估计可以表示为

$$\text{Err}_{\xi\alpha}^{n}(h_{\mathcal{L}}) = \frac{\{i : (\alpha_i + \xi_i) \geq 1\}}{n} \tag{4.14}$$

将最近的批次 t 作为基准，计算在这个批次的 $\xi\alpha$- 估计为

$$\mathrm{Err}_{\xi\alpha}^{n}(h_{\mathcal{L}}) = \frac{\{1 \leqslant i \leqslant m : (\alpha_{(t,i)} + \xi_{(t,i)}) \geqslant 1\}}{n} \tag{4.15}$$

之后不断在当前批次中加入下一批次训练 SVM 分类器,并统计该集合中的 $\xi\alpha$-估计,将最小的 $\xi\alpha$- 估计(minEstimate)所在的集合作为第一个窗口,之后重复进行以上操作,直至遍历完当前所有批次。若最小 $\xi\alpha$- 估计小于 minEstimate ,则将该窗口与之前的窗口进行合并,否则作为下一窗口模式,并不断更新 minEstimate 。这样保证了每个时间窗口内部具备相似的概念模式,而不同的时间窗口具备不同的概念模式,符合设计时间窗口的初衷。整个算法流程如算法 4.3 所示。

算法 4.3　基于 SVM 的自适应滑动窗口方法

输入: S 包含 t 个阶段的全部训练样本,每个训练阶段包含 m 个训练样本

输出: 样本集

1:　minEstimate ← $+\infty$

2:　windowSize ← []

3:　**for** $h \in \{0,\cdots,t-1\}$

4:　　　在第 $t-h$ 至 t 阶段中的全部样本上,训练 SVM

5:　　　在最后一个阶段上计算 $\xi\alpha$-估计,取值为 e^h

6:　　　**if** minEstimate > e^h **then**

7:　　　　　minEstimate ← e^h

8:　　　**else**

9:　　　　　windowSize.append(h)

10:　　　　 $h \leftarrow h-1$

11:　　　　 break

12:　　**end for** //直到遍历完全部样本

13:　windowsSize.reverse()

4.2.3　基于集成学习的动态权重调节模型

在 $t-1$ 时刻, 在时间戳为 $1 \sim t-1$ 的每个窗口上分别训练 m 个分类器: $H^{(t-1)} = \{H_1^{t-1},\cdots,H_m^{t-1}\}$,其中每一个分类器的权重记为 $W^{(t-1)} = [w_1^{t-1},\cdots,w_m^{t-1}]$, w_i^{t-1} 表示了第 i 个分类器在集成学习模型中的重要性。当收集到 t 时刻的数据块时,在该数据块上训练得到分类器 H 。当新的分类器 H 训练完成后, $W^{(t-1)}$ 会重新被调整为 $W^{(t)}$ 。调整策略是基于在 $t-1$ 时刻,每个基分类器在 t 时刻窗口中数据的性能。若基分类器 a 的性能好于基分类器 b 的性能,那么会赋予基分类器 a 一个较高的权重,同理赋予基分类器 b 一个较低的权重。新的分类器 h 的权重设置为 1,因为最新的数据代表了当前最新的概念模式。此外,为了避免基分类器个数无限增加,增加了

时间衰减策略。具体来说，随着新数据的到来，不断衰减旧分类器的权重。若该分类器的权重低于预先设置的阈值，则将该分类器剔除。因此在 t 时刻，第 i 个分类器的权重 w_i^t 可以表示为

$$w_i^{(t)} = (1 - \epsilon_i^{(t)}) w_i^{(t-1)} \tag{4.16}$$

其中，$i = 1, \cdots, m-1$，$\epsilon_i^{(t)}$ 表示 t 时刻第 i 个基分类器 H_i^t 在新时间窗口上的测试误差，它是评价指标，可以设置为 F1 分数或者 AUC。可以看出，$w_i^{(t)}$ 是随着时间累计的，因此 $w_i^{(t)}$ 实际可以表示为

$$w_i^{(t)} = \prod_{s=l+1}^{t} (1 - \epsilon_i^{(s)}) \tag{4.17}$$

其中，l 代表获得分类器 H_i^t 的时间戳，因为 $1 - \epsilon_i^{(s)} \leqslant 1$，所以分类器的权重随着时间的推移会逐渐变得越来越小。最后用新的集成模型 $H^{(t)}$ 来预测即将到来的数据 $\mathcal{D}^{t+1}$

$$\mathrm{sign}\left(\sum_{j=1}^{m} w_j^{(t)} H_j^{(t)}(x) \right) \tag{4.18}$$

其中，sign 是符号函数，若 $z > 0$，则 sign(z) 为 1，否则 sign(z) 为 -1。

整个 DWM 模型训练如算法 4.4 所示。

算法 4.4　DWM 模型训练

输入：在时间戳 t 时的数据块 $\mathcal{D}^t = \{x_i \in X, y_i \in Y\}, i = 1, \cdots, N$，剔除某个基分类器的阈值 θ，基分类器集合 $H^{(t-1)} = \{H_1^{t-1}, \cdots, H_m^{t-1}\}$，基分类器的权重 $W^{(t-1)} = [w_1^{t-1}, \cdots, w_m^{t-1}]$，基分类器的数量 m，基分类器最大个数 T

输出：基分类器集合 $H^{(t)}$，基分类器的权重 $w_j^{(t)}$

1: **for** $i \leftarrow 1$ to N **do**

2: 　　通过集成模型 $H^{(t-1)}$ 预测 x_i 的类别

3: 　　$\overline{y_l} \leftarrow \mathrm{sign}\left(\sum_{j=1}^{m} w_j^{(t-1)} H_j^{(t-1)}(x_i) \right)$

4: **end for**

5: **for** $j \leftarrow 1$ to m **do**

6: 　　计算每个基分类器 H_j^{t-1} 在 $\mathcal{D}^t$ 上的测试误差 $\epsilon_j^{(t)}$

7: 　　更新基分类器的权重

8: 　　$w_j^{(t)} \leftarrow (1 - \epsilon_j^{(t)}) w_j^{(t-1)}$

9: **end for**

10: 移除权重小于 θ 的基分类器

11: $H^{(t)} \leftarrow H^{(t-1)} \setminus \{H_j^{(t-1)} | w_j^{(t)} < \theta\}$

12: $m \leftarrow |H^{(t)}|$

13: 训练一个新的基分类器并初始化它的权重

14: $m \leftarrow m+1$

15: $H \leftarrow \text{underBagging}(\mathcal{D}^t, T)$

16: $H^{(t)} \leftarrow H^{(t)} \bigcup H$

17: $w_j^{(t)} \leftarrow 1$

4.2.4　基于样本权重的基分类器设计方法

引入 UnderBagging[6]思想训练不平衡数据，如算法 4.5 所示。在每次装袋 (bagging)迭代中，对多数类进行欠采样，使训练数据均衡。之后分别在每个时间窗口中设置样本权重，样本权重设置的依据是在同一时间窗口中，对久远的样本赋予较低的权重。即如果分类器把它错误分类，不应承担较大的损失，因此在损失函数中加入这一项。例如，基于样本权重的交叉熵损失可以表示为

$$L = \sum_{i=1}^{n} w_i(-y_i \log y^{i'} - (1-y_i)\log(1-y^{i'})) \tag{4.19}$$

其中，w_i 表示第 i 个样本的权重。为每个样本赋予权重的具体策略是，将同一窗口中最后到来的样本权重设置为 1，之后按照一个具体的时间间隔为每个样本赋予权重。例如，有按照时间顺序到来的 S1、S2、S3 三个样本，权重的划分策略如表 4.4 所示。

表 4.4　不同时间样本到来的权重设置

训练样本	到达时间	权重
S1	9：00	0.8
S2	10：00	0.9
S3	11：00	1.0

算法 4.5　Underbagging 算法

输入: 数据 $\mathcal{D} = \{x_i \in X, y_i \in Y\}, i = 1, \cdots, N$，正样本的数量 N_p，负样本的数量 N_n，集成模型个数 T

输出: 基分类器 $H(x) = \text{sign}\left(\sum_{t=1}^{T} h_t(x)\right)$

1: **for** $t \leftarrow 1$ to T **do**

2: 　　**if** $N_p < N_n$ **then**

3: 　　　　$N_s \leftarrow N_p$

4:	**else**
5:	$N_s \leftarrow N_n$
6:	**end if**
7:	$D_p \leftarrow$ 自助采样得到 N_s 个正样本
8:	$D_n \leftarrow$ 自助采样得到 N_s 个负样本
9:	$h_t \leftarrow$ BaseLearner($\{D_p, D_n\}$)
10:	**end for**

4.2.5　面向信用评估的动态机器学习模型实验验证

4.2.5.1　数据集与对比方法介绍

为了评估 DWM 的有效性，在四个公开数据集和一个真实信用评估数据集上与其他三种主流解决概念漂移的方法（CBCE[7]、LPA[8]、REA[9]）在模型性能方面进行了比较，分析了它们与提出的 DWM 模型在不同类型数据流的表现情况。同时，采用控制变量的方法在模型上与不具有自适应窗口调节、不具有样本权重的策略进行对比。数据集详细信息如表 4.5 所示。

表 4.5　实验数据集及划分的数据块数量

数据集	样本数	属性数	数据块数
Moving Gaussian	50000	2	50
SEA	100000	3	100
Hyper Plane	100000	10	50
Checkerboard	60000	2	200
信用评估数据集	200000	24	—

由于公开数据集已经划分数据块的大小，所以仅在信用评估数据集上进行自适应窗口划分。

Moving Gaussia 数据流是由两个具有相同协方差的高斯分布所构成的，这两个类别初始坐标的平均值是[-5,0]与[7,0]。随着时间推移，这两个类别逐渐演化至[5,0]与[3,0]。初始设置为 50 个数据块。

SEA 数据流中包含三个特征 $attr_1$、$attr_2$ 和 $attr_3$，其取值范围均为[0,10]。该数据流中只有前两个特征与类别有关：$attr_1 + attr_2 < \alpha$，第三个特征可以作为噪声处理。控制参数 α 在前三分之一与后三分之一的数据集中均设置为 15，在中间三分之一的数据集中设置为 5。初始设置为 100 个数据块。

Hyper Plane[10]数据集由 10 个属性构成，类别与这 10 个属性之间的关系可通过下面的函数表示

$$f(x) = \sum_{i=1}^{10} a_i \times \frac{x_i + x_{i+1}}{x_i} \tag{4.20}$$

其中，x 为一个样本特征向量，x_i 表示第 i 个特征。初始设置为 50 个数据块。

Checkerboard[11]数据集是一个异或分类问题，数据流通过在旋转棋盘中一个固定大小的窗口中进行选择。该数据流一共有 60000 条样本和两个类别，初始设置为 200 个数据块。

信用评估数据集是由国内举办的某旨在预测客户信用的竞赛数据集[12]，其中特征分为用户信息特征、操作特征和交易特征三种类型，用户信息特征有 48 个（见表 4.6），操作信息特征有 8 个（见表 4.7），交易信息特征有 9 个（见表 4.8）。

表 4.6　信用评估数据集中用户信息详细说明

特征字段	特征含义	特征字段	特征含义
user	样本编号	service1_cnt	某业务 1 产生数量
sex	性别	service1_amt	某业务 1 产生金额
age	年龄	service2_cnt	某业务 2 产生数量
provider	运营商类型	agreement_total	开通协议数量
level	用户等级	agreement1	是否开通协议 1
verified	是否实名	agreement2	是否开通协议 2
using_time	使用时长	agreement3	是否开通协议 3
regist_type	注册类型	agreement4	是否开通协议 4
card_a_cnt	a 类型卡的数量	acc_count	账号数量
card_b_cnt	b 类型卡的数量	login_cnt_period1	某段时期 1 的登录次数
card_c_cnt	c 类型卡的数量	login_cnt_period2	某段时期 2 的登录次数
card_d_cnt	d 类型卡的数量	ip_cnt	某段时期登录 ip 个数
op1_cnt	某类型 1 操作数量	balance1_avg	近某段时期类型 1 余额均值等级
op2_cnt	某类型 2 操作数量	balance2	类型 2 余额等级
login_cnt_period2	某段时期 2 的登录次数	balance2_avg	近某段时期类型 2 余额均值等级
ip_cnt	某段时期登录 ip 个数	service3	是否服务 3 用户
login_cnt_avg	某段时期登录次数均值	service3_level	服务 3 等级
login_days_cnt	某段时期登录天数	product1_amount	产品 1 金额等级
province	省份	product2_amount	产品 2 金额等级
city	城市	product3_amount	产品 3 金额等级
balance	余额等级	product4_amount	产品 4 金额等级
balance_avg	近某段时期余额均值等级	product5_amount	产品 5 金额等级
balance1	类型 1 余额等级	product6_amount	产品 6 金额等级
product7_fail_cnt	产品 7 申请失败次数	product7_cnt	产品 7 申请次数

表 4.7   信用评估数据集中操作信息详细说明

特征字段	特征说明	特征字段	特征说明
op_type	操作类型	net_type	网络类型
op_mode	操作模式	channel	渠道类型
op_device	操作设备	ip_3	设备 ip 前三位
ip	设备 ip	tm_diff	距离某起始时间点的时间间隔

表 4.8   信用评估数据集中交易信息详细说明

特征字段	特征说明	特征字段	特征说明
user	样本编号	amount	交易金额
platform	平台类型	type1	交易类型 1
tunnel_in	来源类型	type2	交易类型 2
tunnel_out	去向类型	ip	设备 ip
tm_diff	距离某起始时间点的时间间隔		

接下来选择三种经典解决概念漂移问题主流方法 LPA、CEBE、REA 作为对比实验。

LPN 首先将数据流按照时间划分至大小相同的窗口，之后利用每个窗口中的数据分别训练一个基分类器，并初始化权重构建初始集成模型，最后基于该模型在新到来数据流中的样本表现来调整每个基分类器的权重。

CEBE 使用极限学习器的集成，存储每个块上训练的权重矩阵用于构建集成模型。当概念漂移被变化检测器检测到时，集合模型将被重新初始化。

REA 是较早的解决不平衡数据中概念漂移的方法，其基本思想是根据与最新数据流中少数类样本的相似性，从过去的数据块中选择少数类样本的一部分，从而与当前最新数据流合并用于后续模型的构建。

4.2.5.2   实验设置

对于 LPA 与 AUE 方法，基分类器个数是需要提前指定的，参考相应的文献[13, 14]将这两种方法的基分类个数设置为 11。对于 AUE 与提出的 DWM 方法需要指定 θ，将这两种方法的 θ 均设置为 0.001。实际上 θ 的大小几乎不影响基分类器的性能，只会改变基分类器的数量[15]。对于基分类器，选择 CART 决策树[16]，每种方法中 CART 决策树训练均采用 Underbagging 训练准则。在训练的过程中，采用概念漂移问题中常用的"先测试后训练"的方法，即先初始化分类器，并在数据块 1 上测试，之后将数据块 1 看成训练集训练出模型 1，之后将模型 1 在数据块 2 上测试，反复执行，从而得到每个块的训练结果。

为避免随机性，所有的实验结果是运行 10 次实验后的平均值。使用 AUC[17] 评价准则来衡量每种方法的性能表现。

4.2.5.3　实验结果与分析

五种数据集中每个数据块的 AUC 指标如图 4.7～图 4.11 所示。

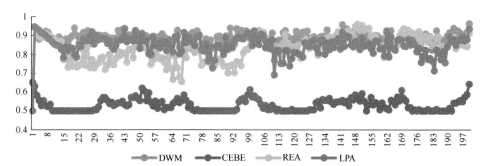

图 4.7　Moving Gaussian 中每个数据块的 AUC 指标（见彩图）

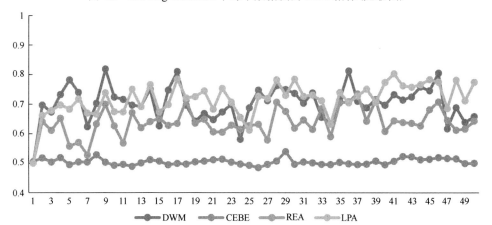

图 4.8　Checkerboard 中每个数据块的 AUC 指标（见彩图）

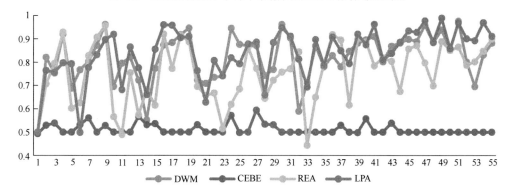

图 4.9　SEA 中每个数据块的 AUC 指标（见彩图）

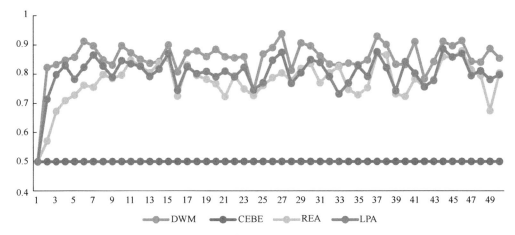

图 4.10　Hyper Plane 中每个数据块的 AUC 指标（见彩图）

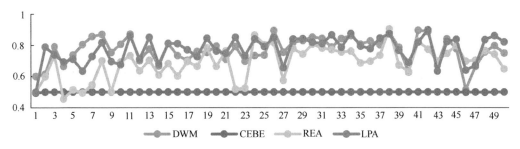

图 4.11　信用评估数据集中每个数据块的 AUC 指标（见彩图）

　　在 Moving Gaussian 数据集中，可以看到 DWM 模型表现优于其他三种方法；而因为将所有的样本预测为负类，CEBE 方法得到的 AUC 值为 0.5，可能的原因是 Moving Gaussian 数据集在不断地漂移，所以每隔几个样本 CEBE 方法都会重新初始化模型，使得模型无法很好地学习少数类样本。在 Checkerboard 数据集上，DWM 在 AUC 上表现得最好并且最稳定，其他几种方法都出现了不同程度的抖动，表明 DWM 方法很好地适应了新概念的出现。

　　在 SEA 数据集中，可以发现 DWM 模型与 LPA 模型表现相对较好，各个模型之间没有出现很大的抖动。在 Hyper Plane 数据集中，可以发现一些数据块性能突然降低，可能的原因是数据集分类最优超平面的突然变化。而 DWM 模型趋于稳定，很少出现抖动，原因是应用的自适应窗口方法将不同的类别区分出来，从而更好地适应接下来可能出现的新概念。在信用评估数据集中，可以发现 DWM 模型在每个数据块上的 AUC 指标均优于其他三种方法，表明模型具有能更好地适应新概念的能力以及适应类别不均衡的能力。

　　为了更好地对比四种方法的总体性能，所有数据块的平均结果如表 4.9 所示。

表 4.9　四种方法在各个数据集上的 AUC 整体指标

数据集	LPA	CEBE	REA	DWM
Gaussian	0.7715	0.5000	0.7342	**0.8314**
SEA	**0.7161**	0.5000	0.6251	0.7098
Hyper Plane	0.716	0.5219	0.6378	**0.7651**
Checkerboard	0.8477	0.5231	0.8345	**0.8891**
信用评估数据集	0.7562	0.5001	0.7559	**0.8134**

可以看出，在 AUC 评价标准上，DWM 在四个数据集上显著优于其他方法，并且在另一个数据集上与 LPA 具有可比性，没有显著差异。实验结果表明，对于不同类型的概念漂移数据集，DWM 方法通常能比其他方法更快地得到更好的结果。

其次，在信用评估数据集上采用控制变量的方法进行了自身方法的对比实验，每组实验的 AUC 指标如表 4.10 所示。

表 4.10　信用评估数据集中 DWM 模型对比实验

数据集	两者都不具备	只具备窗口自适应	只具备样本权重调节	两者都具备
信用评估	0.7588	0.7791	0.7648	**0.8134**

可以看出，增加窗口自适应策略与样本权重调节策略对该信用数据集的预测，在性能上具有很好的提升。由此可见，DWM 模型在面对信用评估中的概念漂移现象时，能够更快地适应新概念的产生，并且通过引入 Underbagging 思想，可以更好地适应类别不均衡现象，因此性能表现良好。

4.3　协同交易排序和评分的可信个体行为建模方法

4.3.1　问题的提出

可信性是金融欺诈检测的另一个要求。在实际的金融交易数据中，某些客观因素可能会造成交易的标签不可信，并将最终导致欺诈检测的结果不可信[18-27]。这具体表现为某些交易记录拥有相同的属性却对应着不同的标签。一条交易由多上下文个体、原型交易以及交易标签三部分组成，即 $\tau = \langle \{i_C \mid C \in A^c\}, \rho, l \rangle$。个体和原型交易本身是没有标签指向性的，只有它们共同发生并且构成一笔真实交易时，才会有标签产生。换句话说，这种共现关系决定了交易的标签。基于此进一步思考，会发现以下两个问题。

第一，存在这样一些上下文个体与原型交易组合，比如 $\langle \{i_C \mid C \in A^c\}, \rho \rangle$，其在交易数据集 $\mathcal{D}$ 中同时对应有欺诈交易记录和合法交易记录。换句话说，在真实数据集

$\mathcal{D}$ 中，同时存在着交易记录 $\left\langle \{i_C | C \in A^c\}, \rho, 0 \right\rangle$ 和 $\left\langle \{i_C | C \in A^c\}, \rho, 1 \right\rangle$ ，这显然是矛盾的。第二，假设两条交易 $\tau_1 = \left\langle \{i_C | C \in A^c\}, \rho_1 \right\rangle$ 和 $\tau_2 = \left\langle \{i_C | C \in A^c\}, \rho_2 \right\rangle$ 在数据集 $\mathcal{D}$ 中出现的次数分别为 N_1 和 N_2 ，即使它们的标签相同，但很可能 $N_1 \neq N_2$ ，这说明个体 $i_C (C \in A^c)$ 对原型交易 ρ_1 和 ρ_2 的偏好程度是不同的，应该予以区别处理。

个体行为模型的构建过程依赖于对合法交易数据和欺诈交易数据的挖掘，其本质是在利用交易数据的标签信息。然而，上述两个问题的存在说明单纯依赖标签对个体进行行为建模是不可信的。因此，构建高可信性的个体行为模型[28-30]是必然的选择。

4.3.2　交易标签的可信性度量

为了解以上两个问题，必须对交易的标签信息进行可信性度量。解决问题的关键在于上下文和原型交易的另一种共现信息，即频次信息。

在交易数据集 $\mathcal{D}$ 中，假设交易 $\left\langle \{i_C | C \in A^c\}, \rho, 0 \right\rangle$ 和交易 $\left\langle \{i_C | C \in A^c\}, \rho, 1 \right\rangle$ 发生频次分别为 N_0 和 N_1 ，根据它们取值的不同，对应着以下三种情形。

（1） $N_0 = 0$ 且 $N_1 \neq 0$ ：该情形下，组合 $\left\langle \{i_C | C \in A^c\}, \rho \right\rangle$ 只对应合法交易，说明它具有较高的合法可信性；而且，其可信性随着 N_0 值变大而增大。

（2） $N_0 \neq 0$ 且 $N_1 = 0$ ：该情形下，组合 $\left\langle \{i_C | C \in A^c\}, \rho \right\rangle$ 只对应欺诈交易，说明它具有较高的欺诈可信性；而且，其可信性随着 N_1 值变大而增大。

（3） $N_0 \neq 0$ 且 $N_1 \neq 0$ ：该情形下，组合 $\left\langle \{i_C | C \in A^c\}, \rho \right\rangle$ 同时对应合法交易和欺诈交易，其合法与欺诈可信性取决于 N_0 和 N_1 的大小对比。

基于上述分析可知，标签信息用来描述上下文和原型交易组合在某一次共现时的性质，属于局部共现信息；而频次信息则是从全局的角度描述组合在合法标签与欺诈标签下分别发生的次数，是对标签的可信性度量。因此，高可信性的个体行为建模必须综合利用上下文和原型交易的共现信息。

回顾本节开头提到的两个问题，如果能在建模过程中将上下文和原型交易的完整共现信息考虑进去，那么这两个问题将迎刃而解。对于第一个问题，即交易记录 $\left\langle \{i_C | C \in A^c\}, \rho, 0 \right\rangle$ 和 $\left\langle \{i_C | C \in A^c\}, \rho, 1 \right\rangle$ 同时存在的问题，如果考虑到它们各自发生的频次信息，则它们之间将不再有任何矛盾；第二个问题则更为直观，若是能直接将 N_1 和 N_2 作为建模的依据，那么自然地能够区分上下文个体 $i_C (C \in A^c)$ 对原型交易 ρ_1 和 ρ_2 的偏好程度。

在高可信性的个体行为建模中，交易表示成四元组形式，即 $\tau = \left\langle \{i_c, N_C | C \in A^c\}, \rho, l \right\rangle$ ，其中， N_C 表示上下文和原型交易组合 $\left\langle i_c, \rho \right\rangle (C \in A^c)$ 在标签 l 下的共现频次。

4.3.3　可信个体行为画像框架

在介绍可信个体行为画像框架前，首先定义交易排序条件、交易评分条件和交

易邻接条件，它们反映了上下文组合和原型交易的共现信息对上下文个体行为模式的可信性约束。给定交易描述 $\tau = \left\langle \{i_C, N_C \,|\, C \in A^c\}, \rho, l \right\rangle$，将其上下文个体 $i_C (C \in A^c)$ 的行为模式表示为 f_{i_c}，用于度量个体行为可信性。

定义 4.1（交易排序条件）　对于交易 $\tau_1 = \left\langle \{i_C, N_{C,1} \,|\, C \in A^c\}, \rho_1, l_1 \right\rangle$ 和交易 $\tau_2 = \langle \{i_C, N_{C,2} \,|\, C \in A^c\}, \rho_2, l_2 \rangle$，所谓交易排序条件是指：

条件 1　对于 $C \in A^c$，如果 $l_1 = 0$，$l_2 = 1$，$N_{C,1} \neq 0$，则无论 $N_{C,2}$ 如何取值，都有 $f_{i_c}(\rho_1) > f_{i_c}(\rho_2)$。

条件 2　对于 $C \in A^c$，如果 $l_1 = 0$，$N_{C,1} \neq 0$，$N_{C,2} = 0$，则无论 l_2 如何取值，都有 $f_{i_c}(\rho_1) > f_{i_c}(\rho_2)$。

不难看出，交易排序条件用于上下文和原型交易组合在不同标签下的重要性比较，条件 1 要求实际发生的合法交易的个体行为可信性高于实际发生的欺诈交易，而不论交易的频次如何；条件 2 要求实际发生的合法交易的个体行为可信性高于未发生的交易，而不论交易的标签如何。

定义 4.2（交易评分条件）　对于交易 $\tau_1 = \left\langle \{i_C, N_{C,1} | C \in A^c\}, \rho_1, l_1 \right\rangle$ 和交易 $\tau_2 = \langle \{i_C, N_{C,2} | C \in A^c\}, \rho_2, l_2 \rangle$，所谓交易评分条件是指：

条件 1　对于 $C \in A^c$，$l_1 = l_2 = 0$，$N_{C,1} \neq 0$，$N_{C,2} \neq 0$，如果 $N_{C,1} > N_{C,2}$，那么有 $f_{i_c}(\rho_1) > f_{i_c}(\rho_2)$。

条件 2　对于 $C \in A^c$，$l_1 = l_2 = 1$，$N_{C,1} \neq 0$，$N_{C,2} \neq 0$，如果 $N_{C,1} > N_{C,2}$，那么有 $f_{i_c}(\rho_1) < f_{i_c}(\rho_2)$。

从上述定义可知，交易评分条件用于对上下文和原型交易组合在相同标签下的重要性比较。其中，条件 1 说明对于合法交易而言，频次越高则个体行为可信性越高；条件 2 说明对于非法交易而言，频次越低则个体行为可信性越高。

交易排序条件主要反映标签信息对个体行为可信性的影响，而交易评分条件是在标签信息确定的基础上，进一步反映频次信息对个体行为可信性的影响。

对于标签相同且发生次数相近的交易，其对应的个体行为可信性也应该接近。基于这个事实，定义交易邻接条件。

定义 4.3（交易邻接条件）　对于交易 $\tau_1 = \left\langle \{i_C, N_{C,1} | C \in A^c\}, \rho_1, l_1 \right\rangle$，$\tau_2 = \langle \{i_C, N_{C,2} | C \in A^c\}, \rho_2, l_2 \rangle$ 和 $\tau_3 = \left\langle \{i_C, N_{C,3} | C \in A^c\}, \rho_3, l_3 \right\rangle$ 而言，所谓的交易邻接条件是指，如果 $l_1 = l_2 = l_3$ 且 $|N_{C,1} - N_{C,2}| < |N_{C,1} - N_{C,3}|$，那么对于任一 $C \in A^c$，对应的个体行为可信性必须满足条件 $|f_{i_c}(\rho_1) - f_{i_c}(\rho_2)| < |f_{i_c}(\rho_1) - f_{i_c}(\rho_3)|$。

将交易排序条件、交易评分条件和交易邻接条件称为交易的个体行为可信性约束条件。基于该约束条件，可信个体行为画像框架定义如下。

定义 4.4（可信个体行为画像框架）　给定交易 $\tau = \left\langle \{i_C, N_C \,|\, C \in A^c\}, \rho, l \right\rangle$，交易的可信个体行为画像是对每个上下文个体 $i_C (C \in A^c)$ 构建能够反映其与原型交易 ρ 共

现信息的行为模式 f_{i_c}，这些行为模式必须满足个体行为可信性约束条件，即交易排序条件、交易评分条件和交易邻接条件。

可信个体行为画像能够综合反映上下文和原型交易的共现信息，而不单纯只是标签信息，其是构建高可信性个体行为模型的基础。

4.3.4　基于虚拟推荐系统的可信个体行为画像方法

在这里，首先需要将交易的可信个体行为建模问题转化成虚拟推荐系统的虚拟用户偏好模式建模问题，其转化过程通过共现映射来实现。

4.3.4.1　基于共现映射的问题转化

给定上下文 $C \in A^c$，用三元组 $\langle u_c, e, r \rangle$ 表示一个虚拟推荐系统实例，其中 $u_c \in \mathcal{U}_C$ 是虚拟用户，$e \in \varepsilon$ 是虚拟物品，$r \in \mathcal{R}$ 是虚拟用户对虚拟物品的虚拟评分。

定义 4.5（共现映射）　对于一条交易 $\tau = \langle \{i_c, N_C \mid C \in A^c\}, \rho, l \rangle$，共现映射 $\pi_C(C \in A^c)$ 是将 τ 映射为一个虚拟推荐系统实例 $\xi = \langle u_c, e, r \rangle$，即 $\pi_C(\tau) = \xi$。其中，$\tau \in I_C \times P \times L \times \mathcal{N}$，$\xi \in \mathcal{U}_C \times \mathcal{E} \times \mathcal{R}$。

在共现映射过程中，多上下文个体到虚拟用户、原型交易到虚拟物品的转化非常直观，即 $\pi_C(i_c) = u_c$，$\pi_C(\rho) = e$；关键在于如何定义共现信息到虚拟评分的转化。显然，在转化为虚拟评分时，必须同时考虑上下文和原型交易共现的标签和频次信息，即 $\pi_C(l, N_C) = r$。

接下来需要设计共现映射函数 $\pi_C(l, N_C)$，它必须能够反映交易的个体行为可信性约束条件。

首先从考虑频次信息入手。在实际的交易数据集中，不同个体与原型交易的共现频次波动范围非常大，小到只有 1 条记录，大到成千上万。显然不能直接将频次信息作为虚拟评分，必须采取某种归一化的方式，将其限定到一个较小的区间。此外，由于要满足交易邻接条件，该归一化函数必须在其定义域上是单调递增的。综合上述两点考虑，可以用逻辑回归函数作为归一化函数，即

$$\pi_C(l, N_C) = \sigma(N_C) \tag{4.21}$$

其中，$\sigma(x) = 1/(1 + e^{-x})$ 是逻辑回归函数。通过归一化，共现的频次信息将被限制在区间 $(0,1)$，可以有效规避掉超大值频次对模型稳定性的影响。

对式 (4.21) 进一步改进，将标签信息考虑进去，以使其满足交易排序条件。由于 $\pi_C(l, 0) = 0.5$，如果 $N_C \neq 0$，则必有 $\pi_C(0, N_C) > 0.5$，式 (4.21) 已经能够满足交易排序条件 2。为了使它同时能够满足交易排序条件 1，必须保证 $\pi_C(1, N_C) < 0.5$，因此可将式 (4.21) 改进为

$$\begin{cases} \pi_C(0, N_C) = \sigma(N_C) \\ \pi_C(1, N_C) = 1 - \sigma(N_C) \end{cases} \tag{4.22}$$

如此一来，式(4.22)定义的共现映射函数就能够满足交易评分条件。但是它还有个问题，那就是只能针对上下文和原型交易组合以单一标签共现的情况。而在实际数据集中，它们的共现既有可能发生在合法标签下，也有可能发生在欺诈标签下。因此，需要对式(4.22)进一步改进。

为了便于描述，将组合 $\langle i_C, \rho \rangle (C \in A^c)$ 在合法标签下共现的频次记为 N_C^-，将其在欺诈标签下共现的频次记为 N_C^+，改进后的共现映射函数如下

$$\pi_C(l, N_C^-, N_C^+) = \sigma(N_C^-) - \sigma(N_C^+) + 0.5 \tag{4.23}$$

不难看出，当 $N_C^+ = 0$ 时，式(4.23)还原为式(4.22)上式；而当 $N_C^- = 0$ 时，它还原为式(4.22)的下式。

综上所述，式(4.23)就是能够满足个体行为可信性约束条件的共现映射函数。利用式(4.23)就能够将上下文和原型交易的共现信息转化为虚拟评分。

定义 4.6(组合评分矩阵)　通过共现映射得到的虚拟用户对虚拟物品的虚拟评分称为组合评分，由组合评分构成的虚拟评分矩阵称为组合评分矩阵。

显然，组合评分是一种可信的虚拟评分。

4.3.4.2　构造协同交易排序和评分推荐的组合目标函数

组合评分矩阵反映了交易的个体行为可信性约束条件，解决其对应的虚拟推荐系统问题就能够完成可信个体行为建模问题。

在组合评分矩阵中，矩阵的元素不再是简单代表标签信息的 0 或者 1，而是综合反映上下文和原型交易共现信息的组合评分，它们是属于区间 (0,1) 的实数。对于这些组合评分而言，不仅它们之间的排序是有意义的，其自身的数值大小同样非常重要。这就要求在解决该虚拟推荐系统问题时，必须协同考虑基于排序推荐和基于评分推荐两种方法，以便从行为画像方法的角度保证个体行为建模的高可信性。

为了实现基于排序的推荐算法，首先定义个体的组合偏好事件。

定义 4.7(组合偏好事件)　假设虚拟用户 $u_C(C \in A^c)$ 对两个虚拟物品 e_1、e_2 的组合评分分别为 r_1 和 r_2，如果满足下述条件之一，则称三元组 $\langle u_C, e_1, e_2 \rangle$ 为一个组合偏好事件。

条件 1　$r_1 > r_2$，且 $r_1 > 0.5$，$r_2 < 0.5$。

条件 2　$r_1 > r_2$，且 $r_1 > 0.5$，$r_2 = 0.5$。

把组合偏好事件构成的集合称为组合偏好事件集，记为 Ω^C。根据定义 4.7 中的两个条件，可以将 Ω^C 划分成两个互补的真子集

$$\begin{cases} \Omega_1^C = \{\langle u_C, e_1, e_2 \rangle \mid \text{评分满足定义4.7条件1}\} \\ \Omega_2^C = \{\langle u_C, e_1, e_2 \rangle \mid \text{评分满足定义4.7条件2}\} \end{cases}$$

显然有 $\Omega^C = \Omega_1^C \bigcup \Omega_2^C$，在 Ω_1^C 上的组合偏好事件对应真实发生的交易 $\langle i_C, \rho_1 \rangle$，

而 Ω_2^C 上的组合偏好事件对应非真实交易 $\langle i_C, \rho_2 \rangle$。

假设组合偏好事件集 Ω^C 上的随机事件是相互独立的，那么它们的联合概率为

$$\mathcal{T}_{rk}^C = \prod_{\omega \in \Omega^C} \Pr(\omega) \tag{4.24}$$

如果进一步假设不同上下文对应的组合偏好事件集间相互独立，那么基于排序推荐的目标函数为

$$\mathcal{T}_{rk} = \prod_{C \in A^c} \mathcal{T}_{rk}^C \tag{4.25}$$

将用户 u_C 的偏好模式记为 f_{u_C}，它对虚拟物品 e_1 和 e_2 的偏好打分为 $f_{u_C}(e_1)$ 和 $f_{u_C}(e_2)$，那么组合偏好事件 $\omega = \langle u_C, e_1, e_2 \rangle \in \Omega^C$ 发生的概率可以表示为

$$\Pr(\omega) = \sigma\left(f_{u_C}(e_1) - f_{u_C}(e_2) - \epsilon \cdot \sqrt{\left| f_{u_C}(e_1) \cdot f_{u_C}(e_2) \right|} \right) \tag{4.26}$$

其中，ϵ 是取决于偏好事件 ω 来源于哪一个组合偏好事件子集的常数。给 ϵ 设定不同的值来区分 Ω_1^C 和 Ω_2^C 上组合偏好事件的重要程度。

再考虑基于评分推荐的算法。对于给定上下文 $C \in A^c$ 下的虚拟用户 u_C 和虚拟物品 e，还原组合评分信息的实质是使得 u_C 对 e 的打分 $f_{u_C}(e)$ 能够尽量地接近组合评分矩阵中通过共现映射得到的组合评分 $r(u_C, e)$。如果选用平方误差作为损失函数，那么基于评分推荐的目标函数为

$$\mathcal{T}_{rt} = \sum_{C \in A^c} \sum_{e \in \mathcal{E}} (r(u_C, e) - \sigma(f_{u_C}(e)))^2 \tag{4.27}$$

为了协同排序推荐和评分推荐，需要将式(4.25)对应的排序目标函数和式(4.27)对应的评分目标函数进行融合。由于共现的频次信息可以看成对标签信息的可信性度量，这里将两个目标函数拆分，并以指数的方式进行融合，融合后得到的组合目标函数为

$$\mathcal{T} = \prod_{c \in A^c} \prod_{\omega \in \Omega^C} \Pr(\omega)^{\left(\sum_{e \in \{e_1, e_2\}} (r(u_C, e) - \sigma(f_{u_C}(e)))^2 \right)^\gamma} \tag{4.28}$$

其中，$0 < \gamma < 1$ 是衰减因子，用来控制评分对排序的影响。其物理意义是，通过 γ 控制共现的频次信息对标签信息的可信性影响。如果假设 $\gamma = 0$，则频次信息对标签的可信性完全没有影响；γ 值越大，这种影响越大。

基于组合目标函数的行为建模，确保了行为画像方法高可信性。

4.3.4.3　基于嵌入的模型参数化

在构建好目标函数后，接下来需要做的是参数化给定上下文 $C \in A^c$ 下，虚拟用户对虚拟物品的偏好打分函数，即 f_{u_C}。

这里仍采用基于嵌入的实现方法，分别通过属性嵌入和虚拟用户嵌入的方式，将虚拟物品 e 和虚拟用户 u_C 的偏好模式表示成向量空间 $\mathbf{R}^{d \times J}$ 中的点，即 $A_e \in \mathbf{R}^{d \times J}$，且 $M_{u_C} \in \mathbf{R}^{d \times J}$。其中，$J$ 是描述交易的行为属性的个数。

同样，在这里也用到了属性嵌入共享的概念。一是属性嵌入在不同上下文间共享，这能够在不同上下文间建立信息流动的桥梁；二是属性嵌入在虚拟物品评分矩阵中的共享，这能够在极大程度减少模型参数的同时，最大限度地避免传统推荐系统中常见的冷启动问题。

基于虚拟用户偏好模式和虚拟物品的嵌入表达，可以将 u_C 对 e 的偏好打分定义为

$$f_{u_C}(e) = g(M_{u_C}, A_e) \tag{4.29}$$

其中，$g(x,y)$ 是相似性度量函数，用来度量其参数间的相似性。假设不同行为属性间相互独立且重要程度相同，并用向量点积表示它们的相似度，则可将式 (4.29) 展开为

$$f_{u_C}(e) = \sum_{j=1}^{J} M_{u_C,j} \cdot A_{e,j} \tag{4.30}$$

4.3.4.4　模型训练

对于式 (4.28) 定义的组合目标函数，考虑到它的指数和连乘形式，对其两边同时取负对数，可得到如下的目标函数形式

$$\mathcal{O} = -\log \mathcal{T} + \frac{\lambda}{2} \cdot \|\Theta\|_F^2 \tag{4.31}$$

其中，$\Theta = \{v_{j,:}, M_{u_C} \mid (j = 1,2,\cdots,J) \wedge (C \in A^c)\}$ 为模型的参数集，这里用它的 2 范数正则项来防止训练过程中出现过拟合现象。根据式 (4.31)，最优模型参数集可以通过式 (4.32) 获得

$$\Theta^* = \underset{\Theta}{\arg\min} \, \mathcal{O} \tag{4.32}$$

为了最小化式 (4.31) 中的目标函数，采用统计梯度下降算法 (Stochastic Gradient Descent，SGD) 进行优化，首先需要计算目标函数对模型参数的梯度。对于上下文 $C(C \in A^c)$ 下的随机事件 $\omega = \langle u_C, e_p, e_q \rangle$，假设 $v_{p,j}$ 和 $v_{q,j}$ 分别是虚拟物品 e_p 和 e_q 嵌入矩阵的第 $j(j = 1,2,\cdots,J)$ 个列向量，定义如下变量

$$\delta_C = \sigma\Big(f_{u_C}(e_p) - f_{u_C}(e_q) - \epsilon \cdot \sqrt{f_{u_C}(e_p) \cdot f_{u_C}(e_q)}\Big)$$

$$\alpha_{C,0} = (r(u_C, e_p) - \sigma(f_{u_C}(e_p)))^2 + (r(u_C, e_q) - \sigma(f_{u_C}(e_q)))^2$$

$$\alpha_{C,1} = (r(u_C, e_P) - \sigma(f_{u_C}(e_p))) \cdot \sigma(f_{u_C}(e_p)) \cdot (1 - \sigma(f_{u_C}(e_p)))$$

$$\alpha_{C,2} = (r(u_C, e_q) - \sigma(f_{u_C}(e_q))) \cdot \sigma(f_{u_C}(e_q)) \cdot (1 - \sigma(f_{u_C}(e_q)))$$

$$\beta_{C,1} = -1 + I(f_{u_C}(e_p) \cdot f_{u_C}(e_q)) \cdot \frac{\epsilon}{2} \cdot \sqrt{\left| \frac{f_{u_C}(e_q)}{f_{u_C}(e_p)} \right|}$$

$$\beta_{C,2} = 1 + I(f_{u_C}(e_p) \cdot f_{u_C}(e_q)) \cdot \frac{\epsilon}{2} \cdot \sqrt{\left| \frac{f_{u_C}(e_p)}{f_{u_C}(e_q)} \right|}$$

$$\beta_{C,p} = \alpha_{C,0}^{\gamma} \cdot (1 - \delta_C) \cdot \beta_{C,1}$$

$$\beta_{C,q} = \alpha_{C,0}^{\gamma} \cdot (1 - \delta_C) \cdot \beta_{C,2}$$

$$\alpha_{C,p} = 2 \cdot \alpha_{C,0}^{\gamma-1} \cdot \log \delta_C \cdot \alpha_{C,1}$$

$$\alpha_{C,q} = 2 \cdot \alpha_{C,0}^{\gamma-1} \cdot \log \delta_C \cdot \alpha_{C,2}$$

其中，$I(x)$ 是指示函数，且当 $x \geq 0$ 时，$I(x) = 1$，否则 $f(x) = -1$。基于上述定义的变量，目标函数对相关参数的梯度计算如下

$$\begin{cases} \dfrac{\partial \mathcal{O}}{\partial v_{p,j}} = \sum_{C \in A^c} (\alpha_{C,p} + \beta_{C,p}) \cdot M_{u_C,j} + \lambda \cdot v_{p,j} \\[2mm] \dfrac{\partial \mathcal{O}}{\partial v_{q,j}} = \sum_{C \in A^c} (\alpha_{C,q} + \beta_{C,q}) \cdot M_{u_C,j} + \lambda \cdot v_{q,j} \\[2mm] \dfrac{\partial \mathcal{O}}{\partial M_{u_C,j}} = (\alpha_{C,p} + \beta_{C,p}) \cdot v_{p,j} + (\alpha_{C,q} + \beta_{C,q}) \cdot v_{q,j} + \lambda \cdot M_{u_C,j} \end{cases} \quad (4.33)$$

根据式(4.33)所得到的梯度，对于任一模型参数 $\theta \in \Theta$，可以按照式(4.34)进行参数更新

$$\theta \leftarrow \theta - \eta \cdot \frac{\partial \mathcal{O}}{\partial \theta} \quad (4.34)$$

其中，η 是学习率，用于限制每一次参数更新的跨度大小。

协同交易排序和评分(Collaborative Transaction ranking and rating，CTKT)的整个训练过程如算法 4.6 所示。

算法 4.6　CTKT 模型训练算法

输入：偏好事件集 $\Omega_C(C \in A^c)$，参数集 $\Theta = \{v_{j,:}, M_{u_C} \mid (j = 1, 2, \cdots, J) \wedge (C \in A^c)\}$，交易数据集 $\mathcal{D}$，超参数 ϵ、γ、λ、η、d

输出：最优化的模型参数 Θ^*

1: 初始化：对参数集 Θ 中的向量按照 d 维正态分布进行初始化，check $= 0$，$\Theta^*_{\text{best}} = \varnothing$，

$F1_{\text{best}} = 0$

2: **while** true **do**

3:　**for each**　$\tau \in \mathcal{D}$　**do**

4:　　按照过程 4.1 抽取从属于 τ 的组合偏好事件 $\omega^C \in \Omega^C (C \in A^c)$

5:　　按照式 (4.33) 和式 (4.34) 更新相关模型参数

6:　**end for**

7:　按照过程 4.2 判断算法是否收敛 (true for false)

8:　**if** true **then**

9:　　**return**　Θ^*_{best}

10:　**end if**

11:　**end while**

　　算法 4.6 的步骤 4 要抽取与交易 $\tau = \left\langle \{ i_C \,|\, C \in A^c \}, \rho, l \right\rangle$ 相关联的组合偏好事件，抽取过程如过程 4.1 所示。

过程 4.1　抽取依赖于交易 τ 的偏好事件

1: **for each**　$C \in A^c$　**do**

/*当交易的标签为合法时*/

2:　**if**　$l = 0$　**then**

3:　　令 $e_1 = \pi_C(\rho)$

4:　　**while** true **do**

5:　　　按照均匀分布随机抽取原型交易 $\rho_s \in P$

6:　　　**if**　$r(u_C, \pi_C(\rho_s)) > 0.5$　**then**

7:　　　　**continue**

8:　　　**end if**

9:　　　**if**　$r(u_C, \pi_C(\rho_s)) < 0.5$　**then**

10:　　　　令 $e_2 = \pi_C(\rho_s)$

11:　　　　**return**　$\omega^C = \left\langle u_C, e_1, e_2 \right\rangle \in \Omega_1$

12:　　　**end if**

13:　　　**if**　$r(u_C, \pi_C(\rho_s)) = 0.5$　**then**

14:　　　　令 $e_2 = \pi_C(\rho_s)$

15:　　　　**return**　$\omega^C = \left\langle u_C, e_1, e_2 \right\rangle \in \Omega_2$

16:　　　**end if**

17:　　**end while**

18: **end if**

/*当交易的标签为欺诈时*/

19:　**if**　$l = 1$　**then**

20:　　　令 $e_2 = \pi_C(\rho)$
21:　　**while** true **do**
22:　　　随机抽取原型交易 $\rho_s \in P$
23:　　　**if** $r(u_C, \pi_C(\rho_s)) < 0.5$ **then**
24:　　　　**continue**
25:　　　**end if**
26:　　　**if** $r(u_C, \pi_C(\rho_s)) > 0.5$ **then**
27:　　　　令 $e_1 = \pi_C(\rho_s)$
28:　　　　**return** $\omega^C = \langle u_C, e_1, e_2 \rangle \in \Omega_1$
29:　　　**end if**
30:　　　**if** $r(u_C, \pi_C(\rho_s)) = 0.5$ **then**
31:　　　　**continue**
32:　　　**end if**
33:　　**end while**
34:　**end if**
35: **end for**

在过程 4.1 中, $r(u,e)$ 表示的是通过共现映射得到的虚拟用户 u 对虚拟物品 e 的组合评分。

算法 4.6 中的收敛性判断如过程 4.2 所示。

过程 4.2　CTKT 算法收敛性判断

1: 在验证集上计算当前模型对应的 F1 值, 记为 F1, 并与历史最优 F1_{best} 比较
2:　**if** $\text{F1} > \text{F1}_{\text{best}}$ **then**
3:　　$\text{F1}_{\text{best}} = \text{F1}$, $\Theta^* = \Theta$
4:　　**return** false
5:　**else**
6:　　check $\leftarrow$ check $+1$
7:　　**if** check $= 3$ **then**
8:　　　**return** true
9:　　**else**
10:　　　**return** false
11:　　**end if**
12: **end if**

4.3.5　基于可信个体行为模型的欺诈检测算法

虽然在可信个体行为建模过程中, 充分利用了上下文和原型交易的共现信息,

确保了模型的可信性，但是这里的个体本质上是一种上下文个体，区别在于行为画像框架不同。在基于可信个体行为模型的欺诈检测中，由于待检测交易样本是没有标签的，所以其检测算法类似于基于多上下文个体行为模型的欺诈检测算法。

给定待检测实例 $\xi = \langle \{u_C \mid C \in A_\xi^c\}, e \rangle$，其中，$A_\xi^c$ 表示该实例的有效上下文属性集。为了计算 ξ 属于合法交易的概率，首先给出交易的单上下文概率化评分算法，如算法 4.7 所示。

算法 4.7　交易单上下文概率化评分算法

输入：元组 $\langle u_C, e \rangle$，模型最优参数集 Θ^*，虚拟物品集 ε

输出：交易 ξ 的单上下文概率化评分 ϱ_C

1: 初始化：$\varrho_c = 0$

2: 从原型交易集 ε 中随机抽取 N 个不同于 e 的虚拟物品，构成集合 S

3: 按照式 (4.29) 计算交易 ξ 的评分 $f_{u_C}(e)$

4: **for each** $s \in S$ **do**

5:　按式 (4.30) 计算元组 $\langle u_C, s \rangle$ 的评分 $f_{u_C}(s)$

6:　**if** $f_{u_C}(e) > f_{u_C}(s)$ **then**

7:　　$\varrho_c \leftarrow \varrho_c + 1$

8:　**end if**

9: **end for**

10: $\varrho_c \leftarrow \dfrac{\varrho_c}{N}$

11: **return** ϱ_c

在得到交易的单上下文概率化评分后，其属于合法交易的概率为

$$\varrho_\xi = \left(\prod_{C \in A^c} \varrho_c \right)^{\frac{1}{|A_\xi^c|}} \tag{4.35}$$

得到待检测交易 ξ 的概率化评分 ϱ_ξ 之后，对于给定的阈值 ϱ_0，如果 $\varrho_\xi > \varrho_0$，则判定该交易是合法的；否则，判定其为欺诈交易。

4.3.6　实验设定

4.3.6.1　数据集与数据预处理

实验采用真实的网银支付数据集。

经过最终处理，该数据集的交易数据由 3 个上下文属性和 7 个行为属性来描述，详细信息如表 4.11 所示。

所有的交易数据采集自 2017 年 4 月 1 日～2017 年 6 月 30 日，根据实际业务需

求，将前两个月的数据作为训练集，记作 Tr_0，并将最后一个月的数据作为测试集，记作 Te_0。

表 4.11　描述交易数据的属性信息

属性名称	属性描述	属性类型	属性值个数
account_id	用户账号	上下文属性	92083
merchant_id	商户编号	上下文属性	2412
place_id	发卡地编号	上下文属性	642
time	交易时间	行为属性	8
recency	交易间隔	行为属性	11
abs_amount	交易金额分段	行为属性	5
mod_amount	交易金额取模	行为属性	10
IP	是否常用 IP	行为属性	2
last_result	上一笔验证结果	行为属性	2
OS	设备操作系统	行为属性	7

为了模拟动态变化的标签分布环境，采用从原始数据集中过滤掉部分欺诈样本的方式得到动态不均衡数据集。如果过滤比率为 $x(0<x<1)$，那么得到的训练集和测试集分别记为 Tr_x 和 Te_x，x 称为数据集的不均衡度。

4.3.6.2　基准模型与模型性能参数

实验选用的基准模型包括逻辑回归(Logistics Regression，LR)、支持向量机(Support Vector Machine，SVM)、深度神经网络(Deep Neural Networks，DNN)和随机森林(Random Forest，RF)，所选用的性能评价指标包括点性能指标和全局性能评价指标。

4.3.6.3　超参数设置

本节所介绍的模型包含了 5 个超参数，需要采用随机查找(Random Search)的方法找到它们的最优组合。超参数的设定如表 4.12 所示。

表 4.12　CTKT 模型的超参数设定

名称	含义	数值
d	属性嵌入空间维度	150
ϵ_1	Ω_1 上偏好事件重要性因子	0.95
ϵ_2	Ω_2 上偏好事件重要性因子	0.05
λ	模型参数正则项因子	0.005
η	学习率	0.02
γ	频次对标签可信性影响因子	0.15

4.3.7　实验结果

4.3.7.1　与基准模型的性能比较

为了比较本节所提方法与基准模型的性能，首先验证 CTKT 与基准模型之间的性能差异是否显著。在原始训练集 Tr_0 上，采用 30 折交叉验证的方式，分别获得各项点性能指标的观察值。在此基础上，构建 CTKT 模型与基准模型之间的性能差观察值，并基于 T 检验，求得在置信度为 0.99 时各项点性能指标对应性能差的置信区间，如表 4.13 所示。

表 4.13　CTKT 模型与基准模型性能差置信区间

$p < 0.01$	CTKT-LR	CTKT-SVM	CTKT-DNN	CTKT-RF
精确率	0.0730±0.0342	0.0703±0.0374	0.0208±0.0148	0.0199±0.0195
召回率	0.1932±0.0512	0.1879±0.0465	0.0784±0.0207	0.0575±0.0177
特异度	0.0026±0.0011	0.0027±0.0014	0.0019±0.0010	0.0020±0.0009
准确率	0.0084±0.0027	0.0084±0.0029	0.0050±0.0019	0.0046±0.0016
GM 值	0.1131±0.0327	0.1098±0.0305	0.0439±0.0124	0.0321±0.0100
F1 值	0.1383±0.04160	0.1342±0.0387	0.0501±0.0153	0.0393±0.0127

可以看出，所有点性能指标对应的性能差，在 $p < 0.01$ 时，它们的置信区间都不包括原点(零值)。也就是说，在当前的置信水平下，CTKT 模型与基准模型的性能差异是显著的。

为了比较 CTKT 模型与基准模型的性能，实验选取 Tr_0 作为训练集进行模型训练，并在测试集 Te_0 上进行性能测试。它们对应的点性能指标对比如表 4.14 所示。

表 4.14　CTKT 模型与基准模型的点性能指标比较

	LR	SVM	DNN	RF	CTKT
精确率	0.9430	0.9440	0.9449	0.9364	0.9510
召回率	0.8746	0.8662	0.9378	0.9495	0.9526
特异度	0.9985	0.9985	0.9982	0.9984	0.9988
准确率	0.9957	0.9955	0.9972	0.9972	0.9977
GM 值	0.9394	0.9301	0.9677	0.9737	0.9754
F1 值	0.9075	0.9034	0.9413	0.9429	0.9518

可以看出，CTKT 模型在各项点性能指标上都超出了基准模型，这也证明了它的卓越性能表现。在基准模型中，随机森林是性能最好的，深度神经网络表现次之，逻辑回归和支持向量机的性能表现最差。

另外，CTKT 模型与基准模型的全局性能指标如图 4.12 所示。可以看出，无论是 PR 曲线还是 ROC 曲线，CTKT 模型都整体好于基准模型，并且与基准模型曲线之间的间隔非常明显。在基准模型中，随机森林和深度神经网络的曲线相互交叉，证明了它们的全局性能表现相近。逻辑回归模型和支持向量机的全局性能表现最差。

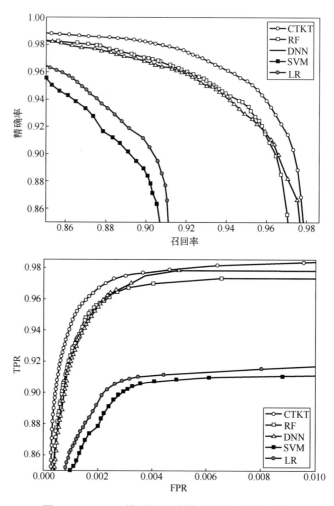

图 4.12 CTKT 模型与基准模型的全局性能比较

综合上述点性能指标和全局性能指标的对比，不难得出结论，本节所提出的 CTKT 模型相对于基准模型更具性能优势，这充分证明了相对于基准模型，CTKT 模型能够更好地挖掘交易背后的行为模式。

4.3.7.2 协同交易排序与评分的可信个体行为模型合理性验证

为了验证协同交易排序和评分的可信个体行为建模方法的有效性，实验主要对比三个模型的性能表现，分别是：CTKT 模型、只考虑排序信息的 CTK 模型和只考虑评分信息的 CTT 模型。不同于 CTKT 模型，CTK 模型以式 (4.25) 为目标函数，而 CTT 模型以式 (4.27) 为目标函数。

首先，在训练集 Tr_0 上采用 30 折交叉验证的方式，来验证 CTKT 模型与 CTK 模型和 CTT 模型性能差异的显著性。

在 $p < 0.01$ 的设定下，它们各项点性能指标的性能差置信区间如表 4.15 所示。可以看出，在当前置信水平下，CTKT 模型与 CTK 模型和 CTT 模型之间的性能差异是显著的。

选取 Tr_0 为训练集，Te_0 为测试集，分别对三个模型进行训练和测试，其对应的点性能指标如表 4.16 所示。

表 4.15　CTKT 模型与 CTK 模型和 CTT 模型的性能差置信区间

$p < 0.01$	CTKT-CTK	CTKT-CTT
精确率	0.00481±0.00395	0.10099±0.03730
召回率	0.00435±0.00293	0.04946±0.01935
特异度	0.00006±0.00004	0.00135±0.00048
准确率	0.00010±0.00004	0.00182±0.00049
GM 值	0.00235±0.00157	0.02755±0.01064
F1 值	0.00459±0.00221	0.07808±0.02523

表 4.16　CTKT 模型与 CTK 模型和 CTT 模型的点性能指标比较

	CTK	CTT	CTKT
精确率	0.9486	0.9370	0.9510
召回率	0.9517	0.9381	0.9526
特异度	0.9987	0.9984	0.9988
准确率	0.9976	0.9970	0.9977
GM 值	0.9749	0.9678	0.9754
F1 值	0.9501	0.9376	0.9518

可以看出，基于排序信息的 CTK 模型性能明显好于基于评分信息的 CTT 模型，而将二者协同组合起来的 CTKT 模型具备更好的点性能指标。

另外，它们对应的全局性能指标比较如图 4.13 所示。从图中的全局性能指标的对比中，可以得到相似的结论。CTK 模型的全局性能指标好于 CTT 模型，而协同交易排序和评分的 CTKT 模型明显优于二者。

综合上述的点性能指标和全局性能指标对比，可以验证本节提出的协同交易排序和评分的可信个体行为建模方法的有效性。与此同时，CTK 模型明显好于 CTT 模型的事实，间接证明了之前基于排序信息进行建模的合理性。此外，这也从侧面

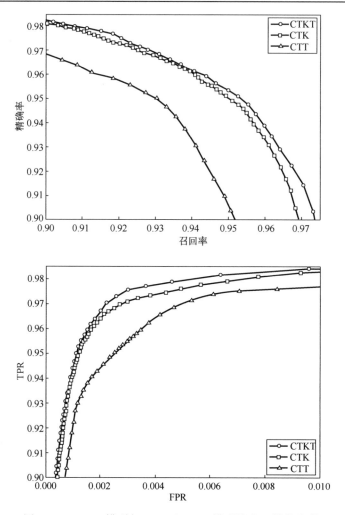

图 4.13 CTKT 模型与 CTK 和 CTT 模型的全局性能比较

支持了"共现的频次信息是标签信息的可信性度量"这一论述,以及采用指数方式组合排序目标函数和评分目标函数的合理性。

4.3.7.3 模型在动态标签分布环境下的鲁棒性验证

在实际应用中,交易的生成速度是非常快的,这会导致交易标签分布的动态变化。因此,模型的鲁棒性和稳定性显得非常重要。

由于在基准模型中,随机森林的性能表现最优,这里选择随机森林作为代表,与本章所提出的 CTKT 模型进行鲁棒性对比。为了模拟动态变化的标签分布数据,实验分别以 $Tr_{0.35}$、$Tr_{0.50}$、$Tr_{0.65}$、$Tr_{0.80}$ 和 $Tr_{0.95}$ 为训练集进行模型训练,并相应地在测试集 $Te_{0.35}$、$Te_{0.50}$、$Te_{0.65}$、$Te_{0.80}$ 和 $Te_{0.95}$ 进行模型测试。

首先，用不同颜色表示不同均衡度、用圆形标识表示 CTKT 模型，用方块标识表示 RF 模型，绘制它们对应的 PR 曲线，如图 4.14 所示。

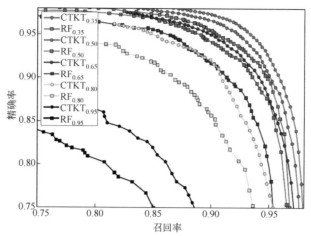

图 4.14　CTKT 和随机森林在动态不均衡度下的 PR 曲线比较（见彩图）

可以看出，随着数据不均衡度的增加，CTKT 和随机森林的 PR 曲线都在变差，但 CTKT 的性能始终好于随机森林。

另外，二者对应的 ROC 曲线如图 4.15 所示。可以看出，不同于 PR 曲线，尽管 CTKT 模型的 ROC 曲线始终优于随机森林模型，但是两个模型各自的 ROC 曲线并不是一直随着数据不均衡度的增加而持续下降。相对于随机森林而言，CTKT 模型的 ROC 曲线变化幅度并不大，这证明了 CTKT 模型具有更好的稳定性。在之前基于排序信息建模的方法中，ROC 曲线并没有类似的表现，这也从侧面佐证了协同交易评分和排序的个体行为建模方法具有更高的可信性。

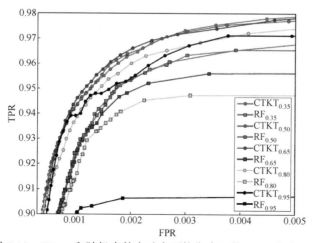

图 4.15　CTKT 和随机森林在动态不均衡度下的 ROC 曲线比较

另外，为了比较 CTKT 模型和随机森林模型性能随着数据不均衡度的变化趋势，选取 F1 值作为点性能指标的代表，并绘制其随着数据不均衡度的变化曲线如图 4.16 所示。可以看出，CTKT 和随机森林的点性能指标随着数据不均衡度的增加而下降，但 CTKT 模型始终好于随机森林。同时，从相同横坐标对应的线段斜率可以看出，CTKT 模型性能下降趋势要小于随机森林，这也反映了它具有更好的稳定性。

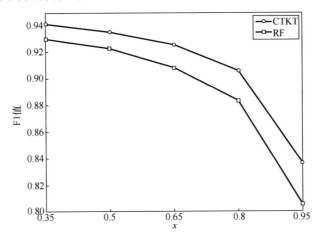

图 4.16　CTKT 和随机森林在动态不均衡度下的 F1 值比较

综合上述实验可以得出结论，相对于基准模型而言，CTKT 模型在动态变化的标签分布环境下，具备更好的鲁棒性和稳定性。

4.3.7.4　模型在动态扰动数据下的可信性验证

在实际的交易数据中，有时候数据标签并不是完全可信的，具体表现为某些交易标签是错误的。可信个体行为建模正是针对这样的场景提出来的。为了验证模型的可信性，首先对训练集 Tr_0 做扰动处理：假设扰动率为 x，则随机选取比率为 x 的训练样本，并对它们的标签取反。

在实验中，分别选取扰动率 $x = 0, 0.05, 0.1, 0.15, 0.2$，构建对应的扰动训练集，并对 CTKT 模型和 RF 模型进行训练，并比较它们在测试集 Te_0 上的性能。为了方便起见，用扰动率作为模型名称的上标，表示该扰动率对应的训练集上得到的模型性能。

首先，绘制它们的 PR 曲线和 ROC 曲线分别如图 4.17 和图 4.18 所示。

从图中可以看出，随着数据扰动率的增加，CTKT 和 RF 模型的全局性能指标都在下降。然而，由于采用了可信个体行为建模机制，CTKT 模型的性能始终优于 RF 模型。通过对数据标签进行可信性度量，并将这一关键信息应用到个体行为建模中，CTKT 模型能够更好地应对数据扰动。

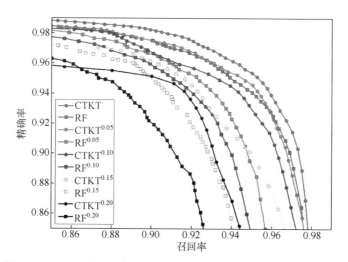

图 4.17 CTKT 和 RF 在动态扰动数据下的 PR 曲线比较(见彩图)

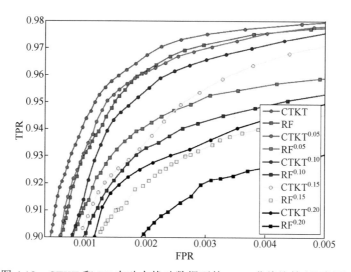

图 4.18 CTKT 和 RF 在动态扰动数据下的 ROC 曲线比较(见彩图)

另外，两个模型在动态扰动数据集上的点性能指标(以 F1 值为代表)变化如图 4.19 所示。可以看出，随着数据扰动率变大，CTKT 和 RF 模型的点性能指标都在下降。但是，CTKT 模型的点性能始终好于 RF，而且通过对比图中线段的斜率可以发现，CTKT 模型的性能下降速度缓于 RF。

上述实验结果表明本章所提出的个体行为建模方法能够有效应对数据扰动问题，提升欺诈检测的可信性。

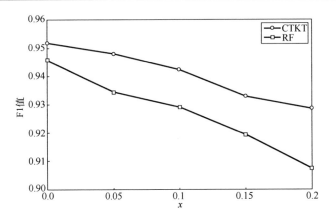

图 4.19　CTKT 和 RF 在动态扰动数据下的 F1 值比较

4.4　本 章 小 结

　　信用评估是反欺诈的重要措施，也是精准识别欺诈的重要手段。本章主要介绍了基于多模型融合的相关信用评估技术，包括基于回归方法的自动化特征建模方法、面向信用评估的动态机器学习模型、协同交易排序和评分的可信个体行为建模方法。基于回归方法的自动化特征建模方法主要利用基于距离相关系数的特征挖掘、基于回归技术的新特征生成、基于最大信息系数的特征选择，以解决基于大数据的信用评估指标集最大化的自动建模问题；面向信用评估的动态机器学习模型主要解决流数据中的概念漂移问题；协同交易排序和评分的可信个体行为建模方法主要解决因数据标签不可信而导致交易行为评估模型不可信的问题。

参 考 文 献

[1]　王萌. 面向信用评估的自动化特征工程及模型构建. 上海: 同济大学, 2021.

[2]　Reshef D N, Reshef Y A, Finucane H K, et al. Detecting novel associations in large data sets. Science, 2011, 334(6062): 1518-1523.

[3]　Pearson K. Note on regression and inheritance in the case of two parents//Proceedings of the Royal Society of London, 1895, (58): 240-242.

[4]　Spearman C. The proof and measurement of association between two things. The American Journal of Psychology, 1903, 15(1):72-101.

[5]　Szekely G, Rizzo M, Bakirov N. Measuring and testing dependence by correlation of distances. The Annals of Statistics, 2007, 35(6): 2769-2794.

[6] Sanz J A, Galar M, Bustince H, et al. An evolutionary underbagging approach to tackle the survival prediction of trauma patients: a case study at the hospital of navarre. IEEE Access, 2019, 7: 76009-76021.

[7] Sun Y, Tang K, Minku L L, et al. Online ensemble learning of data streams with gradually evolved classes. IEEE Transactions on Knowledge and Data Engineering, 2016, 28(6): 1532-1545.

[8] Elwell R, Polikar R. Incremental learning of concept drift in nonstationary environments. IEEE Transactions on Neural Networks, 2011, 22(10): 1517-1531.

[9] Chen S, He H. Towards incremental learning of nonstationary imbalanced data stream: a multiple selectively recursive approach. Evolving Systems, 2011, 2(1): 35-50.

[10] Street W N, Kim Y S. A streaming ensemble algorithm (SEA) for large-scale classification// Proceedings of the 7th International Conference on Knowledge Discovery and Data Mining(ACM SIGKDD), 2001: 377-382.

[11] Ditzler G, Polikar R. Incremental learning of concept drift from streaming imbalanced data. IEEE Transactions on Knowledge and Data Engineering, 2012, 25(10): 2283-2301.

[12] 竞赛数据集. https://www.datacastle.cn/dataset_list.html.

[13] Elwell R, Polikar R. Incremental learning of concept drift in nonstationary environments. IEEE Transactions on Neural Networks, 2011, 22(10): 1517-1531.

[14] Mirza B, Lin Z, Liu N. Ensemble of subset online sequential extreme learning machine for class imbalance and concept drift. Neurocomputing, 2015, 149: 316-329.

[15] Kolter J Z, Maloof M A. Dynamic weighted majority: An ensemble method for drifting concepts. Journal of Machine Learning Research, 2007, 8: 2755-2790.

[16] 李航. 统计学习方法. 北京: 清华大学出版社, 2012.

[17] Fawcett T. An introduction to ROC analysis. Pattern Recognition Letters, 2005, 27(8):861-873.

[18] Bergstra J, Bengio Y. Random search for hyper-parameter optimization. Journal of Machine Learning Research, 2012, 13(1): 281-305.

[19] Jiang C, Fang Y, Zhao P, et al. Intelligent UAV identity authentication and safety supervision based on behavior modeling and prediction. IEEE Transactions on Industrial Informatics, 2020, 16(10):6652-6662.

[20] Zheng L, Liu G, Yan C, et al. Improved TrAdaBoost and its application to transaction fraud detection. IEEE Transactions on Computational Social Systems, 2020, 7(5):1304-1316.

[21] Wang M, Ding Z, Liu G, et al. Measurement and computation of profile similarity of workflow nets based on behavioral relation matrix. IEEE Transactions on Systems, Man, and Cybernetics: Systems, 2020, 50(10):3628-3645.

[22] Wang M, Ding Z, Zhao P, et al. A dynamic data slice approach to the vulnerability analysis of

e-commerce systems. IEEE Transactions on Systems, Man, and Cybernetics: Systems, 2020, 50(10): 3598-3612.

[23] Qin Y, Yan C, Liu G, et al. Pairwise Gaussian loss for convolutional neural networks. IEEE Transactions on Industrial Informatics, 2020, 16(10): 6324-6333.

[24] Li Z, Liu G, Jiang C. Deep representation learning with full center loss for credit card fraud detection. IEEE Transactions on Computational Social Systems, 2020, 7(2): 569-579.

[25] Cao R, Liu G, Xie Y, et al. Two-level attention model of representation learning for fraud detection. IEEE Transactions on Computational Social Systems, 2021, 8(6): 1291-1301.

[26] Wang S, Ding Z, Jiang C. Elastic scheduling for microservice applications in clouds. IEEE Transactions on Parallel and Distributed Systems, 2021, 32(1): 98-115.

[27] Li Z, Huang M, Liu G, et al. A hybrid method with dynamic weighted entropy for handling the problem of class imbalance with overlap in credit card fraud detection. Expert Systems with Applications, 2021, 175: 114750.

[28] Cui J, Yan C, Wang C. ReMEMBeR: ranking metric embedding-based multicontextual behavior profiling for online banking fraud detection.IEEE Transactions on Computational Social Systems, 2021, 99: 1-12.

[29] 蒋昌俊, 闫春钢, 丁志军, 等. 金融交易的可信欺诈检测方法、系统、介质及终端: ZL 202110190219.2, 2022.

[30] 蒋昌俊, 闫春钢, 丁志军, 等. 网络欺诈交易检测方法及装置、计算机存储介质和终端: ZL 202010102086.4, 2023.

第 5 章　大数据安全的测试与评估技术

5.1　大数据安全测评系统体系

5.1.1　背景与问题

大数据已经被认为是一种数据资产[1]。作为数据资产的大数据价值主要体现在数据本身所含的价值以及开发利用大数据的代价。从数据价值风险安全角度来看，其中一种重要的表现是大数据被未授权采集的一定量数据是否体现了整体数据集的价值大小。如果采集的数据能够基本反映整体数据的特性，则意味着数据存在数据价值泄露的不安全性。然而，现有的大数据价值安全还缺乏有效评估的方法。特别地，对于流式大数据，由于其数据量大、变化快等特性，在实际应用场景下，整体的数据价值评估难以采用全量的传统方法。因此，要实现大数据价值安全的评估，必须要解决大数据整体价值的首要问题，即能够高效准确地体现整体价值的适量大数据采样问题。

为解决大数据价值安全评估问题，一是要建立一种有效的数据价值安全评估系统[2,3]。该系统对被采集的数据集进行价值评估，并与大数据的整体价值进行对比。根据对比的两种价值差，将数据价值安全分为不同的风险级别。二是建立一种大数据的适量高效采集方法[4,5]，对不断产生的流数据进行勘探分析，并能够很好地避免在整个流数据集上进行操作而导致的过度存取计算问题。

5.1.2　大数据安全测评体系架构

大数据安全测评系统主要实现针对不同的数据源提供数据安全的检测与评估服务。系统实现了数据实时分析监控以及评估报告分析等功能，为数据管理方提供了友好的界面展示和交互，向数据管理方提供了安全可信的大数据安全测试评估服务。

系统总体架构如图 5.1 所示，由前端页面、调度引擎、模型管理、数据管理和数据源管理等组成。

前端页面是各个功能的可视化展示，在该系统中主要包含测评配置与管理、实时监控和测评报告三个部分。测评配置与管理提供测试源信息的选择与输入、测试方案的选择与配置以及执行方案等功能。实时监控主要是对上述配置方案执行过程的动态监控，通过实时监控可以观察到测评的实时进度以及获得的统计特征。

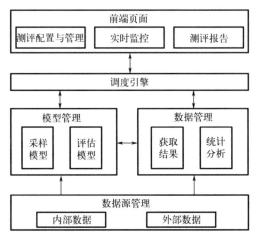

图 5.1 大数据安全测评系统体系架构

调度引擎包含模型调度和数据收发部分。通过将模型调度、数据发送和数据接收包装成可以调用的接口向前后端提供服务，调度引擎通过前端需求调用相关的模型和数据，结果由调度引擎返回给前端。该部分主要实现功能的整合，向外提供统一的服务调用的接口。

模型管理主要实现对不同模型的整合和统一管理，以便提供给调度引擎进行调用。在这里主要包含采样模型和评估模型两个部分。采样模型主要是根据参数请求执行数据采样，评估模型主要执行的是对采样结果的定量评估，通过不同的评估指标计算得出评估结果。

数据管理主要是对模型结果进行统计分析，以及前端页面对数据发送和接收管理，将数据接收和发送包装成统一的接口，供调度引擎统一调配。

底层是数据源管理，这里主要包括外部数据和内部数据。外部数据主要包括各种信息的网站，内部数据主要包括数据库中存储的数据源信息，同时也包括从外部数据源获取的部分样本数据。根据不同的请求，调用不同的数据源。

5.1.3 大数据安全测评系统流程

大数据安全测评系统的流程描述如图 5.2 所示。系统的数据源主要来源于两个方面，一个是内部数据库存储的数据，另一个来自各大网站数据源。其主要执行流程主要包括以下部分。

(1)用户根据业务需求选择数据源和测评模型,数据源对象可以是内部数据库数据，也可以是网站数据，同时要对数据源的基本信息进行描述，包括总量以及对数据采集的限制信息。测评模型主要包括采样模型和评估模型，采样模型是对数据源信息采集方式的选择，评估模型主要是指对最终安全评估指标的选择。

（2）根据用户请求执行相关模型参数配置,通过调用相关模型对相关数据进行采集与评估。

（3）开始执行相关程序,此时系统主要执行两部分操作,一部分是对执行过程的实时监控,另一部分是对采样结果进行安全评估。

（4）实时监控部分主要对模型执行时间和采集数据的统计分析结果进行计算和展示。安全评估部分主要是指通过相关的安全指标对采样结果进行计算和分析,从而得出评估结果。

（5）模型执行完毕后,最后是生成评估报告。通过对用户请求的采样与评估分析,最终得出该数据源的安全等级,并以报告形式展示。

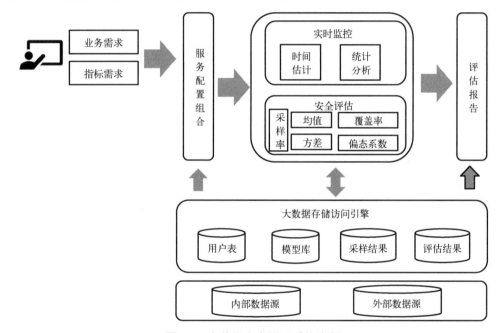

图 5.2　大数据安全测评系统流程

5.2　大数据价值安全风险评估方法

现有的大数据价值安全缺乏有效评估方法。特别地,对于流式大数据,由于其数据量大、变化快等特性,在实际应用场景下,整体的数据价值评估难以采用全量的传统方法。为此,需要建立一种有效的数据价值安全评估方法[6],对数据采集受限的数据进行价值评估,并与大数据的整体价值进行对比。根据两者价值差,将数据价值安全分为高、中、低三种风险级别。

5.2.1 风险评估指标

数据价值风险评估主要包含五个指标：采样率、均值、方差、偏态系数和峰态系数。

采样率(Sampling Rate，SR)：主要描述的是采样数据量占数据总量的比例，以百分比形式表示。

均值(Mean，MA)：主要描述的是采样数据量的平均值。

方差(Variance，VR)：每个样本值与全体样本值的平均数之差的平方值的平均数，用来计算每一个样本与总体平均数之间的差异。

偏态系数(Deviation Coefficient，DC)：随机系列分配不对称程度的统计参数，偏态系数绝对值越大，偏斜越严重。

峰态系数(Kurtosis，KR)：概率密度分布曲线在平均值处峰值高低的特征数，衡量实数随机变量概率分布的峰态。

5.2.2 价值风险评估框架

大数据价值安全风险评估方法如图 5.3 所示。

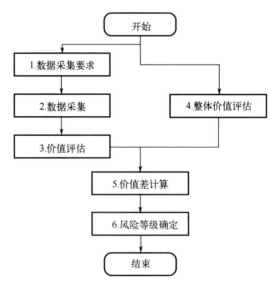

图 5.3 大数据价值安全风险评估方法

(1)获得被评估流数据集的采集要求。

(2)通过钻井式数据采样方法获得访问率取值范围,在访问率取值范围内利用钻井式数据采样方法对被评估流数据集进行采样,采样得到的流数据可以反映被评估流数据集的整体数据特性,将采样得到的流数据值作为被评估流数据集的整体价值。

同时，根据采集要求对被评估流数据集进行采样，采样得到的流数据同样可以反映被评估流数据集的整体数据特性，将采样得到的流数据值作为被评估流数据集的受限价值。

(3) 计算整体价值与受限价值之间的差值，得到价值差。

(4) 根据价值差确定被评估流数据集的五种风险等级：非常安全、正常安全、一般安全、较不安全、不安全。

5.2.3 价值风险等级评估

对数据风险的价值评估主要是通过构建不同的评价指标，对获得结果进行层级划分从而得到数据风险等级。

首先通过对基准数据集进行统计分析，可以得到五个指标的统计结果，然后通过对采样结果进行统计分析也可以得到五个指标的结果表示，基于基准结果，通过计算采样结果的准确率来评估数据风险。

均值准确率为

$$\text{ACC}_{\text{MA}} = \frac{\text{MA}_{\text{sample}}}{\text{MA}_{\text{base}}} \times 100\% \tag{5.1}$$

方差准确率为

$$\text{ACC}_{\text{VR}} = \frac{\text{VR}_{\text{sample}}}{\text{VR}_{\text{base}}} \times 100\% \tag{5.2}$$

偏态系数准确率为

$$\text{ACC}_{\text{DC}} = \frac{\text{DC}_{\text{sample}}}{\text{DC}_{\text{base}}} \times 100\% \tag{5.3}$$

峰态系数准确率为

$$\text{ACC}_{\text{KR}} = \frac{\text{KR}_{\text{sample}}}{\text{KR}_{\text{base}}} \times 100\% \tag{5.4}$$

通过计算均值准确率、方差准确率、偏态系数准确率、峰态系数准确率以及采样率 5 个指标得到最终评估分数为

$$\text{Score}_{\text{estimate}} = \frac{(1 - \text{SR} \times 100\%) + \text{ACC}_{\text{MA}} + \text{ACC}_{\text{VR}} + \text{ACC}_{\text{DC}} + \text{ACC}_{\text{KR}}}{5} \tag{5.5}$$

其中，$(1 - \text{SR} \times 100\%)$ 表示采样率所占的比重，在这里表达的意思是在获得相同准确率的条件下，采样率越低，评估得分就越高。

同时，根据最终评分，对数据价值风险进行等级划分，等级划分表如表 5.1 所示。

表 5.1　风险等级划分

分数	等级
0.9<Score≤1	非常安全
0.8<Score≤0.9	正常安全
0.7<Score≤0.8	一般安全
0.6<Score≤0.7	较不安全
Score≤0.6	不安全

5.3　有限访问下流数据钻井采样方法及评估模型

5.3.1　问题的提出

近年来，数据资产化程度越来越高，大数据价值评估的需求日益增加，而数据质量是大数据价值创造过程中的核心问题。采样作为大数据中一项重要的数据分析技术，是从大量数据中抽取代表性子集进行数据质量和价值的评估。然而，现有对于数量和质量动态变化的流数据的采样方法中，以水库采样[7,8]为代表的部分均匀采样方法可以很好地评估流数据整体特征，但需访问全量数据且很难采集到流数据中蕴含大量价值的离散值，不仅导致数据价值丢失，还会产生存取计算资源浪费的问题。然而，偏倚采样算法[9,10]可以很好地保留流数据中的大量离散值，但是放大了样本集中离散值的影响，导致样本集无法对流数据整体特征进行有效评估。综上可知，由于均匀采样和偏倚采样的分析目标不一致，现有方法得到的样本集很难既包含大量有价值的离散值，又可以有效地评估流数据整体特征。因此，针对数量和质量动态变化的流数据，现有的采样方法无法有效评估蕴含大量离散值的流数据的价值和信息，这已经成为一个待解决的问题。

尽管目前有很多方法致力于保留流数据中的离散值，但是依然面临着一些困难。

(1)如何识别动态流数据中离散值所处的位置?

(2)流数据动态变化且无先验知识，导致对其类别不平衡比例的评估存在困难。

(3)保留离散值较多的样本集很难用于评估流数据集整体特征。

针对以上问题，本节提出一种新的流数据采样算法和流数据集整体特征评估模型，与其他采样算法相比其能够缓解以上问题。

(1)受矿产钻井勘探思想的启发，本节对动态产生的流数据进行"钻井"操作，来解决流数据大小不确定的问题，且根据井内偏态系数调整井间距动态定位下一次"钻井"位置，降低整体流数据的访问率，减少资源的消耗。

(2)通过计算井内偏度系数结合井内分类信息判断离散程度和离散方向，提出了类内无偏采样、类间偏倚采样的采样方法，以此尽可能多地保留离散值，保证机器学习模型训练的效果。

（3）通过保留访问分类信息估算原始流数据集的均值、标准差和类基本不平衡率，并以此提出流数据集整体特征评估模型，用以评估原始流数据集的统计特征和概率分布。

综上所述，本节的主要贡献如下：一是提出了有限访问下流数据钻井采样方法，该方法基于矿产钻井勘探思想，在有限访问流数据集的约束下，设定初始井，计算井内偏态系数用于确定离散方向、离散程度、动态调整采样率和定位下一个"钻井"的位置，同时保留井内信息，然后类内无偏采样，类间偏倚采样，使得最终得到的样本集含有较多的离散值。二是提出了流数据集整体特征评估模型，该模型根据采样方法保留的信息调整样本集，使得调整后的样本集的类基本不平衡率与原始流数据集有较高的相似性，接着从数据的集中趋势、离散趋势和总体分布形态三个方面评估流数据整体特征。

5.3.2 有限访问下流数据钻井采样方法

5.3.2.1 基本概念

本节的研究对象是流数据，假设其流速均匀，并且具有时序性强、离散、数据记录较短的特点。

定义 5.1（流数据） 它是一种随时间延续而无限增长的动态数据集，该数据集中的每个数据包含数据的标识、时间、值和类别四个属性。假设数据集的大小为 N，且 N 大小未知，将流数据 S 表示为

$$S = \{(\mathrm{id}_i, \mathrm{time}_i, \mathrm{value}_i, \mathrm{class}_i) | i \leqslant N \text{且} i \in N^+\}$$

其中，id_i 为第 i 条流数据到达的顺序，time_i 为第 i 条流数据到达的时间，value_i 为第 i 条流数据值，class_i 为第 i 条流数据所属类，本节定义流数据分为三个类，即 $\mathrm{class}_i = 0, 1, 2$。

定义 5.2（类基本不平衡率） 它是指流数据集中各个类数量之间的比例，记为 ImbR。根据 class 的值将流数据集 S 分为三个部分：CZ、CO、CT，则 ImbR 定义为

$$\mathrm{ImbR} = \mathrm{len}(\mathrm{CZ}) : \mathrm{len}(\mathrm{CO}) : \mathrm{len}(\mathrm{CT})$$

针对流数据大小的不确定性，同时受矿产钻井勘探思想的启发，引入了"井"的概念。

定义 5.3（井） 它是流数据的采样和分析单元，是流数据的一个子集，表示为 W（Well）。井具有一定的宽度，其宽度限定了局部流数据的大小，表示为 WS（Well Size）。假设整个流数据的井的数量为 WN（Well Number），第 i 个井 W_i 定义为

$$W_i = \{(\mathrm{id}_j, \mathrm{time}_j, \mathrm{value}_j, \mathrm{class}_j) | 1 \leqslant j \leqslant \mathrm{WS} \text{且} j \in N^+\}$$

其中，$1 \leqslant i \leqslant$ WN，$(\text{id}_j, \text{time}_j, \text{value}_j, \text{class}_j)$ 为井内第 j 个数据。

如图 5.4 所示，一个流数据(集) S 可以设置若干个井。$W_1 \sim W_5$ 是代表不同时序上的 5 个井。为了避免访问全量流数据，在两个井之间设置了"井间距"，表示为 WI(Well Interval)。

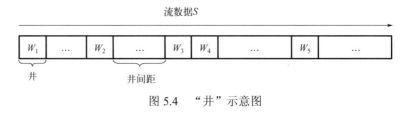

图 5.4　"井"示意图

本节将介绍一种有限访问下流数据钻井采样方法(Streaming data Drilling Sampling method under Limited Access，SDSLA)。该方法基于矿产钻井勘探思想，在有限访问流数据集的约束下设定初始井，计算井内偏态系数用于确定离散方向、离散程度、动态调整采样率和动态定位下一个井的位置，同时保留井内分类信息和候选集，然后类内无偏采样，类间偏倚采样，使得样本集含有较多的离散值(少数类)，有利于机器学习模型的训练和大数据价值安全评估。那么该如何确定井内数据离散程度和离散值所处的位置呢？

5.3.2.2　确定离散方向和程度

为了能够较多地保留每个井内的离散值，本节考虑了井内数据概率分布的不对称性来发现离散值发生的方向和离散程度，以进行针对性地采样，引入了统计学中的"偏态系数"[11]这一概念，将其表示为 SW。例如，计算第 i 个井内偏态系数的公式为

$$\text{SW}_i = \frac{\sum_{j=1}^{\text{WS}}(\text{value}_j - \overline{\text{value}})^3}{\left[\sum_{j=1}^{\text{WS}}(\text{value}_j - \overline{\text{value}})^2\right]^{\frac{3}{2}}} \times \sqrt{n} \tag{5.6}$$

根据经验法则对数据的离散程度进行细致的划分：若 $\text{SW} \in [-0.5, 0.5]$，则说明数据相当对称；若 $\text{SW} \in [-1.0, -0.5)$ 或 $(0.5, 1.0]$，则说明数据中度偏斜；若 $\text{SW} \in (-\infty, -1.0)$ 或 $(1.0, +\infty)$，则说明数据高度偏斜。因此，将第 i 个井的偏态系数记为 SW_i，$i \in [1, \text{WN}]$。

虽然通过偏态系数可以洞悉井内数据的离散方向和离散程度，但为了更好地对井内数据进行针对性的采样，需要计算井内分类信息。

定义 5.4（井内分类信息）　它将井内数据根据 class 拆分为三个集合

$$\mathrm{WCZ}_i = \{(\mathrm{id}_j, \mathrm{time}_j, \mathrm{value}_j, \mathrm{class}_j) | \mathrm{class}_j = 0, \quad 1 \leqslant j \leqslant \mathrm{WS} \text{且} j \in N^+\}$$

$$\mathrm{WCO}_i = \{(\mathrm{id}_j, \mathrm{time}_j, \mathrm{value}_j, \mathrm{class}_j) | \mathrm{class}_j = 1, \quad 1 \leqslant j \leqslant \mathrm{WS} \text{且} j \in N^+\}$$

$$\mathrm{WCT}_i = \{(\mathrm{id}_j, \mathrm{time}_j, \mathrm{value}_j, \mathrm{class}_j) | \mathrm{class}_j = 2, \quad 1 \leqslant j \leqslant \mathrm{WS} \text{且} j \in N^+\}$$

其中，WCZ_i 表示第 i 个井内类为 0 的数据集合，WCO_i、WCT_i 同理。

根据以上计算得到井内离散程度、离散方向和井内分类信息后，确定少数类所处的位置，那么对于少数类和多数类的采样率该如何设置呢？

5.3.2.3　采样率动态调整和井动态定位策略

为了能够最大限度地保留井内离散值，需要对井内数据进行偏倚采样，即根据情况在多数类采样率的基础上增加对少数类的采样率。本节利用偏态系数来动态调整采样率。假设当前为第 i 个井，初始采样率为 p_{init}，具体调整策略公式如下

$$p = \begin{cases} 2 \times p_{\mathrm{init}} \times |\mathrm{SW}_i|, & 2 \times p_{\mathrm{init}} \times |\mathrm{SW}_i| \leqslant 1 \\ 1, & 2 \times p_{\mathrm{init}} \times |\mathrm{SW}_i| > 1 \end{cases} \tag{5.7}$$

当 $-0.5 \leqslant \mathrm{SW}_i \leqslant 0.5$ 时，井内数据概率分布接近正态分布的概率分布，离散数据较少，则设置三个类的采样率均为 $p = p_{\mathrm{init}}$；当 $-1.0 \leqslant \mathrm{SW}_i < -0.5$ 或 $0.5 < \mathrm{SW}_i \leqslant 1.0$ 时，井内数据中度偏斜离散数据增多，则增加少数类的采样率为 $p = 2 \times p_{\mathrm{init}} \times |\mathrm{SW}_i|$，其他两个类采样率为 $p = p_{\mathrm{init}}$；当 $\mathrm{SW}_i < -1.0$ 或 $\mathrm{SW}_i > 1.0$ 时，井内数据高偏斜离散数据量非常大，则增加数量较少的两个类的采样率为 $p = 2 \times p_{\mathrm{init}} \times |\mathrm{SW}_i|$，多数类的采样率为 $p = p_{\mathrm{init}}$。

此外，为了节约存取计算资源，需要避免访问全量流数据集。本节提出了井动态定位策略，在井之间设置井间距动态调整对下一个井进行动态定位，这样能够在访问有限数据的同时访问得到较多的离散值。通过之前的介绍可知，井内偏态系数不仅可以反映数据概率分布的不对称性，还可以反映数据的离散程度。因此利用偏态系数动态调整井间距，当井内偏态系数很大时，说明离散程度很高，则需要缩小井间距；当井内偏态系数较小时，说明离散程度较低，则需要增大井间距。假设初始井间距为 $\mathrm{WI}_{\mathrm{init}}$，需要计算第 i 个井间距 WI_i，公式为

$$\mathrm{WI}_i = \begin{cases} \dfrac{\mathrm{WI}_{\mathrm{init}}}{|\mathrm{SW}_i|}, & \dfrac{\mathrm{WI}_{\mathrm{init}}}{\mathrm{SW}_i} \leqslant 2 \times \mathrm{WI}_{\mathrm{init}} \\ 2 \times \mathrm{WI}_{\mathrm{init}}, & \dfrac{\mathrm{WI}_{\mathrm{init}}}{\mathrm{SW}_i} > 2 \times \mathrm{WI}_{\mathrm{init}} \end{cases} \tag{5.8}$$

井间距的取值范围为 $\mathrm{WI}_i \in [1, 2 \times \mathrm{WI}_{\mathrm{init}}]$，当 $\dfrac{\mathrm{WI}_{\mathrm{init}}}{|\mathrm{SW}_i|} > 2 \times \mathrm{WI}_{\mathrm{init}}$ 时，井间距为 $2 \times \mathrm{WI}_{\mathrm{init}}$。

5.3.2.4 保留访问分类信息和候选集

流数据的动态变化特性且无先验知识，导致对于流数据的分析存在一定的困难。因此，这里提出了保留访问分类信息和候选集的方法，通过访问分类信息准确地估算原始流数据集的均值、标准差和类基本不平衡率。接着通过访问分类信息结合候选集对样本集进行调整，可以得到符合类基本不平衡率的样本集，从而可以准确地估算原始流数据集的整体特征。

定义 5.5(访问分类信息) 它是每个井内分类信息的集合，分类信息主要包括井内各个类的数据量和均值，表示为 ACI(Accessing Categorical Information)。首先计算第 I 个井内分类信息中各个类的数量，其中 $\text{WCZ}_i = \{(\text{id}_j, \text{time}_j, \text{value}_j, \text{class}_j)|\text{class}_j = 0, 1 \leq j \leq \text{WS} \text{且} j \in N^+\}$，记集合 WCZ_i 的长度为 $\text{WCZ}_{\text{len}i}$，同理集合 WCO_i 和 WCT_i 的长度分别为 $\text{WCO}_{\text{len}i}$ 和 $\text{WCT}_{\text{len}i}$，再计算各个类的均值，集合 WCZ_i 的均值计算如下

$$\text{WCZ}_{\text{mean}i} = \frac{\sum_{k=1}^{\text{WCZ}_{\text{len}i}} \text{value}_k}{\text{WCZ}_{\text{len}i}} \tag{5.9}$$

同理，WCO_i 均值为 $\text{WCO}_{\text{mean}i}$，$\text{WCT}_i$ 的均值为 $\text{WCT}_{\text{mean}i}$，那么某段时间内的流数据 ACI 的集合如下

$$\text{ACI} = \begin{cases} \text{ACZ} = \{(\text{WCZ}_{\text{len}i}, \text{WCZ}_{\text{mean}i})|1 \leq i \leq \text{WN}\} \\ \text{ACO} = \{(\text{WCO}_{\text{len}i}, \text{WCO}_{\text{mean}i})|1 \leq i \leq \text{WN}\} \\ \text{ACT} = \{(\text{WCT}_{\text{len}i}, \text{WCT}_{\text{mean}i})|1 \leq i \leq \text{WN}\} \end{cases}$$

那么如何根据 ACI 估算原始流数据集的均值、标准差和类基本不平衡率？首先计算 ACI 中每个类的均值和数量，以 class = 0 的集合 ACZ 为例，计算公式如下

$$\text{ACZ}_{\text{mean}} = \frac{\sum_{i}^{\text{WN}}(\text{WCZ}_{\text{len}i} \times \text{WCZ}_{\text{mean}i})}{\sum_{i}^{\text{WN}} \text{WCZ}_{\text{len}i}} \tag{5.10}$$

$$\text{ACZ\_len} = \sum_{i}^{\text{WN}} \text{WCZ}_{\text{len}i} \tag{5.11}$$

同理，ACO 均值为 ACO_mean、长度为 ACO_len；ACT 均值为 ACT_mean、长度为 ACT_len。最后，计算 ACI 的均值、标准差和类基本不平衡率，公式如下

$$\text{AM} = \frac{\text{ACZ}_{\text{mean}} + \text{ACO}_{\text{mean}} + \text{ACT}_{\text{mean}}}{\text{ACZ}_{\text{len}} + \text{ACO}_{\text{len}} + \text{ACT}_{\text{len}}} \tag{5.12}$$

$$\text{AStd} = \left(\frac{(\text{ACZ}_{\text{mean}} - \text{AM})^2 \text{ACZ}_{\text{len}} + (\text{ACO}_{\text{mean}} - \text{AM})^2 \text{ACO}_{\text{len}} + (\text{ACT}_{\text{mean}} - \text{AM})^2 \text{ACT}_{\text{len}}}{\text{ACZ}_{\text{len}} + \text{ACO}_{\text{len}} + \text{ACT}_{\text{len}}}\right)^{\frac{1}{2}} \tag{5.13}$$

$$\text{AImbR} = \text{ACZ}_{\text{len}} \colon \text{ACO}_{\text{len}} \colon \text{ACT}_{\text{len}} \tag{5.14}$$

定义 5.6（候选集）　它是指每个井内未被采样的离散值的集合，作用于调整样本集以符合类基本不平衡性，表示为 CS（Candidate Set）。

本节使用四分位数[12]识别离散值的方法识别井内未被采样的离散值。将井的上四分位数、中位数、下四分位数分别表示为 Q1、Q2、Q3，最大值、最小值分别表示为 Max、Min，四分位间距表示为 IQR，IQR = Q3−Q1，将离散上边界记为 upLimit，离散下边界记为 lowLimit，计算公式为

$$\text{upLimit} = Q3 + 1.5 \times \text{IQR}, \quad \text{lowLimit} = Q3 + 1.5 \times \text{IQR}$$

假设在第 i 个井，将未采样的离散值加入候选集集合，表示为 $\text{CS} = \{(\text{id}_j, \text{time}_j, \text{value}_j, \text{class}_j) | \text{value}_j \geqslant \text{upLimit} 或 \text{value}_j \leqslant \text{lowLimit} 且 1 \leqslant j \leqslant \text{WS} 且 j \in N^+\}$，将最终得到的候选集按照类拆分为三个集合

$$\text{CCZ} = \{(\text{id}_j, \text{time}_j, \text{value}_j, \text{class}_j) | \text{class}_j = 0, \quad 1 \leqslant j \leqslant \text{len(CS)} 且 j \in N^+\}$$

$$\text{CCO} = \{(\text{id}_j, \text{time}_j, \text{value}_j, \text{class}_j) | \text{class}_j = 1, \quad 1 \leqslant j \leqslant \text{len(CS)} 且 j \in N^+\}$$

$$\text{CCT} = \{(\text{id}_j, \text{time}_j, \text{value}_j, \text{class}_j) | \text{class}_j = 2, \quad 1 \leqslant j \leqslant \text{len(CS)} 且 j \in N^+\}$$

5.3.2.5　算法描述

根据以上对于问题和方法的介绍，在井内进行类内无偏采样、类间偏倚采样，其中类内的基础采样算法是流数据的经典采样算法——水库采样（Reservoir Sampling，RS）。在井间距内为了防止存在未被访问到的离散值，同时为了降低访问率，采用等间隔采样算法进行采样。具体采样过程如算法 5.1 所示。

算法 5.1　有限访问下流数据钻井采样算法（SDSLA）

输入: WS, S, WI, p

输出: SS, CS, ACI

1: **while** S 生成：
2: 　　在流数据 S 中划分第 i 个大小为 WS 的井
3: 　　根据式 (5.6) 计算井内数据的偏态系数 SW
4: 　　计算 WCZ_i、WCO_i、WCT_i
5: 　　根据式 (5.7) 调整采样率 p
6: 　　**if** $(-0.5 \leqslant \text{SW}_i \leqslant 0.5)$ 调用水库采样算法 RS 采样：
7: 　　　　$s1 = \text{RS}(\text{WCZ}_i, p_{\text{init}} \times \text{WCZ}_{\text{len}i})$; $s2 = \text{RS}(\text{WCO}_i, p_{\text{init}} \times \text{WCO}_{\text{len}i})$
8: 　　　　$s3 = \text{RS}(\text{WCT}_i, p_{\text{init}} \times \text{WCT}_{\text{len}i})$; $ss = s1 + s2 + s3$
9: 　　**else if** $(-1.0 \leqslant \text{SW}_i < 0.5 \| 0.5 < \text{SW}_I \leqslant 1.0)$

10:　　**if**（$\text{WCZ}_{\text{len}i} < \text{WCO}_{\text{len}i}$　&&　$\text{WCZ}_{\text{len}i} < \text{WCT}_{\text{len}i}$）

11:　　　　$s1 = \text{RS}\left(\text{WCZ}_i, \lceil p \times \text{WCZ}_{\text{len}i} \rceil\right)$; $s2 = \text{RS}\left(\text{WCO}_i, \lceil p_{\text{init}} \times \text{WCO}_{\text{len}i} \rceil\right)$

12:　　　　$s3 = \text{RS}\left(\text{WCT}_i, \lceil p_{\text{init}} \times \text{WCT}_{\text{len}i} \rceil\right)$; $ss = s1+s2+s3$

13:　　**else if**（$\text{WCO}_{\text{len}i} < \text{WCZ}_{\text{len}i}$　&&　$\text{WCO}_{\text{len}i} < \text{WCT}_{\text{len}i}$）

14:　　　　$s1 = \text{RS}\left(\text{WCZ}_i, \lceil p_{\text{init}} \times \text{WCZ}_{\text{len}i} \rceil\right)$; $s2 = \text{RS}\left(\text{WCO}_i, \lceil p \times \text{WCO}_{\text{len}i} \rceil\right)$

15:　　　　$s3 = \text{RS}\left(\text{WCT}_i, \lceil p_{\text{init}} \times \text{WCT}_{\text{len}i} \rceil\right)$; $ss = s1+s2+s3$

16:　　**else if**（$\text{WCT}_{\text{len}i} < \text{WCZ}_{\text{len}i}$　&&　$\text{WCT}_{\text{len}i} < \text{WCO}_{\text{len}i}$）

17:　　　　$s1 = \text{RS}\left(\text{WCZ}_i, \lceil p_{\text{init}} \times \text{WCZ}_{\text{len}i} \rceil\right)$; $s2 = \text{RS}\left(\text{WCO}_i, \lceil p_{\text{init}} \times \text{WCO}_{\text{len}i} \rceil\right)$

18:　　　　$s3 = \text{RS}\left(\text{WCT}_i, \lceil p \times \text{WCT}_{\text{len}i} \rceil\right)$; $ss = s1+s2+s3$

19:　**else if**（$\text{SW}_i \langle -1.0 \| \text{SW}_I \rangle 1.0$）

20:　　**if**（$\text{WCZ}_{\text{len}i} < \text{WCT}_{\text{len}i}$　&&　$\text{WCO}_{\text{len}i} < \text{WCT}_{\text{len}i}$）

21:　　　　$s1 = \text{RS}\left(\text{WCZ}_i, \lceil p \times \text{WCZ}_{\text{len}i} \rceil\right)$; $s2 = \text{RS}\left(\text{WCO}_i, \lceil p \times \text{WCO}_{\text{len}i} \rceil\right)$

22:　　　　$s3 = \text{RS}\left(\text{WCT}_i, \lceil p_{\text{init}} \times \text{WCT}_{\text{len}i} \rceil\right)$; $ss = s1+s2+s3$

23:　　**else if**（$\text{WCZ}_{\text{len}i} < \text{WCO}_{\text{len}i}$　&&　$\text{WCT}_{\text{len}i} < \text{WCO}_{\text{len}i}$）

24:　　　　$s1 = \text{RS}\left(\text{WCZ}_i, \lceil p \times \text{WCZ}_{\text{len}i} \rceil\right)$; $s2 = \text{RS}\left(\text{WCO}_i, \lceil p_{\text{init}} \times \text{WCO}_{\text{len}i} \rceil\right)$

25:　　　　$s3 = \text{RS}\left(\text{WCT}_i, \lceil p \times \text{WCT}_{\text{len}i} \rceil\right)$; $ss = s1+s2+s3$

26:　　**else if**（$\text{WCO}_{\text{len}i} < \text{WCZ}_{\text{len}i}$　&&　$\text{WCT}_{\text{len}i} < \text{WCZ}_{\text{len}i}$）

27:　　　　$s1 = \text{RS}\left(\text{WCZ}_i, \lceil p_{\text{init}} \times \text{WCZ}_{\text{len}i} \rceil\right)$; $s2 = \text{RS}\left(\text{WCO}_i, \lceil p \times \text{WCO}_{\text{len}i} \rceil\right)$

28:　　　　$s3 = \text{RS}\left(\text{WCT}_i, \lceil p \times \text{WCT}_{\text{len}i} \rceil\right)$; $ss = s1+s2+s3$

29:　对拼接后的子集 ss 按流的次序排序得到井内的采样集

30:　把排序后的 ss 加到 ACI

31:　把排序后的 ss 加到 CS

32:　根据式(5.8)调整井间距 WI

33:　井间数据进行等距采样

34:　井间采样集与井内采样集合并得到采样输出集 SS

35:　**return** SS, ACI, CS

5.3.3　流数据集整体特征评估模型

SDSLA 得到的样本集保留了较多的离散值,破坏了流数据集的 ImbR,导致无法有效评估原始流数据集的整体特征。因此本节提出了保持类基本不平衡率的采样方法(Maintain Imbalance Rate Sample,MIRS),通过式(5.14)计算 AImbR,结合 CS 对 SDSLA 的样本集进行调整,得到符合 AImbR 的样本集来评估原始流数据集的整体特征。

5.3.3.1　保持类基本不平衡率的采样方法

MIRS 主要是为了得到符合 AImbR 的样本集,将该样本集记为 IS(Imbalance

Sample)，$IS = \{(id_j, time_j, value_j, class_j) | 1 \leqslant j \leqslant N 且 j \in N^+\}$，$N$ 为整个采样过程产生的数据量。对于 IS，首先将 SDSLA 样本集根据类分为三个部分，记为 SCZ、SCO、SCT，再分别以这三个部分中的一部分为主体，结合 AImbR 计算另外两个部分的样本是否需要增加或减少样本量。若需要增加样本量，则在候选集中抽取所需数量的同类样本；若需要减少样本量，则在其本身抽取所需数量的样本，最后得到的样本中的三个类基本符合 AImbR，且通过该样本可以近似估算原始流数据集整体特征：均值、标准差、偏态系数、峰态系数、AImbR 和概率分布。MIRS 算法的具体采样过程如算法 5.2 所示。

算法 5.2　保持类基本不平衡率的采样算法 (MIRS)

输入：SS, AImbR,CS

输出：IS

1:　根据定义 5.1 中的类 class 把 SS 划分成 SCZ、SCO、SCT 三个部分

2:　同样把 CS 划分成 CCZ、CCO、CCT 三个部分

3:　根据 SCZ 调整样本集

4:　　　flag = 1

5:　　**if** SCO 和 SCT 要满足 AImbR 而需要减少数据 **then**

6:　　　　随机从 SCO 和 SCT 中获取符合 AImbR 的数据

7:　　**if** SCO 和 SCT 要满足 AImbR 而需要增加数据 **then**

8:　　　**if** CS 能满足 AImbR **then**

9:　　　　　随机从 CCO 和 CCT 中获取需要添加的数据

10:　　　**else**

11:　　　　　按 SCZ 调整样本集是不可行的

12:　　　　　flag=0

13:　　**if** flag = 1 **then**

14:　　　SCZ 并上调整后的 SCO 和 SCT 两个集合得到 IS

15:　　　**return** IS

16:　重复步骤 4～步骤 15，根据 SCO 调整样本集

17:　重复步骤 4～步骤 15，根据 SCT 调整样本集

5.3.3.2　流数据集整体特征评估

利用 MIRS 算法对 SDSLA 得到的样本集进行调整，得到的样本 IS 可以很好地满足由 ACI 估算的 AImbR，为了计算 IS 的类基本不平衡率，根据 class 取值，将 IS 分为三个部分：ISCZ、ISCO、ISCT。由此，根据 IS 的统计特征来估算原始流数据集的统计特征，分别计算样本集 IS 的均值、标准差、偏态系数、峰态系数、ImbR，公式如下

$$\mathrm{IS}_{\mathrm{Mean}} = \frac{\sum\limits_{i=1}^{\mathrm{len(IS)}} \mathrm{value}_i}{\mathrm{len(IS)}} \tag{5.15}$$

$$\mathrm{IS}_{\mathrm{Std}} = \left(\sum\limits_{i=1}^{\mathrm{len(IS)}} (\mathrm{value}_i - \mathrm{IS}_{\mathrm{Mean}})^2 \middle/ \mathrm{len(IS)} \right)^{\frac{1}{2}} \tag{5.16}$$

$$\mathrm{IS}_{\mathrm{Sw}} = \frac{\sum\limits_{i=1}^{\mathrm{len(IS)}} (\mathrm{value}_i - \mathrm{IS}_{\mathrm{Mean}})^3}{\left[\sum\limits_{i=1}^{\mathrm{len(IS)}} (\mathrm{value}_i - \mathrm{IS}_{\mathrm{Mean}})^2 \right]^{\frac{3}{2}}} \times \sqrt{n} \tag{5.17}$$

$$\mathrm{IS}_{\mathrm{Kurt}} = \frac{\sum\limits_{i=1}^{\mathrm{len(IS)}} (\mathrm{value}_i - \mathrm{IS}_{\mathrm{Mean}})^4}{\left[\sum\limits_{i=1}^{\mathrm{len(IS)}} (\mathrm{value}_i - \mathrm{IS}_{\mathrm{Mean}})^2 \right]^{2}} \times n - 3 \tag{5.18}$$

$$\mathrm{IS\_ImbR} = \mathrm{len(ISCZ)} : \mathrm{len(ISCO)} : \mathrm{len(ISCT)} \tag{5.19}$$

此外，可以通过观察 IS 的概率分布得知原始流数据集的概率分布情况。

5.3.4　实验与分析

本节首先介绍实验所采用的数据集，接着给出实验评估指标，然后验证 ACI 估算的准确率，最后与 RS 算法进行对比实验说明本节提出的方法得到的样本集有利于机器学习模型的训练，且能够较为准确地评估原始流数据集的整体特征，以评估整体流数据的质量和价值。

5.3.4.1　实验数据集

这里选取数据集 HSI 为实验流数据集，并使用 K-means 聚类方法设置 K=3 对其交易量进行聚类，得到分类标签。为了说明提出算法能够在不平衡程度不同的数据集上具备有效性，对分类后 HSI 数据集进行改造得到两个数据集：HSI1 满足基本不平衡率 94：1：35，共 55442 条数据；HSI2 满足基本不平衡率 47：1：17，共 55736 条数据。同时，为了验证 SDSLA 得到的样本集有利于机器学习模型的训练，分别将 HSI1 和 HSI2 两个流数据集按照 4：1 的比例进行拆分，前 80%的流数据作为训练集即采样对象，后 20%的数据作为测试集。

5.3.4.2　实验评估指标

为了验证提出算法的有效性，首先使用 Macro_F1[13]评价 SDSLA 算法得到的样本集对机器学习模型训练的效果；其次使用均值准确率、标准差准确率、类基本不平衡率准确率评估 ACI 对原始流数据集统计特征的代表性；最后为了评估 MIRS 算法得到的样本集 IS 对原始流数据集统计特征和概率分布的代表性，从集中趋势(均值)、离散趋势(标准差)和数据分布的总体形态(偏态系数、峰态系数、基本不平衡率、概率分布)三方面进行描述。

定义 5.7(ACI 均值准确率)　它是指根据式(5.10)计算得到的 AM，并估算原始流数据集均值的准确率，用 Mean(S)表示原始流数据集的均值，计算公式如下

$$AMA = \left(1 - \frac{|\text{Mean}(S) - \text{AM}|}{\text{Mean}(S)}\right) \times 100 \tag{5.20}$$

定义 5.8(ACI 标准差准确率)　它是指根据式(5.11)计算得到的 AStd，并估算原始流数据集标准差的准确率，用 Std(S)表示原始流数据集的标准差，计算公式如下

$$AStdA = \left(1 - \frac{|\text{Std}(S) - \text{AStd}|}{\text{Std}(S)}\right) \times 100 \tag{5.21}$$

定义 5.9(ACI 类基本不平衡率准确率)　它是指根据式(5.12)计算得到的 AImbR，用以估算原始流数据集基本不平衡率的准确率，此处取类 0︰类 1、类 0︰类 2、类 1︰类 2 之间比例估算的准确率取均值，计算公式如下

$$AIA = \left(\frac{\text{len}(ACZ) \times \text{len}(CO)}{\text{len}(ACO) \times \text{len}(CZ)} + \frac{\text{len}(ACZ) \times \text{len}(CT)}{\text{len}(ACT) \times \text{len}(CZ)} + \frac{\text{len}(ACO) \times \text{len}(CT)}{\text{len}(ACT) \times \text{len}(CO)}\right) \times \frac{100}{3} \tag{5.22}$$

定义 5.10(IS 均值准确率)　它是指根据式(5.13)计算得到的 IS_mean，用来估算原始流数据集均值的准确率，计算公式如下

$$MIRS_{\text{Mean}_{Acc}} = \left(1 - \frac{|\text{Mean}(S) - \text{IS}_{\text{mean}}|}{\text{Mean}(S)}\right) \times 100 \tag{5.23}$$

定义 5.11(IS 标准差准确率)　它是指根据式(5.14)计算得到的 IS_std，用来估算原始流数据集标准差的准确率，计算公式如下

$$MIRS_{\text{Std}_{Acc}} = \left(1 - \frac{|\text{Std}(S) - \text{IS}_{\text{std}}|}{\text{Std}(S)}\right) \times 100 \tag{5.24}$$

定义 5.12(IS 偏态系数准确率)　它是指根据式(5.15)计算得到的 IS_sw，用来估算原始流数据集偏态系数的准确率，Skew(S)是指原始流数据集的偏态系数，计算公式如下

$$\text{MIRS}_{\text{Sw}_{\text{Acc}}} = \left(1 - \frac{\left|\text{Skew}(S) - \text{IS}_{\text{sw}}\right|}{\text{Skew}(S)}\right) \times 100 \tag{5.25}$$

定义 5.13(IS 峰态系数准确率)　它是指根据式(5.16)计算得到的 IS_kurt，用来估算原始流数据集峰态系数的准确率，$\text{Kurt}(S)$ 是指原始流数据集的峰态系数，计算公式如下

$$\text{MIRS}_{\text{Kurt}_{\text{Acc}}} = \left(1 - \frac{\left|\text{Kurt}(S) - \text{IS}_{\text{kurt}}\right|}{\text{Kurt}(S)}\right) \times 100 \tag{5.26}$$

定义 5.14(IS 类基本不平衡率准确率)　它是指根据式(5.17)计算得到的 IS_ImbR，用来估算原始流数据集类基本不平衡率的准确率，此处取类 0：类 1、类 0：类 2、类 1：类 2 之间比例估算的准确率均值，计算公式如下

$$\text{MIRS}_{\text{ImbR}_{\text{Acc}}} = \left(\frac{\text{len(ISCZ)} \times \text{len(CO)}}{\text{len(ISCO)} \times \text{len(CZ)}} + \frac{\text{len(ISCZ)} \times \text{len(CT)}}{\text{len(ISCT)} \times \text{len(CZ)}} + \frac{\text{len(ISCO)} \times \text{len(CT)}}{\text{len(ISCT)} \times \text{len(CO)}}\right) \times \frac{100}{3} \tag{5.27}$$

最后为了说明根据 MIRS 算法得到的样本集 IS 的概率分布与原始流数据集的概率分布相似，使用 JSD(Jensen-Shannon Divergence)[14]作为评估指标，衡量两个分布之间的相似度。JSD 的值域范围为[0,1]，若数据分布相同，JS 散度为 0，相反则为 1。设样本集的概率分布为 $P(X)$，原始流数据集的概率分布为 $Q(X)$，计算公式为

$$\text{JSD}(PQ) = \frac{1}{2} \sum_{x \in X} P(x) \times \log \frac{2 \times P(x)}{P(x) + Q(x)} + \frac{1}{2} \sum_{x \in X} Q(x) \times \log \frac{2 \times Q(x)}{P(x) + Q(x)} \tag{5.28}$$

5.3.4.3　ACI 评估准确率

为了评估 SDSLA 算法中 ACI 的准确率，使用本节中给出的 AMA、AStdA、AIA 三个评估指标在 ImbR 为 94：1：35 的数据集 HSI1 上进行实验，设置参数 WI=20，$p_{\text{init}} = 0.01$，如图 5.5 所示。

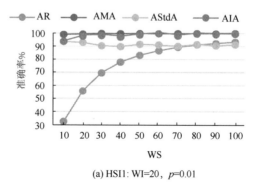

(a) HSI1: WI=20, p=0.01

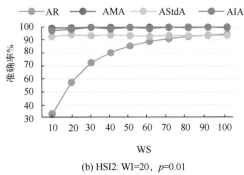

(b) HSI2: WI=20, p=0.01

图 5.5　ACI 评估准确率（见彩图）

可以看出，ACI 在 AMA、AStdA、AIA 三个评估指标上均高于 90%，其中对于原始流数据集均值和 ImbR 评估的准确率（AMA、AIA）都在 95% 以上。此外可以看出访问率 AR 的高低对评估结果的影响非常小。

上述实验结果表明，SDSLA 采样过程中保留的访问分类信息 ACI 估算的 AM、AStd、AImbR 可以很好地评估原始流数据集。

5.3.4.4　SVM 训练效果对比

为了说明 SDSLA 得到的样本集可以很好地保留离散值（少数类），以数据集 HSI1 为例，使用 SDSLA 和 RS 分别采样相同的数据量，参数设置为 WS=20，WI=20，$p_{\text{init}} = 0.01$，得到的样本的散点图如图 5.6 所示。

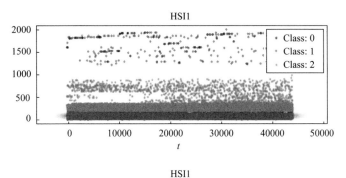

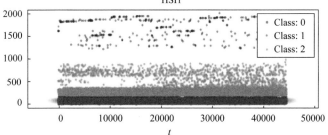

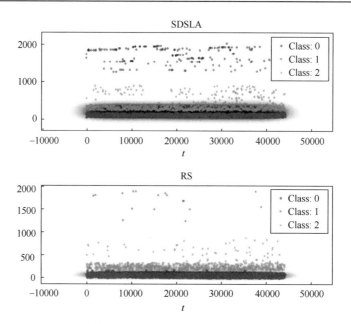

图 5.6　样本率为 5.93%, SDSLA 的 ImbR = 6.69∶1∶6.78, RS 的 ImbR = 112.59∶1∶41.24(见彩图)

由图 5.6 可以明显地看出，即使在很低的样本率下，SDSLA 采样算法相较于 RS 采样算法也可以保留更多的离散值(少数类)。

此外为了进一步验证 SDSLA 采样算法的优越性，在数据集 HSI1 和 HSI2 上使用 SDSLA 和 RS 分别进行采样，将两者得到的样本集作为训练集训练多分类 SVM 模型，并使用同一个测试集进行对比实验，参数设置为 WS=[10,100]，WI = 20,40。$p_{init} = 0.01, 0.1$，实验结果图 5.7 和图 5.8 所示。

可以看出，SDSLA 采样算法可以很好地提升 SVM 模型训练的效果，F1 值几乎均高于 95%，且普遍高于使用原始流数据集训练的效果，而 RS 采样得到的样本集作为训练集在 SVM 模型上的效果不佳。随着井间距 WI 的增大或 p_{init} 的减小，采样

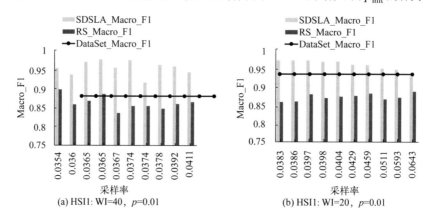

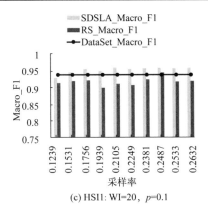

(c) HSI1: WI=20, p=0.1

图 5.7　HSI1 数据集上 SDSLA 和 RS 样本集训练 F1 值

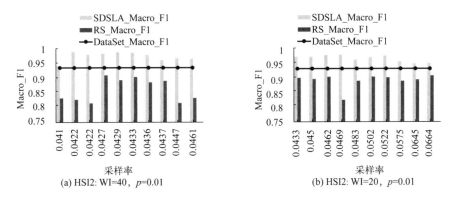

(a) HSI2: WI=40, p=0.01　　　　　　　　(b) HSI2: WI=20, p=0.01

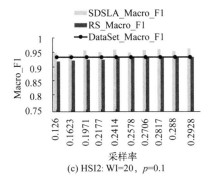

(c) HSI2: WI=20, p=0.1

图 5.8　HSI2 数据集上 SDSLA 和 RS 样本集训练 F1 值

得到的样本量减少，SDSLA 和 RS 采样得到的样本集在 SVM 上训练效果的差距变大，SDSLA 采样算法的优越性更加明显。

综上可知，SDSLA 采样算法相较于 RS 在样本率较低的情况下能够很好地保留较多的离散值(少数类)，且能够很好地作用于机器学习模型的训练。

5.3.4.5　流数据集整体特征评估准确率对比

为了说明 MIRS 采样方法能够很好地代表原始流数据集的概率分布，以数据集 HSI1 为例，样本的概率分布如图 5.9 所示。

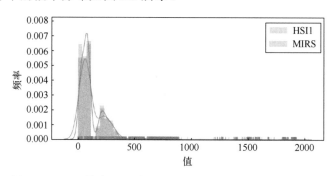

图 5.9　MIRS 样本和原始流数据集概率分布图对比（见彩图）

可以看出，MIRS 调整采样得到的样本集的概率分布和原始流数据集的概率分布相近，说明了 MIRS 采样算法的有效性。

为了进一步说明 MIRS 得到的样本集能够很好地估算流数据集整体特征，在数据集 HSI1 和 HSI2 上分别使用 MIRS 和 RS 进行采样，并设置几组参数进行实验，结果如图 5.10～图 5.15 所示。

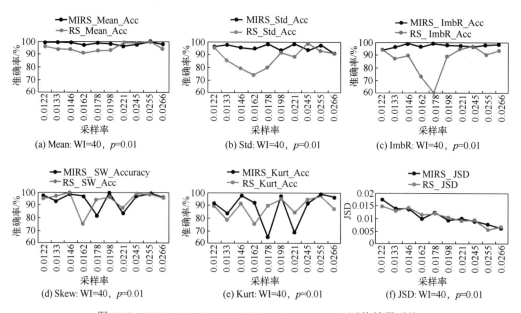

图 5.10　HSI1:WS = [10,100],WI = 40, p_{init} =0.01 评估效果对比

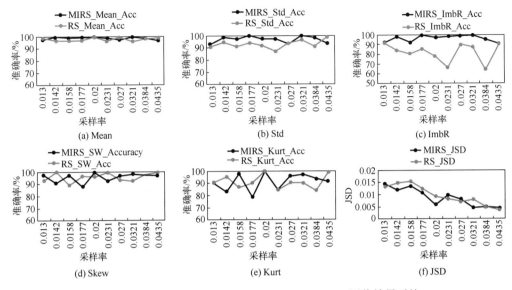

图 5.11　HSI1:WS = [10,100],WI = 20 , p_{init} =0.01 评估效果对比

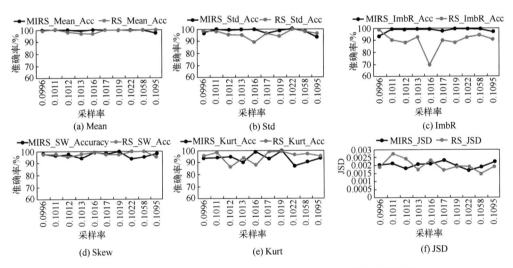

图 5.12　HSI1:WS = [10,100],WI = 20 , p_{init} =0.1 评估效果对比

　　可以看出，使用 MIRS 算法调整过后的样本集在均值、标准差、偏态系数、峰态系数、JSD、ImbR 六个方面均可以很好地代表原始流数据集的相应特征，其中均值、标准差、ImbR 的评估准确率几乎均在 95%以上，偏态系数、峰态系数的评估准确率几乎均在 90%以上，JSD 也非常低，说明样本集和原始概率分布非常相似。而 RS 算法在标准差、峰态系数、类基本不平衡率上的准确率非常不稳定，代表性

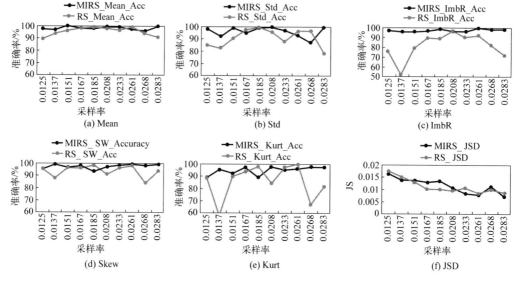

图 5.13　HSI2:WS = [10,100],WI = 40 , p_{init} =0.01评估效果对比

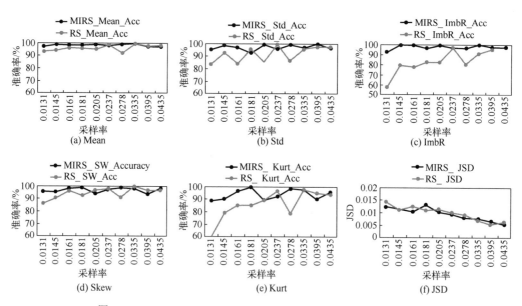

图 5.14　HSI2:WS = [10,100],WI = 20 , p_{init} =0.01评估效果对比

较差。从实验结果可以看出样本率越低，MIRS 算法相较于 RS 算法的优越性越明显。从 HSI1 的三组实验和 HSI2 的三组实验均可以看出，随着样本量的增大，六个统计特征评估的准确率升高且逐步趋于稳定。

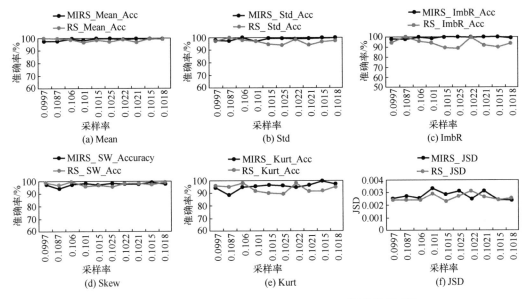

图 5.15　HSI2:WS = [10,100],WI = 20, p_{init} =0.1 评估效果对比

5.4　LBS 中的 cPIR 框架

为了使用隐私信息检索(Private Information Retrieval, PIR)保护基于位置的服务(Location-Based Services，LBS)中的位置隐私，首先需要选择一个合适的 PIR 方法。在诸多的 PIR 协议中，基于中国剩余定理与大数不可分原理的计算安全隐私信息检索协议(computational PIR, cPIR)[15]，因其不需要第三方加密机构的优点，在现实应用中受到青睐，因此可选择 cPIR 协议作为隐私保护方法。

一般来说，cPIR 是一种演化自基于信息论的隐私信息检索方法的实用性协议，其隐私性来源于二次剩余假设(Quadratic Residuosity Assumption，QRA)的计算困难性，即难以在多项式时间内找出一个由两个大质数相乘得到的合数的二次剩余集。因此，本节首先介绍 QRA 的定义与性质，然后给出一个一般化的 cPIR 框架来解释QRA 如何提供隐私安全保障，并说明 cPIR 如何在信息查询场景中保护隐私，最后使用差分隐私度量了 cPIR 方法的隐私保护强度[16,17]。

5.4.1　二次剩余假设简介

二次剩余问题是用于解决这样的一个问题[17]：对于一个由两个 $k/2$ 比特位的素数 p_1与 p_2 组成的 k 比特位的二次剩余模(Quadratic Residue Modulo)s 以及它的一次剩余 a，判断 a 是不是 s 的二次剩余。QRA 最初被 Goldwasser 等[18]在密码学理论中提出，他们证明了难以在多项式时间内解决二次剩余问题。下面详细介绍 QRA 的计算困难性。

首先介绍素数 p 的二次剩余。在数论中，二次剩余集为一次剩余集的子集，对于 p 来说，其一次剩余集 Z_p^* 的表示如下

$$Z_p^* = \{a | 1 \leq a \leq p\} \tag{5.29}$$

然后根据其中元素是否是 p 的二次剩余，Z_p^* 可被分为两个集合，即二次剩余集

$$Q(p) = \{a \in Z_p^* | \exists x \in \mathbb{Z} : a = x^2 \bmod p\} \tag{5.30}$$

与非二次剩余集

$$\bar{Q}(p) = \{a \in Z_p^* | a \notin Q(p)\} \tag{5.31}$$

为区分这两个互补的集合，勒让德符号[19](Legendre Symbol) 被提出

$$\left(\frac{a}{p}\right) = \begin{cases} 1, & a \in Q(p) \\ -1, & a \in \bar{Q}(p) \\ 0, & a \equiv 0 (\bmod p) \end{cases} \tag{5.32}$$

一般来说，勒让德符号可以通过以下三个性质被快速地计算出来。第一个性质为可分解性

$$\left(\frac{ab}{p}\right) = \left(\frac{a}{p}\right)\left(\frac{b}{p}\right), \quad \forall a, b \in Z_p^* \tag{5.33}$$

第二个性质为可简化性

$$\text{如果} a > p, \quad \text{set} a^* = a \bmod p, \quad \text{那么} \left(\frac{a}{p}\right) = \left(\frac{a^*}{p}\right) \tag{5.34}$$

以及二次互反律[20]

$$\left(\frac{a}{p}\right) = (-1)^{\frac{a-1}{2} \cdot \frac{p-1}{2}} \left(\frac{p}{a}\right) \tag{5.35}$$

基于式 (5.33)~式 (5.35)，计算勒让德符号的复杂度仅为 $O(\log a)$。因此基于勒让德符号判断素数 p 的二次剩余是相当容易的。

下面将上述的定义推广至合数。给定合数 S，其二次剩余集与非二次剩余集的定义与素数相同。相似地，勒让德符号也可以推广至合数的二次剩余集计算上，称为雅克比符号[21](Jacobi Symbol)，其计算复杂度同样为 $O(\log a)$。然而，计算此符号却不能准确地判定合数的二次剩余集。为解释原因，给出雅克比符号的性质。

如果将合数 S 表示为多个素数乘积的形式 $S = p_1^{\alpha_1} p_2^{\alpha_2} \dots p_m^{\alpha_m}$，则

$$\left(\frac{a}{S}\right) = \left(\frac{a}{p_1}\right)^{\alpha_1} \left(\frac{a}{p_2}\right)^{\alpha_2} \dots \left(\frac{a}{p_m}\right)^{\alpha_m} \tag{5.36}$$

基于式 (5.36)，可以给出使用雅克比符号判定二次剩余的方法

$$如果\forall i \in \{1,2,\cdots,m\} \Rightarrow \left(\frac{a}{p_i}\right)^{\alpha_i} = 1, \quad 那么 a \in Q(S)$$

显而易见，若要判断 a 是否是合数 S 的二次剩余，必须知道 S 的所有质因数。如果不知道 S 的分解形式，则雅克比符号对于二次剩余的判别力如下

$$\left(\frac{a}{S}\right) = \begin{cases} 1, & a \in Q(S) 和 a \in \bar{Q}(S) 都是可能的 \\ -1, & a \in \bar{Q}(S) \\ 0, & a \equiv 0 (\bmod S) \end{cases} \tag{5.37}$$

仅根据此式无法判断二次剩余集。更进一步地，对于满足雅克比符号 $\left(\frac{a}{S}\right)=1$ 的余数集来说，其中的二次剩余与非二次剩余元素各占 $\frac{1}{2}$，即混乱度最大。换句话说，若某个数的雅克比符号为 1，则不能从该结果中得到关于二次剩余的任何信息量。在此基础上，一系列的研究指出大数的质因数分解是一个 NP-intermediate 难度的问题，作为 RSA 加密系统的基础理论，其难以在多项式时间内被破解，这也就意味着，在不知道 S 的分解形式的情况下，难以判断其二次剩余集，因此二次剩余假设是一个计算困难性问题。最后给出二次剩余假设安全性的量化公式，如果服务器仅知道 k 比特位的大合数 S 而不知道它的两个 $\frac{k}{2}$ 比特位的质因数，则对于任意常数 c，永远存在 k_0 满足

$$\forall k > k_0, \Pr_{\left(\frac{a}{S}=1\right)} (a \in Q(S)) < \frac{1}{2} + \frac{1}{k^c} \tag{5.38}$$

显而易见，当 k 足够大时，二次剩余假设很难被破解。

5.4.2　cPIR 框架

接下来将介绍 cPIR 协议部署于现实场景时的框架，包括数据库中的数据存储模式，以及传输过程中二次剩余假设如何保证数据隐私性。

图 5.16 为一典型的 LBS 查询服务，用户向服务器发出与其位置相关的查询请求 q_h，其属于查询请求集合 $\{q_1, q_2, \cdots\}$，而服务器基于该请求，生成返回值 $R(q_h)$ 并传输给用户。在查询开始前，服务器需首先针对查询请求集合中所有的元素，生成相应的返回值 $\{R(q_1), R(q_2), \cdots\}$，并且将它们有序地存储于 $m \times n$ 规模的 PIR 矩阵 M 中。

在建立 PIR 矩阵后，即可进入受 cPIR 保护的查询阶段。客户端首先根据查询请求编号 q_h 以及 PIR 矩阵规模，通过 $a = h \bmod m$ 和 $b = \left\lceil \dfrac{h}{m} \right\rceil$ 找到所需要的返回值的

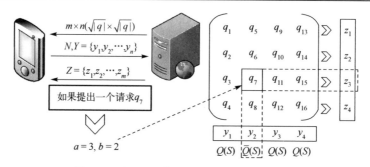

图 5.16   经 cPIR 保护的信息查询服务框架

存储位置 $M_{a,b}$。而后其将随机生成一个 k 比特位的大合数 $S = p_1 \cdot p_2$ 作为二次剩余模，并基于 S 生成一个余数集 $Y = \{y_1, y_2, \cdots, y_n\}$，其中，$y_b \in \bar{Q}(S)$ 且 $\forall x \neq b, y_x \in Q(S)$。然后模 S 以及余数集 Y 都将被发布给服务器，但 S 的两个质因数 p_1 与 p_2 保密。此查询请求的总比特位为 $(n+1) \times k$ 比特。

当收到查询请求后，服务器将为 PIR 矩阵中的每行计算一个模 S 的一阶余数 $z_i \in Z_S^*$。对于第 i 行来说，其首先计算

$$w_{i,j} = \begin{cases} 1, & M_{i,j} = 0 \\ y_j, & M_{i,j} = 1 \end{cases} \tag{5.39}$$

然后计算

$$z_i = \prod_{j=1}^{n} w_{i,j} \tag{5.40}$$

需要注意的是，z_i 可以基于模 S 与式 (5.34) 化简为 S 的一次余数，因此可以被认为是一个 k 比特位的整数。所有行的计算结果将组成查询请求 q_h 的返回值 $Z = \{z_1, z_1, \cdots, z_m\}$，其大小为 $m \times k$ 比特位。

在客户端收到返回值后，其可以从 Z 中找到包含所需要信息的元素 z_a，而后基于模 S 的质因数 p_1 与 p_2 以及勒让德符号，通过式 (5.41) 还原出真实的返回值

$$M_{a,b} = \begin{cases} 1, & z_a \in \bar{Q}(N) \\ 0, & z_a \in Q(N) \end{cases} \tag{5.41}$$

在整个过程中，由于服务器无法分解模 S，并且其中的所有数据均参与了运算，服务器无法得到关于用户请求的任何信息，从而达到了保护隐私的目的。

整个查询过程中，服务器与客户端间通信的传输消耗为 $(m+n+1) \times k$ 比特位。由于查询请求总数，即 PIR 矩阵的规模 $m \times n$ 是确定的，当 $m = n$ 时，传输消耗可以取到最小值。因此，若假设查询总数为 $|q|$，则 PIR 矩阵的规模应为 $\sqrt{|q|} \cdot \sqrt{|q|}$。在此设定下，使用 cPIR 保护的 LBS 的传输复杂度为 $O(\sqrt{|q|})$，计算复杂度为 $O(\sqrt{|q|})$。

5.4.3　隐私保护等级度量

接下来将对 cPIR 协议的隐私保护等级进行度量。尽管式(5.38)中已经使用概率对隐私泄露的可能性进行了量化，但在本节中将使用更加严格且通用的标准——差分隐私对其进行度量。

Dwork 等在其工作中提出了 ε-差分隐私这一严格的隐私概念，对于任意隐私保护方法 $A(\cdot)$ 来说，若发布数据集中任意两个不同的邻居数据 x_1 与 x_2 在经过 $A(\cdot)$ 保护后，均满足

$$\frac{\Pr(A(x_1) \in Y)}{\Pr(A(x_2) \in Y)} \leqslant e^{\varepsilon} \tag{5.42}$$

则称此方法满足 ε-差分隐私，其中，Y 为保护方法 $A(\cdot)$ 值域的任意子集。随着 ε 的减小，攻击者越来越难以根据受保护的数据去推测原始数据，隐私保护等级也就变得越来越高。需要注意的是，为满足邻居数据的定义，在 cPIR 场景下，数据 x_1 与 x_2 应该存在于 PIR 矩阵的两个不同列中，将其记为 o_a 和 o_b。

接下来将使用此度量标准来衡量 cPIR 方法的隐私保护等级。当 cPIR 方法没有被攻破时，其提供的是完备的隐私保护，即在服务器与攻击者的角度，用户的任意查询请求在经过保护后都是相同的，他们无法从中得到任何信息，可以将这种隐私保护效果形式化表达为

$$\Pr(I(x_1) \in o_i \mid I = I_1) = \Pr(I(x_2) \in o_i \mid I = I_1) = \frac{1}{|o|} \tag{5.43}$$

其中，o_i 表示 PIR 矩阵中的任意一列，$I(\cdot)$ 表示 cPIR 保护方法，I_1 表示未被攻破的 cPIR 保护框架。

然而，根据式(5.38)不难发现，cPIR 方法也存在着被攻破的风险。当其被部分攻破时，保护效果将会降低，而当被完全攻破时，服务器可以确切地知晓用户位置属于 PIR 矩阵的哪一列。因部分攻破与完全攻破的推导过程相似，为方便起见，下面仅考虑 cPIR 方法被完全攻破的情况，其形式化表达为

$$\begin{cases} \Pr(I(x_1) \in Y_1 \mid I = I_2) = 1 \\ \Pr(I(x_2) \in Y_2 \mid I = I_2) = 1 \end{cases} \tag{5.44}$$

其中，I_2 表示被攻破的 cPIR 方法，$Y_1 = \{o_a\}$，$Y_2 = \{o_b\}$。而根据式(5.38)，可以给出 cPIR 方法未被攻破以及被攻破的概率为

$$\begin{cases} \Pr(I = I_1) > 1 - p_f \\ \Pr(I = I_2) < p_f \end{cases} \tag{5.45}$$

不失一般性地，设 $Y = Y_1 + Y_2 = \{o_a\}$，则联立式(5.43)~式(5.45)可得

$$\frac{\Pr(I(x_1) \in Y)}{\Pr(I(x_2) \in Y)} = \frac{\Pr(I(x_1) \in Y, I = I_1) + \Pr(I(x_1) \in Y, I = I_2)}{\Pr(I(x_2) \in Y, I = I_1) + \Pr(I(x_2) \in Y, I = I_2)}$$

$$= \frac{\Pr(I(x_1) \in Y \mid I = I_1) \cdot \Pr(I = I_1) + \Pr(I(x_1) \in Y, I = I_2)}{\Pr(I(x_2) \in Y \mid I = I_1) \cdot \Pr(I = I_1) + \Pr(I(x_2) \in Y, I = I_2)} \quad (5.46)$$

$$< \frac{1 + |o| \cdot p_f - p_f}{1 - p_f} = e^{\varepsilon_c}$$

至此证明了 cPIR 协议满足 ε_c-差分隐私，其中，$\varepsilon_c = \log \dfrac{1 + |o| \cdot p_f - p_f}{1 - p_f}$。

5.4.4　多比特位返回值

5.4.2 节中只给出了真实返回值为一个比特位的情况，即用户可从一个 PIR 矩阵的计算结果中还原出一个比特位，而在现实场景中，返回值通常包含多个比特位。假设返回值包含 ω 个比特位，则服务器中需要建立 ω 个 PIR 矩阵，通常也称这些矩阵为 PIR 张量。当用户进行查询时，依然只需要向服务器提供一组模及余数集，而服务器传输给用户的数据应包含 ω 个 Z。若 PIR 矩阵的规模为 $|q| = m \times n$，则整个过程的传输消耗为 $k \cdot n + \omega \cdot k \cdot m$。若使此消耗最小，则 m 和 n 分别应取 $m = \sqrt{\dfrac{|q|}{\omega}}$ 和 $n = \dfrac{|q|}{m}$。

5.5　用户行为被盗与行为对抗方法

5.5.1　问题的提出

大量不法分子利用作弊软件与作弊硬件，通过虚假身份和模拟的虚假行为欺诈套利[22]。同时，认知一致性理论(Cognitive Consistency)认为用户的态度和行为总趋于平衡和稳定状态[23]，用户的共性特征往往稳定不变且容易被欺诈者捕获，从而使得欺诈者能够绕过监控规则，获利丰厚，甚至渐渐形成了整套的灰色产业链。而这些产业因为自身的隐藏性与反侦察性并不为社会公众所感知，如何有效且准确地验证用户身份已经成为一个待解决的问题。

现有的大部分身份认证技术都是基于用户的账户名和密码[24]。在短时间内对用户进行身份认证，之后无论用户的真实身份是什么，用户所做的一切行为都将被视为合法行为[25]。然而，欺诈者通过钓鱼网站伪装成银行等金融服务提供商，骗取用户的电子邮件地址、密码等敏感信息，得以伪装身份进而实施诈骗行为，所以拥有正确密码的用户并不意味着是一个合法的用户。

为了弥补单一的用户名密码的身份认证模式带来的缺陷，近年来许多学者也倾向于将数据特征挖掘和行为分析方法用于身份识别领域，如对用户 Web 日志采用关联规则挖掘、隐马尔可夫过程、半马尔可夫过程、贝叶斯网络、神经网络和随机森林等方法进行行为建模和预测。目前解决用户身份识别问题依然面临着诸多困难。

(1)由于用户的年龄、背景和爱好等相对固定，其系统交互行为模式在一定时间内相对稳定。欺诈者利用这一特性，使用盗取的部分用户行为信息模拟正常使用者的行为，绕过监控规则,从而使得身份识别模型对此类欺诈行为的误判较高。

(2)目前对用户交互行为和浏览行为的 Web 日志数据挖掘研究大多建立在从搜索引擎、网上商城等具有大量页面浏览记录中提取特征，得到用户的浏览偏好，且研究多用于对网站结构的优化、Web 预测或推荐系统。但在功能较单一的单个系统中，在用户量较大时出现的多用户共享相似行为模式[26]使得身份识别模型的区分性降低。

(3)如何提取用户交互行为特征构建用户行为画像和用户交互行为异常判断的标准仍然面临诸多挑战。

与其他现有行为异常检测模型相比，本节提出的行为漂移引导模型能够很好地对抗行为被盗问题[27]，并且有以下优点。

(1)考虑了用户之间的差异，提出行为漂移引导模型，根据每个用户的历史交互行为记录，综合考虑交互行为的稳定性和偏向性，为每个用户确定各自的行为干预时机，有效避免了复杂性不高且功能单一的系统中出现多用户共享相似的行为模式的问题。

(2)提出系统行为集合并划分为系统关键行为集合和非关键行为集合,采用系统内部触发的方式，通过在不破坏系统运行逻辑的前提下叠加新的非关键行为流程的方式非强制性约束用户行为流程，使得用户行为能够顺应引导机制，从而逐步培养用户产生新的交互行为习惯，与原始交互行为保持一定的行为差异用以对抗已存在的身份伪装和欺诈行为。

5.5.2　用户交互行为画像的生成

假设用户的个人访问记录可以被服务器记录和检索，并且可以进行连续监控生成用户的历史交互行为日志。本节将介绍用户交互行为画像的生成过程，根据用户历史交互日志数据生成用户交互行为画像。

定义 5.15(交互行为记录)　用户在系统中的一条交互行为记录 i 包含 m 个属性，记为 $i=\{a_1,a_2,a_3,\cdots,a_m|a_1\in A_1,a_2\in A_2,a_3\in A_3,\cdots,a_m\in A_m\}$，交互记录属性包括用户标号、会话编号、登录时间、页面编号、进入页面时间、页面持续时间，即交互行为

$i = \{a_{\text{id}}, a_{\text{ses}_{\text{no}}}, a_{\text{time}}, a_{\text{page}_{\text{no}}}, a_{\text{start}}, a_{\text{duration}}\}$。即给定一个用户标号 u，则该用户的交互行为日志是其截至当前日期的历史交互记录集合，记为 $R_u = \{i_1^u, i_2^u, i_3^u, \cdots, i_n^u\}$，其中，$n_u$ 是该用户的交互记录条数，即 $n_u = |R_u|$。用户的交互行为记录日志中的正常行为，即 $T_u = \{t \in R_u \,|\, \text{label} = \text{true}\}$，其中 $n_u = |T_u|$。对于用户的正常交互行为，本节需要进一步分析处理得到用户的交互行为画像。将用户交互行为画像的各个属性定义如下

$$\begin{cases} A_1^u = \{a \in A_1 | \exists r \in r_u : a \in r\} \\ A_2^u = \{a \in A_2 | \exists r \in r_u : a \in r\} \\ \qquad\qquad \vdots \\ A_m^u = \{a \in A_m | \exists r \in r_u : a \in r\} \end{cases}$$

其中，$A_1^u \subseteq A_1, A_2^u \subseteq A_2, \cdots, A_m^u \subseteq A_m$，不失一般性定义 $A_1^u = \{a_1^i, a_1^i, \cdots, a_1^i\}$。

定义 5.16（系统登录时间属性）　用户 u 的系统登录时间属性定义为 n 个时间段内用户登录概率的 n 元组，记为 $\text{LTA}^u = (\text{time}_1, \text{time}_2, \cdots, \text{time}_n)$。在用户 u 的正常交互行为日志 R_u 中取出 A_{time}^u 作为该用户的登录系统的时间集合，且 $n_{\text{time}}^u = \left| A_{\text{time}}^u \right|$。为了区分不同用户的登录时间偏好和习惯，这里将登录时间划分为 12 个区间，计算 A_{time}^u 中的每个元素 a_i^{time} 对应的时间区间并为各个元素打上标签，得到以下子集

$$\text{lta}_1 = \{a_i^{\text{time}} \in A_{\text{time}}^u | 0 \leqslant \text{logintime} < 2\}$$

$$\text{lta}_2 = \{a_i^{\text{time}} \in A_{\text{time}}^u | 2 \leqslant \text{logintime} < 4\}$$

$$\text{lta}_3 = \{a_i^{\text{time}} \in A_{\text{time}}^u | 4 \leqslant \text{logintime} < 6\}$$

$$\vdots$$

$$\text{lta}_{12} = \{a_i^{\text{time}} \in A_{\text{time}}^u | 22 \leqslant \text{logintime} < 24\}$$

以此求出 $\text{time}_1 = \dfrac{|\text{lta}_1|}{n_{\text{time}}^u}, \text{time}_2 = \dfrac{|\text{lta}_2|}{n_{\text{time}}^u}, \cdots, \text{time}_{12} = \dfrac{|\text{lta}_{12}|}{n_{\text{time}}^u}$，从而得到该用户的登录时间属性 $\text{LTA}^u = (\text{time}_1, \text{time}_2, \text{time}_3, \cdots, \text{time}_{12})$。

定义 5.17（工作时间登录属性）　用户 u 的工作时间登录属性定义为 $\text{WTA}^u = (\text{isworktime}, \text{noworktime})$，表示该用户的登录时间是否发生在工作日的工作时间的概率，其中工作日不包含双休日和法定节假日。根据集合 A_{time}^u 中的每一个元素，判断其是否属于工作时间，依据判断结果为每个元素打上 T 和 F 的标签，代表工作时间登录和非工作时间登录，从而得到两个子集如下

$$\text{wta}_1 = \{a \in A_{\text{time}}^u | \text{label} = \text{T}\}$$

$$\text{lta}_2 = \{a \in A_{\text{time}}^u | \text{label} = \text{F}\}$$

因此可以得出 $\text{isworktime} = \dfrac{|\text{lta}_1|}{n_{\text{time}}^u}, \text{noworktime} = \dfrac{|\text{lta}_2|}{n_{\text{time}}^u}$，从而得到该用户的工作时间登录属性 $\text{WTA}^u = (\text{isworktime}, \text{noworktime})$。

定义 5.18（登录间隔属性）　用户 u 的登录间隔属性定义为 $\mathrm{LIA}^u = (\mathrm{period}_1,$ $\mathrm{period}_2,\cdots,\mathrm{period}_n)$，表示该用户的登录时间间隔发生在各区间的概率，反映用户登录系统的交互行为习惯。根据集合 A_{time}^u 中的每一个元素，依次计算其登录时间间隔，得到集合 A_{period}^u，其中 $n_{\mathrm{period}}^u = \left| A_{\mathrm{period}}^u \right|$。集合 A_{period}^u 中各元素的计算公式如下

$$a_i^{\mathrm{period}} = a_i^{\mathrm{time}} - a_{i-1}^{\mathrm{time}} \tag{5.47}$$

求出集合 A_{period}^u 的第一四分位数 Q_1、第二四分位数 Q_2、第三四分位数 Q_3 和上限 $Q_{\max}$、下限 $Q_{\min}$，将集合分为五个子集，即

$$\mathrm{lia}_1 = \{a_{\mathrm{period}}^u \in A_{\mathrm{period}}^u \mid Q_{\min} \leqslant a_{\mathrm{period}}^u < Q_1\}$$

$$\mathrm{lia}_2 = \{a_{\mathrm{period}}^u \in A_{\mathrm{period}}^u \mid Q_1 \leqslant a_{\mathrm{period}}^u < Q_2\}$$

$$\mathrm{lia}_3 = \{a_{\mathrm{period}}^u \in A_{\mathrm{period}}^u \mid Q_2 \leqslant a_{\mathrm{period}}^u < Q_3\}$$

$$\mathrm{lia}_4 = \{a_{\mathrm{period}}^u \in A_{\mathrm{period}}^u \mid Q_3 \leqslant a_{\mathrm{period}}^u < Q_{\max}\}$$

$$\mathrm{lia}_5 = \{a_{\mathrm{period}}^u \in A_{\mathrm{period}}^u \mid a_{\mathrm{period}}^u \leqslant Q_{\min}, a_{\mathrm{period}}^u \geqslant Q_{\max}\}$$

因此可以得出 $\mathrm{period}_1 = \dfrac{\left|\mathrm{lia}_1\right|}{n_{\mathrm{period}}^u}, \mathrm{period}_2 = \dfrac{\left|\mathrm{lia}_2\right|}{n_{\mathrm{period}}^u}, \cdots, \mathrm{period}_5 = \dfrac{\left|\mathrm{lia}_5\right|}{n_{\mathrm{period}}^u}$，即该用户登录间隔属性 $\mathrm{LIA}^u = (\mathrm{period}_1, \mathrm{period}_2, \mathrm{period}_3, \mathrm{period}_4, \mathrm{period}_5)$。

定义 5.19（关键页面停留时间属性）　用户 u 的关键页面停留时间属性定义为 $\mathrm{KSA}^u = (\mathrm{distance}_1, \mathrm{distance}_2, \cdots, \mathrm{distance}_n)$，表示用户在行为引导触发因素对应的载体页面的停留时间长短的概率。在用户 u 的正常交互行为日志 R_u 中依次计算该用户在关键页面 $a_{\mathrm{page_{no}}} = \mathrm{key}$ 的停留时间总和得到集合 A_{distance}^u，其中 $n_{\mathrm{period}}^u = \left| A_{\mathrm{period}}^u \right|$。为了区分用户在关键页面交互时间的偏好和习惯，根据集合 A_{distance}^u 中的所有元素，求出集合第一四分位数 Q_1、第二四分位数 Q_2、第三四分位数 Q_3 和上限 $Q_{\max}$、下限 $Q_{\min}$，将集合分为五个子集，即

$$\mathrm{ksa}_1 = \{a_{\mathrm{distance}}^u \in A_{\mathrm{distance}}^u \mid Q_{\min} \leqslant a_{\mathrm{distance}}^u < Q_1\}$$

$$\mathrm{ksa}_2 = \{a_{\mathrm{distance}}^u \in A_{\mathrm{distance}}^u \mid Q_1 \leqslant a_{\mathrm{distance}}^u < Q_2\}$$

$$\mathrm{ksa}_3 = \{a_{\mathrm{distance}}^u \in A_{\mathrm{distance}}^u \mid Q_2 \leqslant a_{\mathrm{distance}}^u < Q_3\}$$

$$\mathrm{ksa}_4 = \{a_{\mathrm{distance}}^u \in A_{\mathrm{distance}}^u \mid Q_3 \leqslant a_{\mathrm{distance}}^u < Q_{\max}\}$$

$$\mathrm{ksa}_5 = \{a_{\mathrm{distance}}^u \in A_{\mathrm{distance}}^u \mid a_{\mathrm{distance}}^u \leqslant Q_{\min}, a_{\mathrm{distance}}^u \geqslant Q_{\max}\}$$

因此可以得出 $distance_1 = \dfrac{|ksa_1|}{n_{distance}^u}$，$distance_2 = \dfrac{|ksa_2|}{n_{distance}^u}$，$\cdots$，$distance_5 = \dfrac{|ksa_5|}{n_{distance}^u}$，即由上述划分方法可以计算出每个用户登录间隔属性为 $KSA^u = (distance_1, distance_2, distance_3, distance_4, distance_5)$。

定义 5.20（交互行为特征）　令 $IBC^u = (LTA^u, WTA^u, LIA^u, KSA^u)$ 为用户 u 的交互行为特征，根据登录时间、交互行为是否发生在工作时间、交互行为的时间间隔、系统关键页面停留时间等属性，将用户的交互行为定义为一个 24 维的特征向量 IBC^u 来描述用户的交互行为。

① $LTA^u = (time_1, time_2, \cdots, time_{12})$ 表示登录时间属性，其中，$time_k$ $(k=1\sim 12)$ 分别表示用户在各时间段发生登录行为的概率。

② $WTA^u = (isworktime, noworktime)$ 表示工作时间登录属性，其中，$isworktime$ 和 $noworktime$ 分别表示用户在工作日和非工作日产生交互行为的概率。

③ $LIA^u = (period_1, period_2, \cdots, period_5)$ 表示登录间隔属性，其中，$period_k$ $(k=1\sim5)$ 表示用户与上一次登录行为的间隔时间在 lia_k 内的概率。

④ $KSA^u = (distance_1, distance_2, distance_3, distance_4, distance_5)$ 表示关键页面停留时间属性，其中，$distance_k$ $(k=1\sim5)$ 表示用户在系统关键页面的停留时间在 ksa_k 内的概率。

5.5.3　行为漂移引导模型的建立

一般来说，每个人都有相对不变的行为习惯，这是由人的性格、年龄、职业等决定的，如内向的人在暴露信息时比较谨慎、老年人操作比较慢、计算机专业的人操作大多比较快，这些共性的特征也往往容易被欺诈者捕获。同时，每个人的行为习惯事实上也可以相对改变，但这种改变大多来自于外界施加的条件。在多数交易系统中，由于系统行为只注重业务逻辑和业务功能，交易数据所蕴含的用户行为是通过交易系统行为实现的。在系统不对用户主动干预的情况下，数据所蕴含的行为是一般用户自身形成的行为。而一个用户施加于系统的行为通常具有一定的不变性。交易频率越高的用户，其行为也相对越稳定。因此，当用户数据被盗取并被欺诈者模拟行为后，那么原有的合法用户行为模型将无法区分欺诈行为。另外，如果用户交易频率过低，相当于无用户行为，那么欺诈者更易模拟用户行为。因此，为了使得用户行为能主动对抗欺诈行为并保持良好的交互体验，需要对原有的用户行为进行平滑漂移。

本节提出交互行为集中性系数和交互行为偏向性系数对用户行为进行量化，并基于集中性系数和交互行为偏向性系数提出行为时域漂移算法（Time Domain Drift Algorithm，TDDA）确定触发因素的出现时机，并实现了 TDDA 算法作用下的交互行为重构访问控制模型。

5.5.3.1　行为时域漂移算法

为了使得漂移后的引导时域与用户原始登录时域存在差异性，且充分考虑变化的平滑性，对用户的历史交互行为记录进行分析，采用分位数分析方法和四分位距（Interquartile Range，IQR）来描述不同用户登录时间序列的离散程度。分位数是将总体的全部数据按从大到小顺序排列后，处于各等分位置的变量值。求出用户登录时间记录的第一四分位数 Q_1、第二四分位数 Q_2 即中位数、第三四分位数 Q_3，并求出上限 Q_{max}、下限 Q_{min}。

四分位数间距是第三四分位数 Q_3 与第一四分位数 Q_1 之差，即 $IQR = Q_3 - Q_1$，其数值越大，反映变异度越大，反之，变异度越小。为了减少极端值对用户行为稳定性衡量的影响，用户行为的上限、下限计算公式为

$$Q_{max} = Q_3 + \alpha \times IQR \tag{5.48}$$

$$Q_{min} = Q_1 - \alpha \times IQR \tag{5.49}$$

其中，α 为异常程度的权重，α 越大则更多的偏离点会被接受，α 越小则更多的偏离点会被排除。

定义 5.21（交互行为集中性系数）　用户 u 的交互行为集中性系数定义为 CS^u，表示用户行为的稳定和聚集程度，为样本中部的观察值 Q_1 与 Q_3 的极差与样本上下限极差的比值，计算公式为

$$CS^u = \frac{IQR}{Q_{max} - Q_{min}} = \frac{R\left[\dfrac{3(l+1)}{4}\right] - R\left[\dfrac{n+1}{4}\right]}{Q_3 + \alpha IQR - (Q_1 - \alpha IQR)} \tag{5.50}$$

其中，R 是对于总体排序后的集合，n 是集合中元素的个数。

因此，依据 CS 值的大小可以衡量每个用户交互行为事件的离散程度。以用户的登录时间属性为例，其登录时间属性下对应的 CS 值越大，反映用户的登录时间较为集中，行为离散程度较小；反之对应的 CS 值越小，反映用户的登录时间较为分散，行为离散程度较高。在衡量用户稳定和聚集程度的基础上，还需要考虑用户交互行为的偏向性。

定义 5.22（交互行为偏向性系数）　用户 u 的交互行为偏向性系数定义为 CP^u，表示用户行为偏好和偏向程度，为样本均值与第二四分位数的差值，计算公式为

$$CP = \bar{R} - Q_2 = \frac{1}{n}\sum_{i=1}^{n} r_i - Q_2 \tag{5.51}$$

其中，$\bar{R}$ 是总体集合的均值，r 是集合 R 中的全部元素。

以用户登录时间为例，不同用户登录系统的时间与自身习惯和工作性质等有关，如用户登录系统的时间更偏向于均值左侧，即 $CP < 0$；相反用户登录系统的时间更

偏向于均值右侧，即 CP > 0。

　　用户行为的引导需要充分结合用户自身的行为能力和习惯，不给用户体验带来较大负担，用户才会有更高的接受度。本节结合用户的历史交互行为习惯，在交互行为集中性系数 CS^u 和交互行为偏向性系数 CP^u 的基础上，充分考虑用户历史行为，提出交互行为时域漂移算法（TDDA），如算法 5.3 所示。

算法 5.3　交互行为时域漂移算法

输入： R，n

输出： drift_start，drift_stop

1:　　　Threshold := 0.4

2:　　　Sort (R)

3:　　　Calculate Q_1，Q_2，Q_3，$\overline{R}$

4:　　　IQR := $Q_3 - Q_1$

5:　　　CS = IQR / $(Q_{max} - Q_{min})$

6:　　　CP = $\overline{R} - Q_2$

7:　　　**if** CS > threshold **then**

8:　　　　**if** CP > 0 **then**

9:　　　　　drift_start = $\overline{R}$；drift_stop = Q_3

10:　　　　**else if**

11:　　　　　drift_start = Q_1；drift_stop = $\overline{R}$

12:　　　　**else**

13:　　　　drift_start = Q_1；drift_stop = Q_3

14:　**Return** drift_start, drift_stop

5.5.3.2　交互行为重构模型

　　本节使用 Petri 网作为系统建模工具，首先将系统行为集合分为关键行为集合和非关键行为集合，定义了交互行为 Petri 网，并给出了交互行为 Petri 网行为轮廓的定义，在此基础上提出了交互行为重构的系统 Petri 网模型，并在在线信贷交易系统实例中验证了模型的有效性。

　　Petri 网作为一种计算机系统的建模和分析工具，对系统性质和系统行为分析具有强大的理论支持[28]，在系统业务流程建模的分析和优化领域也有着广泛的应用。由于软件系统为用户所用，用户与系统的交互行为可以被系统所记录，而用户与系统的交互记录则会反映出用户对平台的交互频率、兴趣、关注程度以及交互行为习惯[29,30]，所以对用户访问行为的分析不仅对优化平台的业务逻辑、业务流程、服务设置等有着直接价值，而且对用户身份的认证、确认也有着间接而重要的价值。

定义 5.23（系统行为集合）　令 $S_A = \{s_1, s_2, \cdots, s_n\}$ 为系统正常运行期间能够触发的行为事件的全部集合，进一步将系统行为集合分为系统关键行为集合 S_A^* 和非关键行为集合 S_A'。

定义 5.24（系统关键行为集合）　令 $S_A^* = \{s_1, s_2, \cdots, s_p\}$ 为系统正常运行期间能够触发的关键行为事件的全部集合，其中 $p<n$。关键行为集合对应着系统的核心功能页面，承担系统关键功能的运行。关键行为流程 cp^* 即 S_A^* 集合中元素的特定排列，由于关键行为流程反映着系统核心功能的运行逻辑，所以具备一定的业务逻辑顺序，即 $\left|\mathrm{cp}^*\right| \leqslant p!$。

定义 5.25（系统非关键行为集合）　令 $S_A' = \{s_1, s_2, \cdots, s_q\}$ 为系统正常运行期间能够触发的非关键行为事件的全部集合，其中 $q<n$。非关键行为集合对应着系统的次要功能页面，承担对于系统关键功能的补充作用。非关键行为流程 cp' 即 S_A' 集合中元素的全排列，$\left|\mathrm{cp}'\right|<q!$。

关键行为集合对应着系统的核心功能页面，如在线信贷业务系统中的提交借款申请、信贷信息核验、借款协议签署等关键功能页面；非关键行为集合往往包含敏感度较低的其他系统功能业务页面，如银行卡信息页、信贷业务浏览、帮助中心、个人中心等。如图 5.17 所示，用户行为集合 $U_A = \{u_1, u_2, \cdots, u_m\}$，即用户能发生的全部行为事件的集合，且 $U_A \subseteq S_A$，用户的操作流程即 U_A 集合中所有元素的全排列，用户行为序列有 $m!$ 种。图中 A 表示系统关键行为集合 S_A^*，B 表示系统非关键行为集合 S_A'，C 表示用户行为集合 R_u，$A+B$ 表示系统行为集合 S_A。

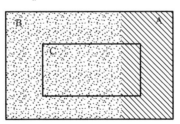

图 5.17　系统行为集合划分

触发因素是促使用户做出某种行为的诱导因素，可以分为外部触发和内部触发。外部触发往往由用户所处外部环境所决定，而内部触发则嵌入于产品和系统，是引起行为变化的关键，内部触发以友好的交互方式将下一步行动清楚地传达给用户，经由用户频繁地将触发因素与系统使用行为相联系，使其发展出新的交互行为习惯。因此本节利用内部触发的方式，通过叠加新的非关键行为流程改变系统行为流程来非强制性约束用户行为流程。

根据用户交互行为日志的数据特点以及 Petri 网的定义，定义系统行为 Petri 网和用户交互行为 Petri 网。

定义 5.26（用户交互行为 Petri 网） 设某平台在线系统的系统行为 Petri 网 PN=($S;T;F$)，则用户在该系统的交互行为 Petri 网 IPN=(IS;IT;IF)，其中：

①IS⊆S，为用户执行相关的输入输出对应的库所元素。

②IT⊆T，为用户执行交互行为对应的变迁元素。

③$S \cap T = \varnothing$。

④IF⊆F，为变迁元素之间在系统 Petri 网 PN 中的流关系，即 IF⊆(IS×IT)∪(IT×IS)。

定义 5.27（系统行为轮廓） 令系统行为 Petri 网 PN=($S;T;F$)，集合 $\mathrm{MB_I}$ = {⇒,⊕,⊗} 是 Petri 网 PN=($S;T;F$) 的行为轮廓。对任给的变迁对 $(t_1,t_2) \in (T \times T)$ 满足如下关系之一：

①顺序关系： ⇒，若 $\tau(t_1,t_2)=\{\Rightarrow\}$，则 $t_1 \succ t_2$ 且 $t_2 \not\succ t_1$。

②平行关系： ⊝，若 $\tau(t_1,t_2)=\ominus$，则 $t_1 \succ t_2$ 且 $t_2 \not\succ t_1$。

③循环关系： ⊗，若 $\tau(t_1,t_2)=\otimes$，则 $t_1 \succ t_2$ 且 $t_2 \not\succ t_1$。

如图 5.18 所示，系统行为 Petri 网中，T_2 与 T_4 为平行关系，记为 $T_2 \ominus T_4$。T_6、T_7、T_8 是依次发生的，具有严格的顺序关系，记为 $T_6 \Rightarrow T_7 \Rightarrow T_8$。$T_9$ 与 T_{10} 为循环关系，记为 $T_9 \otimes T_{10}$。基于系统的三种行为轮廓，本章给出了不同行为轮廓下的交互行为重构方法，如图 5.19~图 5.21 所示。

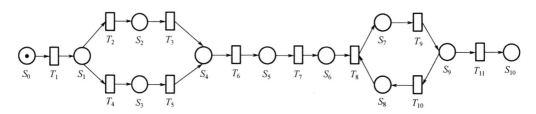

图 5.18 系统行为 Petri 网示例

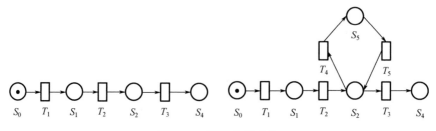

图 5.19 顺序关系重构

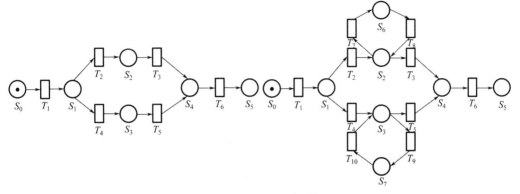

图 5.20　平行关系重构

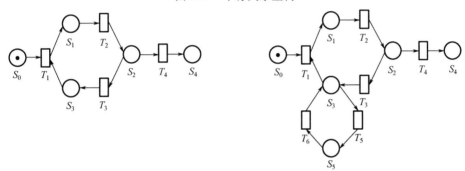

图 5.21　循环关系重构

建立交互行为重构模型是为了使得合法用户行为能够平滑变化，主动对抗欺诈行为并且不破坏系统原有的交互逻辑和使用体验。因此本节采用在基本交互行为的轮廓中叠加新的非关键行为循环结构，这样既保持系统的基本业务逻辑和流程不受影响，又能形成了新的系统行为集合。由于欺诈者在操作系统时的目的十分明确，为了尽快取得非法收益，往往在系统中的关键行为集合中的页面保持较高的优先级，而对于非关键行为集合保持较低的兴趣；而正常用户的操作行为则在两个集合间保持均衡的优先级。所以采取上述的交互行为重构方法可以使得正常用户的交互行为习惯产生变化，在持续的行为重构方法引导下产生新的交互行为习惯，通过自身行为的变化逐渐与欺诈者的欺诈行为产生对抗。

本节使用的系统为实验室搭建的在线信贷交易系统，其系统业务流程 Petri 网模型如图 5.22 所示。

该平台分为客户端和服务端，其主要业务操作如表 5.2 中变迁标识说明所示，主要包括注册、登录、浏览个人中心、修改银行卡信息、浏览信贷项目、评估授信额度、还款、提交借款申请等功能。

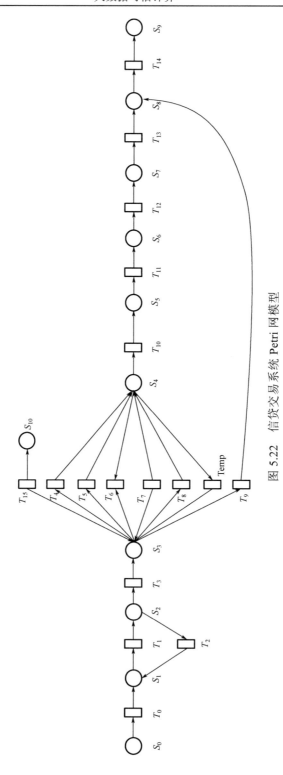

图 5.22　信贷交易系统 Petri 网模型

表 5.2　Petri 网变迁对应名称

变迁	含义
T_0	注册
T_1	登录
T_2	登录失败
T_3	进入首页
T_4	浏览个人中心
T_5	查看及修改银行卡信息
T_6	浏览信贷项目
T_7	评估授信额度
T_8	查看借款详情
T_9	还款
T_{10}	提交借款申请
T_{11}	信贷条款签署
T_{12}	个人信息核验
T_{13}	平台放款
T_{14}	更新与恢复额度
T_{15}	注销

这里在系统中增加了交互行为重构的流程和相应的控制模块，重构的变迁即系统中的控制模块的触发条件，如图 5.23 所示。在用户成功登录系统首页触发 T_3 后，将会同时激活交互行为重构的控制模块 T_{16}，交互行为重构的激活条件依赖于上一节中提到的 TDDA 算法的输出结果，即判断 T_{17} 能否执行。若满足激活条件，则 T_{18} 被激活，若用户在操作系统时激活 T_4，则使得交互行为重构叠加的行为流程 T_{21}、T_{22} 被激活，从而产生新的行为流程。

用户行为最终要通过系统行为来转换表现，因此，要改变用户行为就必须改变系统行为集合来劝导性约束用户行为集合。在通过时域漂移算法确定了用户登录行为触发因素出现时机的基础上，需要通过重构系统行为将触发因素的实现路径映射到系统行为序列中。交互行为重构是在保持交易系统的基本业务逻辑(即关键系统行为路径)不变的前提下，叠加新的触发因素实现路径，从而形成新的系统行为集合。

当用户在周期性重复的 TDDA 算法和交互行为重构模型的引导下交互操作时，就会逐渐形成新的用户行为。而且由于欺诈行为的稀疏性和明确的目的性，持续的行为引导机制将无法改变欺诈者的交互行为习惯，使得身份伪装的欺诈者仍保持原始场景的交互行为，从而与引导后的合法用户行为产生差异。

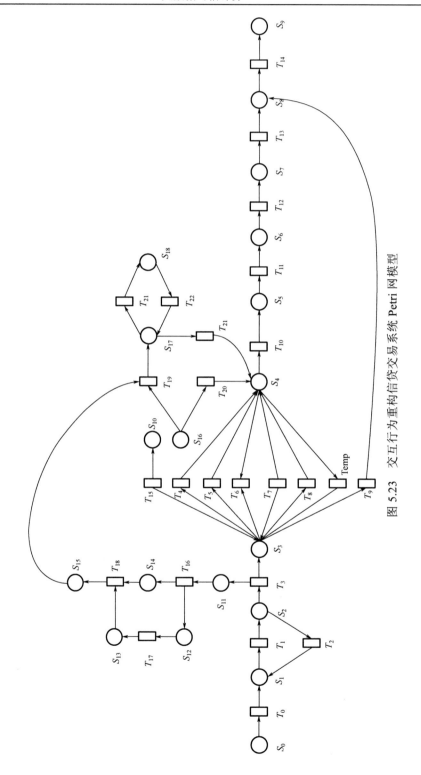

图 5.23　交互行为重构信贷交易系统 Petri 网模型

5.5.4　实验评估

本节将通过实验验证所提出的交互行为引导下的身份识别方法的效果。首先介绍本次实验所采用数据集，然后通过实验验证行为引导实验中用户交互行为的稳定性和区分性效果，最后在身份伪装场景下进行行为异常检测，采用准确率、精确率、召回率和 F1 值衡量本章提出的模型方法的效果。

5.5.4.1　实验数据集

因为目前关于行为引导和行为改变的研究较少，且大多数研究停留在分析和理论完善的阶段，通常是分析性结论，缺少定性定量指标衡量其变化差异。在调研中尚未找到连续时间周期下行为变化前后的公开数据集，所以这里的研究数据来源于实验室搭建的在线信贷交易系统。该系统根据信贷产品设计的任务流，在系统各页面通过 SDK 收集用户在页面中的操作数据，记录用户操作页面序列数据，具体包括用户名、用户手机号、sessionID、操作的页面编号、页面名称、进入页面时间（时间戳）、离开页面时间（时间戳）。数据集持续收集了 5 位用户在 2018 年 9 月～2019 年 4 月间的 1017 次系统登录行为和 16741 条页面操作数据。其中，2018 年 9 月～2018 年 12 月期间的记录为系统原始场景下的用户交互行为数据；2019 年 1 月～4 月，根据 TDDA 算法对各用户在系统的非关键行为页面"个人中心页"叠加行为引导机制，在此期间所收集到的数据作为行为引导后的用户交互行为记录。

由于本节研究的是行为伪装场景下的身份识别，身份伪装欺诈行为与正常交互行为具有高度相似性，且由于真实交易环境中黑样本的稀疏性，所以在原始数据集中对每个用户的行为记录随机标记了其总量 20% 的交互行为数据，作为该用户身份伪装欺诈的黑样本，其余交互记录作为该用户的白样本。并在行为引导后实施伪装欺诈，将这些身份伪装欺诈的黑样本按照时间线补充至引导后对应的用户数据集中。

5.5.4.2　行为引导漂移模型对比实验

图 5.24 反映了在系统中施加行为漂移引导模型前后用户登录系统的时间频率变化。

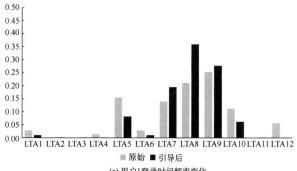

(a) 用户 1 登录时间频率变化

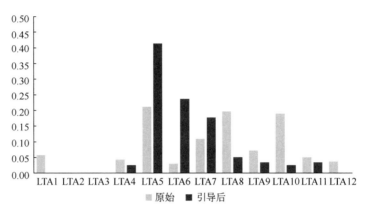

(b) 用户2登录时间频率变化

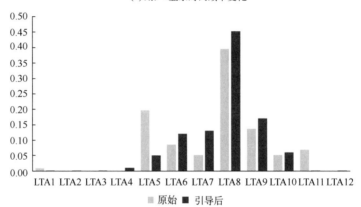

(c) 用户3登录时间频率变化

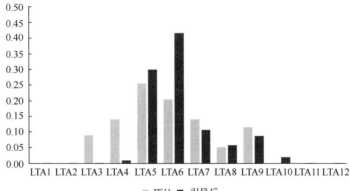

(d) 用户4登录时间频率变化

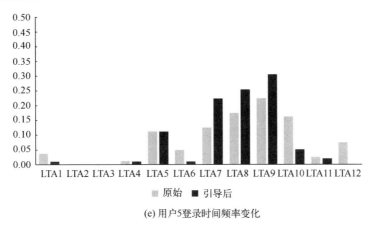

(e) 用户5登录时间频率变化

图 5.24　用户登录时间频率变化

　　为了验证引导前后用户交互行为具备一定的变化差异，这里引入评价指标——群体稳定性指标（Population Stability Index，PSI）来衡量行为引导前后用户登录概率分布之间的变化差异。分别计算各个用户在引导前后登录时间概率所对应的 PSI 值，如表 5.3 所示。

表 5.3　各用户的 PSI 值

用户	引导前	引导前后	引导后
1	0.105303	0.466226	0.146624
2	0.169659	1.556132	0.166411
3	0.124616	0.628511	0.167358
4	0.109631	0.973336	0.100913
5	0.142602	0.658965	0.165745

　　可以看出，在系统中施加行为漂移引导模型前，各用户的登录时间概率分布对应的 PSI 值变动均低于 0.17，其中大部分用户低于 0.15，说明用户的登录行为在不受系统行为额外干预的状态下保持了相对的稳定性，因此，行为伪装欺诈成为可能。在系统施加了漂移引导模型的激励机制后，用户在引导前后登录行为概率分布对应的 PSI 均发生了不同程度的变化，各用户的 PSI 均大于 0.45，即在激励机制下使得用户的登录时间概率分布较原始场景发生了较为明显的变化；在持续施加行为引导激励机制后，各用户的 PSI 趋于稳定，保持在 0.16 左右，与原始行为的稳定性相比略有降低。实验证明，在系统中施加行为漂移引导模型的激励机制后，用户的登录时间分布发生了明显变化，且在本节提出的激励机制引导下用户行为变化后产生的新登录行为模式相对稳定。与原始登录时间分布相比，既保持了一定的区分性，也保证了行为变化的平滑性。

5.5.4.3　伪装行为异常身份识别对比实验

本节采用的用户身份识别方法对基于系统交互行为的 LTA"、WTA"、LIA"、KSA" 合并的 24 维向量进行用户交互行为建模,采用文献[31]中提出的超球体检测模型(Hypersphere Detection Model,HDM)分别对各个用户在引导前后两组数据集上进行身份伪装异常行为检测。

由于是对异常行为的识别,所以对混淆矩阵稍作修改,重点放在异常交互行为的判别,即修改后的混淆矩阵:TP(True Positive)是模型将真实异常行为判断为异常行为的数量,FP(False Positive)是真实正常行为被模型判断为异常行为的数量,TN(True Negative)是真实正常行为被模型判断为正常行为的数量,FN(False Negative)是真实异常行为被模型判断为正常行为的数量。

为了使比较结果更加有说服力,实验使用欺诈识别领域文献中常见的几个指标作为评估指标,分别为准确率、精确率、召回率和 F1 值。准确率表示该模型判定结果中正确判断的数量占总体行为数量的百分比,精确率是模型判断的真实异常行为与判断为异常行为的比率,召回率是模型判断的真实欺诈交易数量占所有异常行为数量的百分比,F1 值是衡量模型性能的综合指标,是准确率和召回率的调和平均值。

实验结果如图 5.25~图 5.28 所示,可以看出,在采用超球体检测模型进行的用户身份伪装行为异常检测实验中,采用 TDDA 行为引导后的各项指标均不同程度高于未采用 TDDA 引导机制。其中,准确率结果如图 5.25 所示,指标平均提升 15.12%,说明在伪装行为识别中采用 TDDA 引导机制能够更准确地判断出用户的正常行为和伪装异常行为;精确率结果如图 5.26 所示,虽然存在波动,但指标平均仍高出 14.10%,说明在绝大部分用户中采用 TDDA 引导机制在判断异常行为方面更为出色;召回率结果如图 5.27 所示,指标平均提升 10.87%,说明采用 TDDA 行为引导机制后在精准判断异常行为的同时对于正常交易的误判情况也较少;F1 值结果如图 5.28 所示,F1 值反映模型的整体性能,可以看出采用 TDDA 行为引导机制后模型的 F1 值平均提升 28.76%,即采用 TDDA 行为引导机制后模型的整体性能均优于未采用行为引导的原始场景。

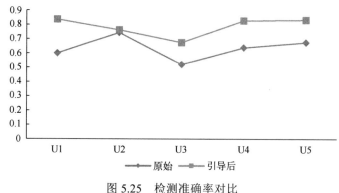

图 5.25　检测准确率对比

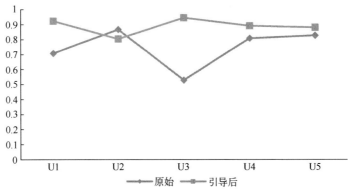

图 5.26　检测精确率对比

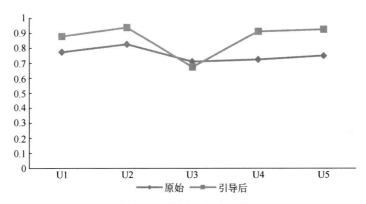

图 5.27　检测召回率对比

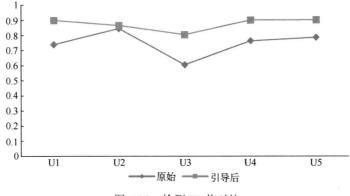

图 5.28　检测 F1 值对比

通过对实验结果的分析可以看出，采用 TDDA 行为引导机制后，对于行为伪装异常检测的结果要比原始场景有更好的整体性能。主要原因有以下几点：一是从用户的历史交互行为出发，基于用户行为的稳定性和偏向性，使得本节提出的交互行为重构系统干预模型能够平滑地引导用户行为发生变化，并使得引导前后具备一定的行为区分性，为身份伪装异常检测提供了新的解决思路。二是对行为稳定性和偏向性系数的刻画时采用 1.5 IQR 的异常值分析方法，能够更好地避免异常值对于引导模型平滑性的干扰。因此采用 TDDA 行为引导机制能够在不改变原有异常检测方法的情况下使得正常行为和伪装的欺诈行为区分开，模型的准确率、精确率等指标相对于原始场景取得显著提升，对于模型在伪装行为的判断方面具有更好的整体性能。

5.6　本 章 小 结

大数据安全是大数据系统的灵魂保障。目前大数据系统的数据安全主要采用传统信息安全手段进行测试与评估。本章主要针对大数据系统中大数据价值安全问题，提出了大数据安全测评系统体系、大数据价值安全风险评估方法、有限访问下流数据钻井采样方法及评估模型、基于位置的服务中的位置隐私信息检索安全、行为数据对抗方法等。大数据测评核心技术可广泛应用于数据资产交易的价值评估、大数据系统中的数据泄露评估、深度学习建模的大数据评估等。

参 考 文 献

[1] 工业和信息化部. "十四五"大数据产业发展规划. https://www.miit.gov.cn/jgsj/ghs/zlygh/art/2022/art_5051b9be5d4740daad48e3b1ad8f728b.html, 2022.

[2] 蒋昌俊, 章昭辉, 王鹏伟, 等. 一种大数据快速读取的 DLK 方法: ZL201811054777.0, 2021

[3] 蒋昌俊, 章昭辉, 王鹏伟, 等. 互联网新型虚拟数据中心系统及其构造方法: ZL 201910926698, 2022.

[4] 徐付娟. 有限访问下"钻井式"流数据采样评估研究. 上海: 东华大学, 2022.

[5] 章鹏. 大规模流数据的动态钻井采样方法的研究. 上海: 东华大学, 2023.

[6] 章昭辉, 徐付娟, 刘科, 等. 钻井式数据采样方法及其在大数据价值风险评估中的应用: ZL202110813235.2, 2022.

[7] Yi K. Technical perspective: online model management via temporally biased sampling. ACM SIGMOD Record, 2019, 48(1): 68.

[8] Zhang L, Jiang H, Wang F et al. T-Sample: a dual reservoir-based sampling method for characterizing large graph streams//The 35th International Conference on Data Engineering (ICDE), 2019: 1674-1677.

[9] Hafeez T, Mcardle G, Xu L. Adaptive window based sampling on the edge for internet of things data streams//The 11th International Conference on Network of the Future (NoF), 2020:

105-109.

[10] Li S, Li L, Yan J, et al. SDE: a novel clustering framework based on sparsity-density entropy. IEEE Transactions on Knowledge and Data Engineering, 2018, 30(8):1575-1587.

[11] 贾俊平, 何晓群, 金勇进. 统计学. 北京: 中国人民大学出版社, 2018.

[12] Zhao X, Wang Y. Research on landing vertical acceleration warning mechanism based on outlier detection//The 2nd International Conference on Civil Aviation Safety and Information Technology(ICCASIT),2020: 78-81.

[13] Yang Y. An evaluation of statistical approaches to text categorization. Journal of Information Retrieval, 1999, 1(1): 67-88.

[14] Barz B, Rodner E, Garcia Y, et al. Detecting regions of maximal divergence for spatio-temporal anomaly detection. IEEE Transactions on Pattern Analysis and Machine Intelligence, 2019, 41(5):1088-1101.

[15] Bergstra J, Bengio Y. Random search for hyper-parameter optimization. Journal of Machine Learning Research, 2012, 13(1): 281-305.

[16] Tan Z, Wang C, Yan C, et al. Protecting privacy of location-based services in road networks. IEEE Transactions on Intelligent Transportation Systems, 2021, 22(10): 6435-6448.

[17] 谭正. 面向网络用户行为数据的隐私问题研究. 上海: 同济大学, 2020.

[18] Goldwasser S, Micali S. Probabilistic encryption. Journal of Computer and System Sciences, 1984, 28(2): 270-299.

[19] Mauduit C, Sárközy A. On finite pseudorandom binary sequences I: measure of pseudorandomness, the Legendre symbol. Acta Arithmetica, 1997, 82: 365-377.

[20] Scharlau W. Quadratic reciprocity laws. Journal of Number Theory, 1972, 4(1): 78-97.

[21] Shallit J, Sorenson J. A binary algorithm for the Jacobi symbol. ACM SIGSAM Bulletin, 1993, 27(1): 4-11.

[22] 中国信息通信研究院. 移动数字金融与电子商务反欺诈白皮书. 2019.

[23] Aiken L. Attitude and Behavior. Bei Jing: China Light Industry Press, 2008.

[24] Nenadic A, Zhang N, Barton S. A security protocol for certified e-goods delivery//International Conference on Information Technology: Coding and Computing, 2004: 22-28.

[25] Zhong J, Yan C, Yu W. et al. A kind of identity authentication method based on browsing behaviors//The 7th International Symposium on Computational Intelligence and Design, 2014: 279-284.

[26] Zhao P, Yan C, Jiang C. Authenticating web user's identity through browsing sequences modeling//The 16th International Conference on Data Mining Workshops(ICDMW), 2016: 335-342.

[27] 刘霄, 章昭辉, 魏子明, 等. 个体交互行为的平滑干预模型. 软件学报, 2021, 32(6):

1733-1747.

[28] Zhang Z, Cui J. An agile perception method for behavior abnormality in large-scale network service systems. Chinese Journal of Computers, 2017, (2): 505-519.

[29] Pan L, Ma B, Wang Y. The similarity calculation of e-commerce user behaviors with petri net//The 2nd International Conference on Artificial Intelligence and Engineering Applications, 2017: 672-679.

[30] Weidlich M. Behavioural profiles: a relational approach to behaviour consistency. Potsdam: University of Potsdam, 2011.

[31] Chen L, Zhang Z, Liu Q, et al. A method for online transaction fraud detection based on individual behavior// The ACM Turing Celebration Conference-China, 2019.

第 6 章　原位虚拟大数据中心平台系统

6.1　系统总体框架及其流程

原位虚拟大数据中心主要实现网络大数据原位不动而能够为数据利用者提供有针对性的数据服务。为此，本章设计并实现了原位虚拟大数据中心平台系统[1-3]。该系统主要用于对互联网数据进行勘探估算及聚类演化，以生成数据资源分布图；数据资源分布图用于反映互联网数据的属性信息。通过构造互联网数据勘探器、演化器、数据资源分布图，向数据需求方提供互联网数据的分布情况。

系统框架如图 6.1 所示，前端页面包含互联网数据勘探、聚类演化、互联网数据

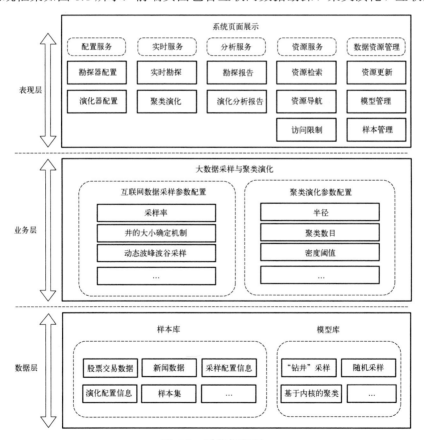

图 6.1　系统框架图

资源服务、模型库以及数据样本库等组成部分；表现层能够友好地与用户进行直接交互，主要负责各个功能的可视化展示，包含配置服务、实时服务、分析服务、资源服务、数据资源管理[4-8]；业务层主要负责对数据层的逻辑操作，通过互联网数据采样参数配置和聚类演化参数配置分别进行数据采样和聚类演化；数据层中的模型库包含采集及聚类演化的各个模型，样本库包含不同业务类型的样本数据及估算结果。

　　系统整体执行流程如图 6.2 所示，首先是业务申请者提出互联网数据的勘探需求和演化分析需求，之后平台收到请求后提交至调度引擎进行调度，然后将结果写入库中，并提供资源分析视图模块和聚类演化分析视图模块进行相关演示和分析[9-11]。

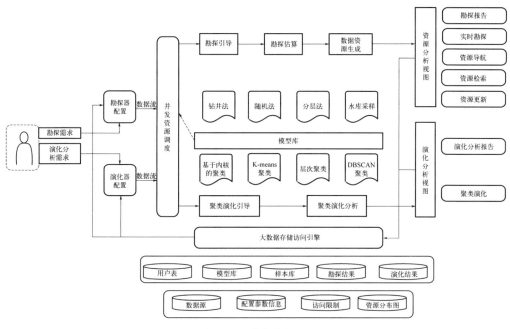

图 6.2　系统流程图

　　用户角色如图 6.3 所示，主要包含两类：业务申请者和平台管理者。其中，业务申请者具有业务配置、实时状态查看、分析结果查看、资源服务查看等功能；平台管理者具有资源更新、模型管理、样本管理功能；同时平台管理者也具备业务申请者的所有使用权限。

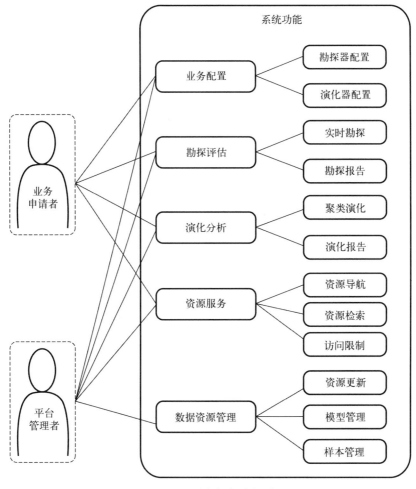

图 6.3　用户角色功能图

6.2　系统各模块设计

6.2.1　登录入口

用户注册或选择对应的身份进入系统执行对应的操作。

如图 6.4 所示，系统登录时需要用户进行角色选择，系统将会根据不同用户身份角色跳转至其所需要的服务功能界面。例如，平台管理者可以使用数据资源管理模块，而业务申请者中的服务功能页面则没有这个模块。

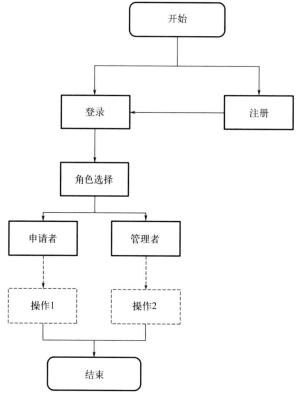

图 6.4 系统注册登录流程

6.2.2 业务配置

由业务申请者发起，根据业务类型选择相关流程以及对应的若干组模型进行相关配置，将配置后的流程提交至勘探评估或者演化分析模块执行。

如图 6.5 所示，业务配置模块将为业务申请者提供服务。业务申请者进行选择或输入数据源、选择数据模态、选择相关方法，最后进行参数配置，并将配置好的信息和生成的结果保存至数据库。

6.2.3 勘探评估

如图 6.6 所示，勘探评估模块主要功能是根据用户配置的勘探器，对互联网数据进行勘探估算。在用户提交勘探器参数配置后，勘探评估模块根据勘探器配置启动所需服务，并将数据分配到对应的模型，在模型处理后将结果收集、汇总，统计指标，最后将结果和指标实时显示给用户，并将模型分析结果存入数据库中。

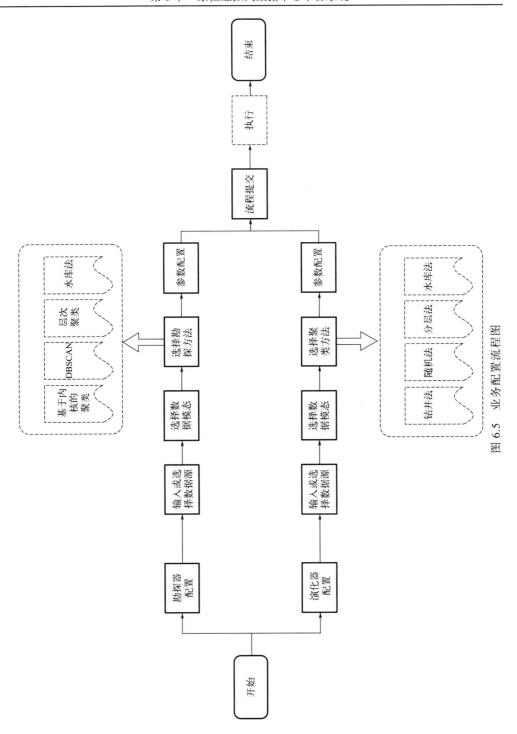

图 6.5　业务配置流程图

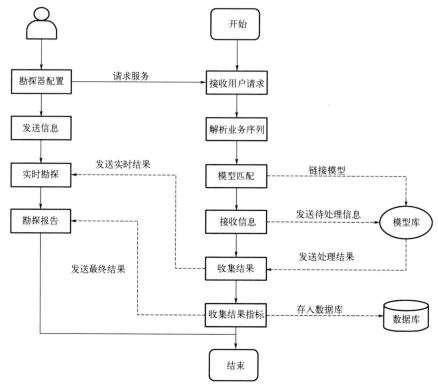

图 6.6 勘探评估流程图

实时勘探主要是对所使用的数据源信息、模型信息、勘探实时结果进行展示，数据主题词云图、各主题数据采集量是对实时采样数据分主题进行展示，可以看到数据量较大的几大主题的实时分布情况。

勘探报告主要是对数据源实时勘探以及估算的结果进行可视化展示，包括该数据源中包含的不同主题以及不同数据模态在时间序列上的变化情况、数据源的数据质量、可访问性等信息，通过表格以及折线图、柱状图、饼图形式进行展示。用户可以选择不同时间段、不同数据模态、不同主题查看数据量的时序分布；可以从数据可用性、数据吸引力、数据可存储性查看数据源的质量；可以得到数据源的访问限制，如果是内部数据源，可以清楚地知道该内部数据源的详细接口参数。

6.2.4　聚类演化

如图 6.7 所示，演化分析模块主要功能是根据用户配置的演化器，对数据源中的数据进行实时聚类以及演化分析。在用户提交演化器配置后，演化分析模块根据演化器配置启动所需服务，并将数据分配到对应的模型，在模型处理后将结果收集、汇总，统计指标，最后将结果和指标实时显示给用户并将模型分析结果存入数据库中。

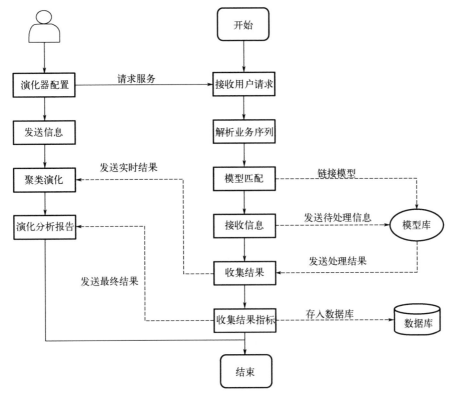

图 6.7　聚类演化流程图

　　聚类演化主要是对所使用的数据源信息和模型信息进行展示，实时数据样本展示主要对实时到达的数据进行滚动展示，实时样本统计分析部分是对模型返回的类别统计结果进行动态更新，包括类别的个数、不同类别包含的样本数量等信息，通过不同形状的图表进行可视化展示。

　　演化分析报告主要是对数据源实时聚类以及演化分析的结果进行可视化展示，包括该数据源中包含的类别以及不同类别在时间序列上的变化情况等信息，通过表格以及折线图和柱状图形式进行展示。演化分析结果是对不同数据在整个时间序列上的演化活动的统计分析，包括在整个数据源中不同类别发生的演化类型次数和时间等信息。

6.2.5　资源服务

　　如图 6.8 所示，资源服务模块的主要功能是将互联网虚拟资源库存储的数据资源分布图可视化，并根据数据资源分布图为数据需求方生成并提供数据采集及挖掘的指导服务。

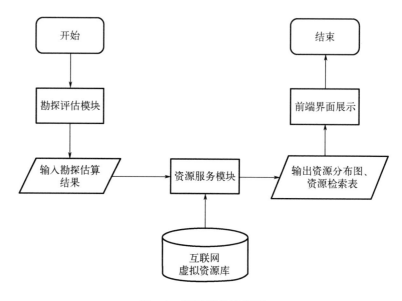

图 6.8   资源服务流程图

6.2.6   数据资源管理

资源更新主要是对资源分布图的管理，实现对资源分布图的更新功能，在前端页面选择不同更新时间、不同数据模态和不同数据主题，执行更新并将结果存储到数据库中，从数据库读取数据展示在前端页面，如图 6.9 所示。

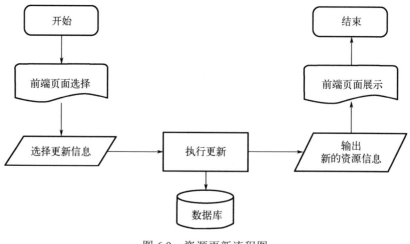

图 6.9   资源更新流程图

模型管理包含三个具体的功能，如图 6.10 所示，分别为对模型的增加功能、对模型的查询功能与对模型的删除功能。模型的增加功能首先从前端输入新模型的信息，后端业务处理模块接收到新模型信息后，将该信息存入数据库表，并返回结果给前端页面展示。模型的查询功能首先从前端输入选中模型的主键信息，后端业务处理模块接收到模型主键信息后，依据主键信息查询得到目标模型信息，并返回目标模型信息给前端页面展示。模型的删除功能首先从前端输入选中模型的主键信息，后端业务处理模块接收到模型主键信息后，依据主键信息删除目标模型，并返回删除结果给前端页面展示。

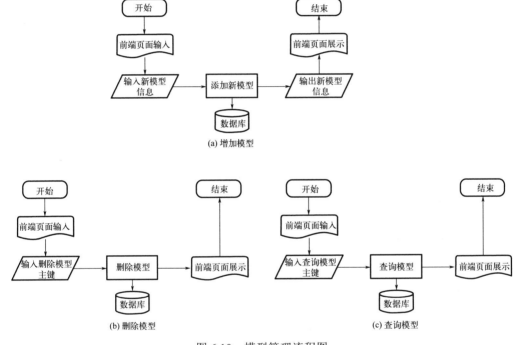

图 6.10　模型管理流程图

样本库管理包含三个具体的功能，如图 6.11 所示，分别为对样本的增加功能、对样本的查询功能与对样本的删除功能。样本的增加功能首先从前端输入新样本的信息，后端业务处理模块接收到新样本信息后，将该信息写入数据库表，并返回结果给前端页面展示。样本的查询功能首先从前端输入选中样本的主键信息，后端业务处理模块接收到样本主键信息后，依据主键信息查询得到目标样本信息，并返回目标样本信息给前端页面展示。样本的删除功能首先从前端输入选中样本的主键信息，后端业务处理模块接收到样本主键信息后，依据主键信息删除目标样本，并返回删除结果给前端页面展示。

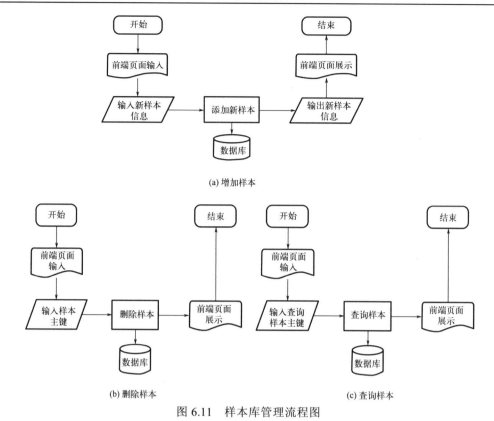

(a) 增加样本

(b) 删除样本　　　　　　　　　　　　(c) 查询样本

图 6.11　样本库管理流程图

6.3　系　统　实　现

6.3.1　登录注册

登录页面如图 6.12 所示，可选择用户角色进行登录，共包含业务申请者和平台管理两种用户角色，不同的用户角色有不同的使用权限。

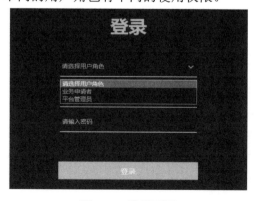

图 6.12　登录页面

注册页面如图 6.13 所示，只有注册成功的用户才能具有使用该系统的权限。

图 6.13　注册页面

6.3.2　主页详情

系统主页如图 6.14 所示，可以看到该系统是通过业务配置、勘探评估、演化分析、资源服务、数据资源管理向数据需求方提供互联网数据的分布及演化分析情况的，这也是该系统的特色和核心。

图 6.14　系统主页

系统主要提供勘探评估、演化分析、资源分布三类服务，下面分别介绍这三类服务在系统中的使用方法。

6.3.3　勘探器配置

点击业务配置中的勘探器配置进入勘探器配置表页面，在勘探器配置表页面存在默认勘探器配置，用户可以使用默认勘探器勘探，也可以自定义勘探器进行勘探，如图 6.15 所示。

图 6.15　勘探器配置表

点击查看按钮能够展示配置的详细参数信息，如图 6.16 所示。

图 6.16　勘探器配置的默认参数

也可以自定义勘探器，点击新建勘探器进入如图 6.17 所示的页面。

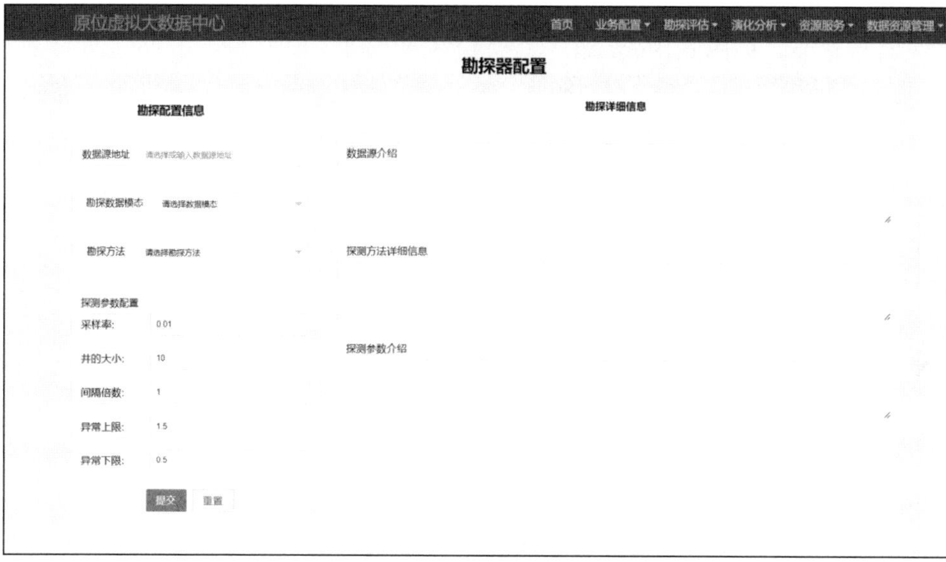

图 6.17　自定义勘探器配置

进行用户自定义的勘探器配置，选择或输入数据源，数据源分为内部数据源和外部数据源，选择后右侧会展示数据源的详细介绍，如果是内部数据源，那么会展示该内部数据源的详细接口参数，如图 6.18 所示。

图 6.18　所选数据源的详细介绍

选择勘探数据模态，包括文本、视频、音频、图片。

选择勘探方法，包括钻井法、分层法、随机法、水库法，同样右侧会展示探测方法的详细信息，如图 6.19 所示。

图 6.19   所选勘探方法的详细介绍

进行探测参数配置，不同方法的参数配置不同，包括采样率、井的大小、间隔倍数等配置，右侧会展示探测参数的详细信息。

点击提交进入勘探器配置表，之后可以进行探测，进入实时勘探页面，也可以直接点击勘探器配置表页面的勘探按钮，使用默认勘探器进行实时勘探。

6.3.4   勘探评估

点击实时勘探进入实时勘探表页面，展示当前勘探器勘探的实时状态，在实时勘探表中点击查看实时状态按钮，进入实时勘探状态表页面，如图 6.20 所示。

图 6.20   实时勘探状态表

实时勘探页面左侧是勘探器信息以及采样数据等信息的展示，系统的实时勘探功能模块如图 6.21 所示。

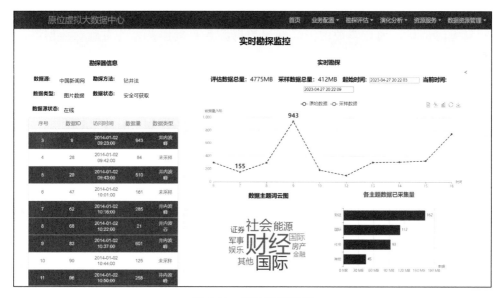

图 6.21　实时勘探监控

该模块左侧展示了实时访问的数据以及实时采样的波峰波谷和井间数据。模块右侧折线图展示了流数据井内波峰波谷实时采样过程并动态调整井间距，确定下一次"钻井"的位置，同时对井间距进行等间隔采样，直至采样结束。右侧下方数据主题词云图直观地展示了各主题的实时变化情况，各主题数据采集量柱状图，用于描述各主题实时的样本数量。勘探结束后生成勘探报告，如图 6.22 所示。

图 6.22　数据源勘探报告

　　勘探报告包括该数据源总体概述、数据量时序分布、数据源的数据质量、可访问性等信息。

　　数据源总体概述包括了数据源、勘探方法、勘探开始时间、勘探结束时间、评估数据量等信息，通过饼图的形式展现数据源各数据模态、各主题的数据量，如图 6.23 所示。

数据源勘探报告 (中国新闻网)

　　数据源：　中国新闻网　　勘探方法：　钻井法　　　　勘探开始时间：　2023/4/23 12:30　　勘探结束时间：　2023/4/23 22:30

　　　　　　　　　评估数据总量：　1000000条　　　采样数据总量：　277220条

数据模态比例

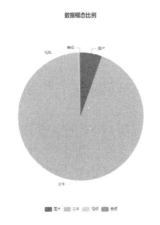

主题比例

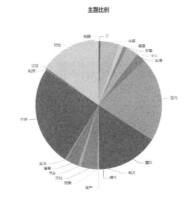

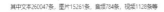

其中文本260047条，图片15261条，音频784条，视频1128条等

其中体育12410条，健康2966条，军事2548条，华人7855条，台湾5888条，IT1358条，社会65701条，财经37153条，国际35614条，国内5571条，地方8条，娱乐5673条，房产810条，报摘3条，文化11292条，汽车1965条，港澳8271条，生活1275条，胎漠570条，证券557条，金融2559条。

图 6.23　数据源总体概述

　　在数据量时序分布方面，用户可以选择不同时间段、不同数据模态、不同主题查看数据量的时序分布，如图 6.24 所示。

　　在数据质量方面，用户可以从数据可用性、数据吸引力、数据可存储性评估数据源的质量，判断是否满足自身需求，如图 6.25 所示。

　　在可访问性方面，以访问限制表展示数据源的访问限制，如果是内部数据源，则会存在 API 列表展示该内部数据源的详细接口参数，如图 6.26 所示。

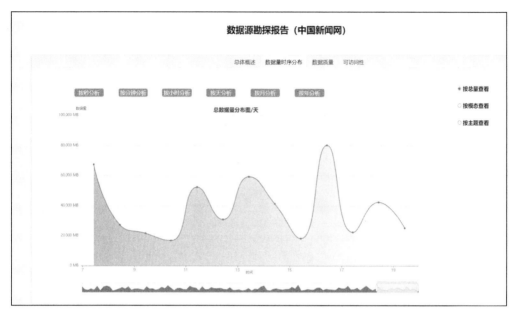

图 6.24　数据量时序分布

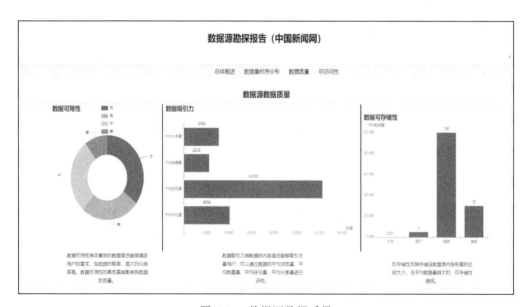

图 6.25　数据源数据质量

图 6.26　数据源的可访问性

6.3.5　演化器配置

点击业务配置中的演化器配置进入演化器配置页面，在演化器配置表中存在默认演化器配置，用户可以使用默认演化器进行聚类演化分析，也可以自定义演化器进行聚类演化分析，如图 6.27 所示。

图 6.27　演化器配置表

点击查看能够展示配置的详细聚类参数，如图 6.28 所示。

图 6.28 演化器配置的默认参数

也可以自定义演化器，点击新建演化器进入如图 6.29 所示的页面。

图 6.29 自定义演化器配置

进行用户自定义的演化器配置，选择或输入数据源，数据源分为内部数据源和外部数据源，选择后右侧会展示数据源的详细介绍，如图 6.30 所示。

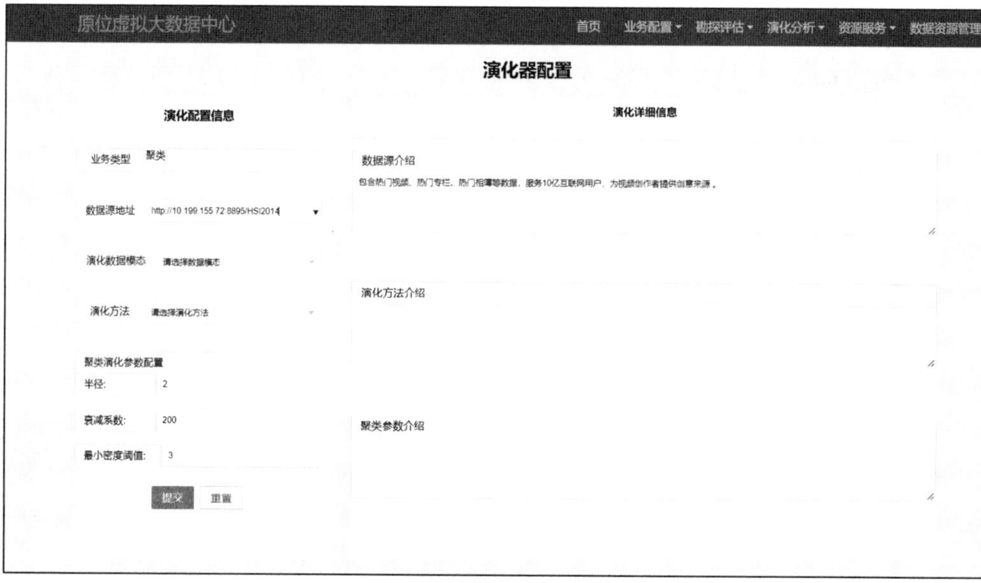

图 6.30　所选数据源的详细信息

选择演化数据模态，包括文本、视频、音频、图片。

选择演化方法，包括基于内核的聚类、K-means 聚类、DBSCAN、层次聚类，同样右侧会展示演化方法的详细信息，如图 6.31 所示。

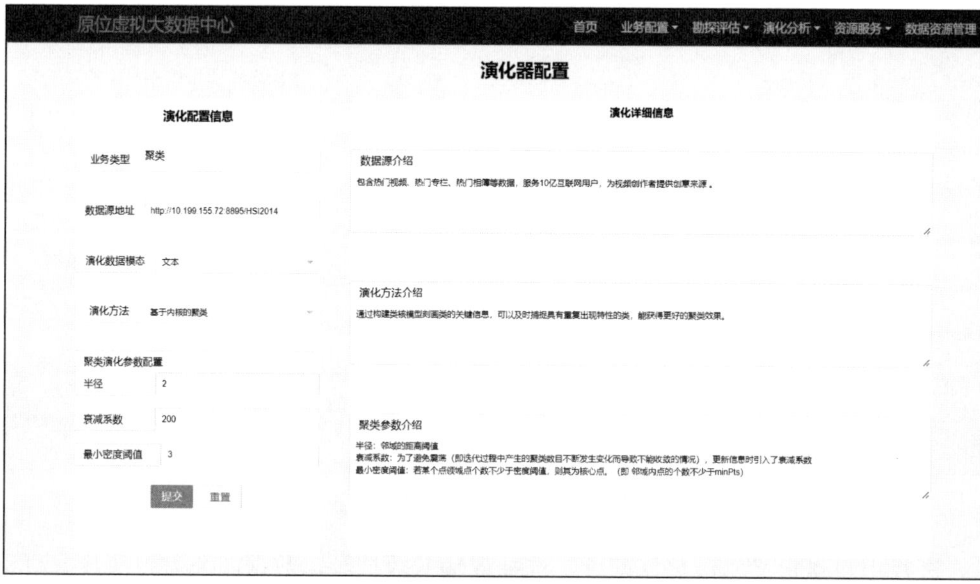

图 6.31　所选演化方法的详细信息

进行演化参数配置，不同方法的参数配置不同，包括半径、衰减系数、密度阈值等配置，右侧会展示聚类演化参数的详细信息。

点击提交进入演化器配置表，之后可以执行，进入实时演化页面，也可以直接点击演化器配置表页面的执行按钮，使用默认的参数配置信息进行聚类演化分析。

6.3.6 演化分析

在演化分析中点击聚类演化进入演化器实时状态表页面，如图 6.32 所示，点击查看实时状态按钮进入实时聚类演化监控页面。

图 6.32 演化器实时状态表

聚类演化页面左侧是对所使用的数据源信息和模型信息进行展示，包括采样信息以及聚类演化和分析方法进行展示说明，同时也展示了本次执行的业务类型，如图 6.33 所示。

数据实时统计分析部分主要是对不断得到的数据通过计算返回的统计信息进行可视化展示，统计信息量主要包括当前每秒采集的样本量以及当前流数据中包含的聚类数量等信息，通过动态折线图以及动态柱状图的形式可以生动形象地表达该流数据在时间序列上的变化情况。图 6.33 右侧为样本量和类别个数等统计信息的动态展示，横轴表示时间，纵轴分别表示对应时刻样本和类别的统计数量。为了动态刻画数据的演化详情，根据系统所设计的衰减系数，使得部分样本到达后会逐渐淘汰，不再参与聚类分析，只保留最近的样本数据，实时样本量是对当前时刻已经到达同时没有被淘汰的样本进行统计。

演化结束后生成演化报告，如图 6.34 所示。

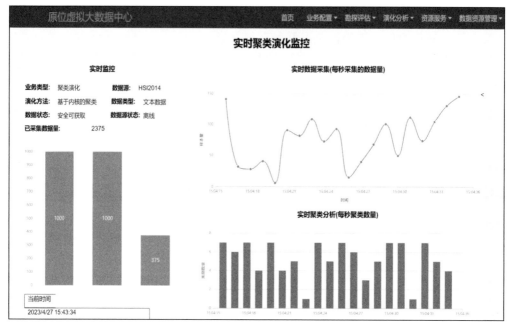

图 6.33 实时聚类演化

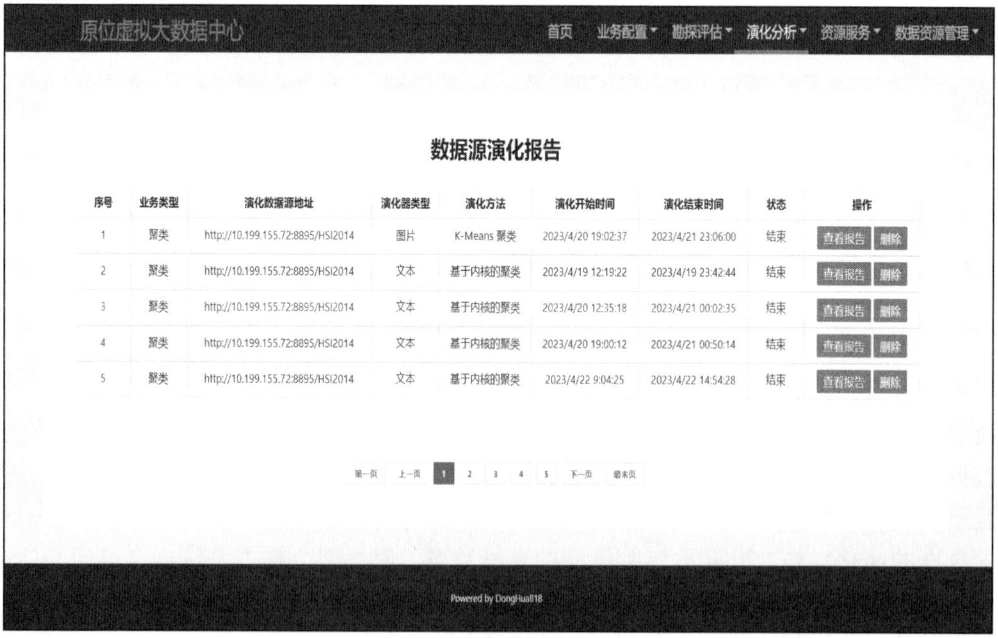

图 6.34 数据源演化报告

演化报告页面主要是面向用户提供通过数据计算得到的结果进行可视化分析功能，主要包括数据的实时聚类划分结果以及对数据每个类别进行实时演化分析的结果，有对数据源的总体概述和各类详情两个部分。

总体概述部分主要包含数据源信息、演化信息、类别信息以及总体类别演化详情等。

如图 6.35 所示，顶部信息主要展示了数据源及演化的相关信息；左侧类别信息部分主要包括类别的密度、类别包含的样本量等信息；右侧总体演化详情，刻画了所有类别包含样本量在时间序列上的变化，每个颜色的图例代表不同的类，点击图例可以分别展示各个类别的变化。

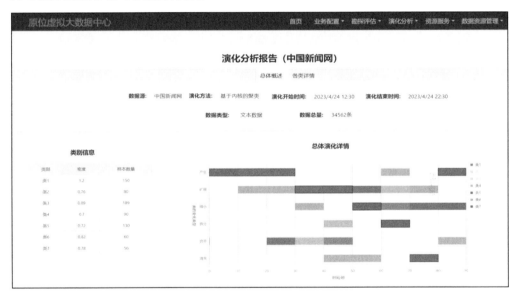

图 6.35　数据源总体概述

各类详情部分如图 6.36 所示，顶部栏点击各个类别的按钮可以详细查看包括该类别的名称、所属数据源、该类别包含样本量以及密度等情况。下面提供了两部分详情信息：类别详情和演化详情，可以查看对应的分析结果，其中类别详情是刻画了该类别包含样本量在时间序列上的变化，由于衰减函数的作用，部分样本在演化过程中会被淘汰，所以不同时刻该类别包含的样本量是不同的，同时也说明了该类别的生存时间。同时，可以看出该类别在演化过程中演化类型分布情况，所有的类别都要经历创建和消失两个演化活动，除此之外，部分类别由于其到达顺序不确定，会发生拆分、合并以及扩展和缩小等演化活动。

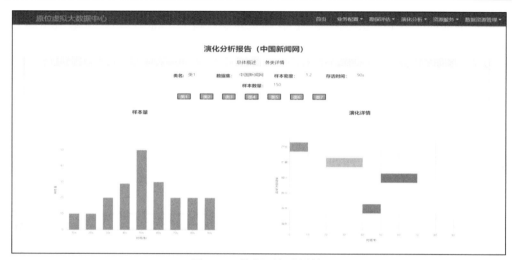

原位虚拟大数据中心
首页
业务配置
勘探评估
演化分析
资源服务
数据资源管理
演化分析报告（中国新闻网）
总体概述
各类详情
类名：类1
数据集：中国新闻网
样本密度：1.2
存活时间：90s
样本数量：150
样本量
演化详情
图 6.36　数据源各类详情

6.3.7　资源服务

资源检索如图 6.37 所示，主要展示了近三个月的数据源数据模态、主题、数据量、限制条件等相关信息，同时提供检索功能，通过输入网站名、选择采样模型、选择数据领域及模态来查看评估的详细信息。

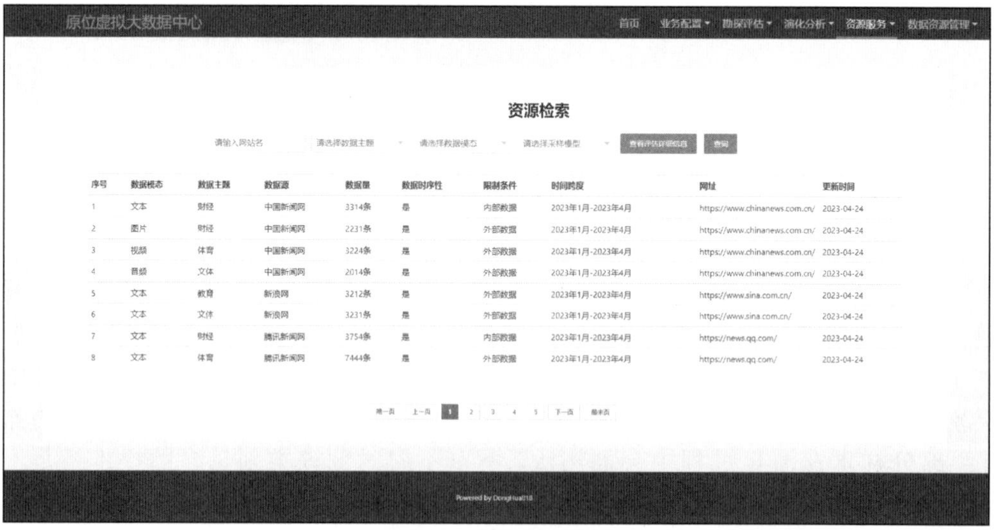

原位虚拟大数据中心
首页
业务配置
勘探评估
演化分析
资源服务
数据资源管理
资源检索
请输入网站名
请选择数据主题
请选择数据模态
请选择采样模型
查询
序号 数据模态 数据主题 数据源 数据量 数据时序性 限制条件 时间跨度 网址 更新时间
1 文本 财经 中国新闻网 3314条 是 内部数据 2023年1月-2023年4月 https://www.chinanews.com.cn/ 2023-04-24
2 图片 财经 中国新闻网 2231条 是 外部数据 2023年1月-2023年4月 https://www.chinanews.com.cn/ 2023-04-24
3 视频 体育 中国新闻网 3224条 是 外部数据 2023年1月-2023年4月 https://www.chinanews.com.cn/ 2023-04-24
4 音频 文体 中国新闻网 2014条 是 外部数据 2023年1月-2023年4月 https://www.chinanews.com.cn/ 2023-04-24
5 文本 教育 新浪网 3212条 是 外部数据 2023年1月-2023年4月 https://www.sina.com.cn/ 2023-04-24
6 文本 文体 新浪网 3231条 是 外部数据 2023年1月-2023年4月 https://www.sina.com.cn/ 2023-04-24
7 文本 财经 腾讯新闻网 3754条 是 内部数据 2023年1月-2023年4月 https://news.qq.com/ 2023-04-24
8 文本 体育 腾讯新闻网 7444条 是 外部数据 2023年1月-2023年4月 https://news.qq.com/ 2023-04-24
上一页
1 2 3 4 5
下一页
图 6.37　资源检索

资源导航主要是为互联网数据提供导航功能，左侧资源分布图如图 6.38 所示，展示了采样的数据资源，以数据资源引导树的形式进行资源导航，第 1 层为数据领域分类节点，第 2 层为数据模态分类节点，第 3 层为数据节点。

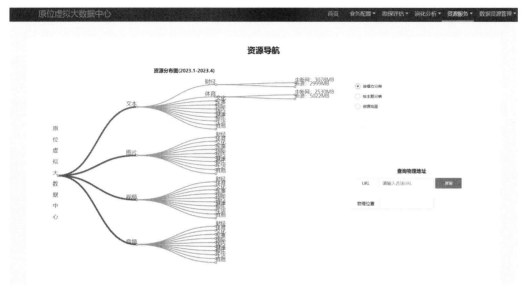

图 6.38　资源导航

访问限制表如图 6.39 所示，主要展示了近三个月采样数据源的访问限制内容，包括功能使用限制、显示信息限制等，可以通过输入网站名称，点击查询进行查询输入网站的访问限制内容。

序号	网站名	主题	数据模态	描述	URL	限制类型	更新时间	操作
1	中国新闻网		视频	视频频道	http://www.chinanews.com/shipin/	点击加载更多21次、无时间线	2023-04-24	删除
2	中国新闻网		图片	图片频道-最新图片栏	http://www.chinanews.com/photo/more/1.html	只提供2023年1月24日至今的图片	2023-04-24	删除
3	中国新闻网			高级搜索功能（搜索新闻）	http://sou.chinanews.com/advSearch.do	新闻显示10000条，显示总条数	2023-04-24	删除
4	新浪图集		图片	全部	http://slide.photo.sina.com.cn/	每页16篇，显示20页，320篇，不显示总条数	2023-04-24	删除
5	新浪图集		图片	精选	http://slide.photo.sina.com.cn/?choice=1	显示9077页，不显示总条数字	2023-04-24	删除
6	新浪图集	体育	图片	图集	http://slide.sports.sina.com.cn/	显示10000页，每页16张体育图片新闻，不显示总条数	2023-04-24	删除
7	新浪图集		图片	新闻图集（全部）	http://slide.news.sina.com.cn/	不显示总条数，图片页面标题与实际新闻不符	2023-04-24	删除
7	新浪高级搜索			新闻	http://search.sina.com.cn/?c=adv&q=%D3%EF%CE%C4	给出相关新闻总篇数，只显示400条	2023-04-24	删除
7	新浪高级搜索				http://search.sina.com.cn/?c=adv&q=%D3%EF%CE%C4	专题、图片、视频搜索功能无法使用	2023-04-24	删除

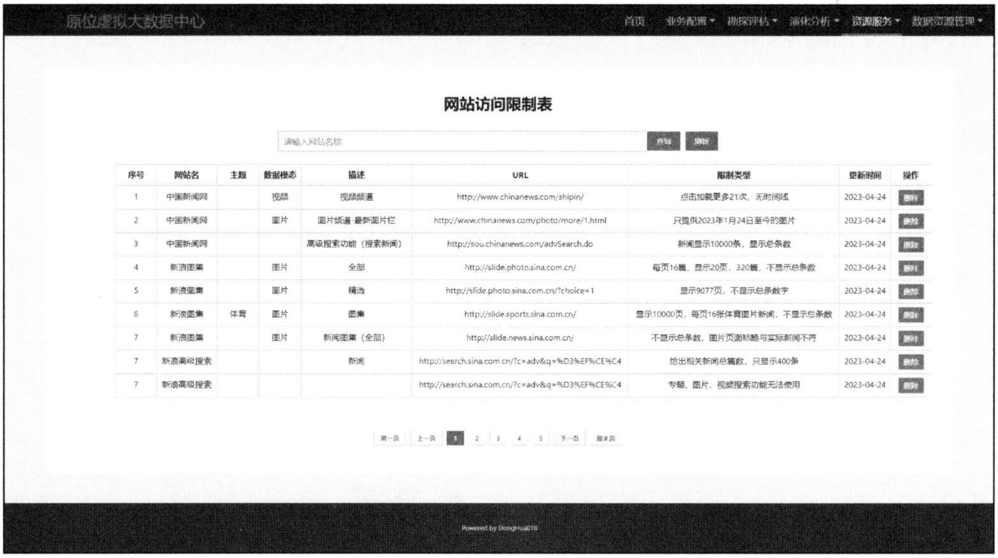

图 6.39　访问限制表

6.3.8　数据资源管理

数据资源管理部分的主要功能包括资源更新、模型管理和样本管理。如图 6.40 所示，数据资源分布图可以通过时间线、模态、主题三个维度来实现更新。

图 6.40　数据资源分布图更新

为了便于数据分析者快速了解流数据的相关情况，将每次采样的参数配置、样本集和评估结果存入样本库中，样本管理页面展示了不同数据源的样本信息，如图 6.41 所示。

序号	数据集	探测时间	探测模型	井的大小	井间隔倍数	采样率	阈值上限	阈值下限	访问率	访问均值	样本量	样本率	操作
1	HSI2014	2020/4/20 15:26	钻井式采样模型	10	0.5	0.06	1.5	0.5	44.46%	149	5512	6.29%	查看 删除
2	HSI2014	2020/4/20 17:42	钻井式采样模型	20	0.6	0.05	1.5	0.5	48.24%	203	4978	5.74%	查看 删除
3	newStorage	2020/8/14 10:32	钻井式采样模型	10	0.5	0.05	1.5	0.5	45.76%	214.76	6112	6.21%	查看 删除
4	HSI2014	2023/3/12 11:04	钻井式采样模型	10	0.5	0.05	1.5	0.5	44.76%	172	5126	5.21%	查看 删除
5	HSI2014	2023/4/12 18:11	钻井式采样模型	20	0.4	0.05	1.5	0.5	44.76%	181	4126	5.43%	查看 删除
6	HSI2014	2023/4/14 11:21	钻井式采样模型	10	0.4	0.05	1.5	0.5	46.24%	154	5116	5.93%	查看 删除
7	newStorage	2023/4/14 13:19	钻井式采样模型	10	0.5	0.05	1.5	0.5	48.30%	213.12	6316	6.91%	查看 删除

图 6.41　数据样本库

数据样本库主要是展示数据集的名称、探测配置信息，除此之外，提供了查看、删除以及新增功能，用户可以根据需求进行相应的操作。

模型管理页面展示了不同模型的信息，如图 6.42 所示。

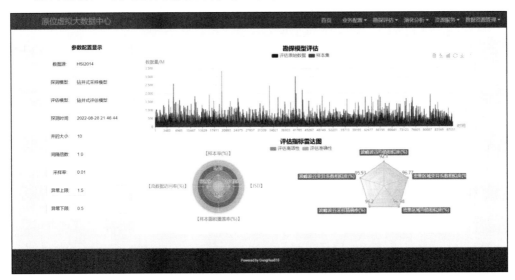

图 6.42　模型样本库

模型管理主要展示了模型类型、模型名称信息，同样提供了查看、删除以及新增模型操作，根据需求可以进行相应的命名等修改操作。

点击查看，可以查看该模型的性能，如图 6.43 所示。

图 6.43　模型性能评估

6.4　本　章　小　结

本章主要介绍了原位虚拟大数据中心平台系统的设计和实现。该系统总体实现了为第三方数据使用者提供网络数据服务，支撑该服务的核心业务功能主要有数据实时勘探、数据演化分析等。

参 考 文 献

[1]　蒋昌俊, 丁志军, 喻剑, 等. 方舱计算. 中国科学: 信息科学, 2021, 51(8): 1233-1254.

[2]　蒋昌俊, 章昭辉, 王鹏伟, 等. 一种大数据快速读取的 DLK 方法: ZL201811054777.0, 2021.

[3]　蒋昌俊, 章昭辉, 王鹏伟, 等. 互联网新型虚拟数据中心系统及其构造方法: ZL 201910926698, 2022.

[4]　Jiang C, Fang Y, Zhao P, et al. Intelligent UAV identity authentication and safety supervision based on behavior modeling and prediction. IEEE Transactions on Industrial Informatics, 2020, 16(10): 6652-6662.

[5]　Wang M, Ding Z, Liu G, et al. Measurement and computation of profile similarity of workflow nets based on behavioral relation matrix. IEEE Transactions on Systems, Man and Cybernetics: Systems, 2020, 50(10): 3628-3645.

[6]　Wang M, Ding Z, Zhao P, et al. A dynamic data slice approach to the vulnerability analysis of e-commerce systems. IEEE Transactions on Systems, Man and Cybernetics: Systems, 2020, 50(10): 3598-3612.

[7]　Wang S, Ding Z, Jiang C. Elastic scheduling for microservice applications in clouds. IEEE Transactions on Parallel and Distributed Systems, 2021, 32(1): 98-115.

[8]　Tan Z, Wang C, Yan C, et al. Protecting privacy of location-based services in road networks. IEEE Transactions on Intelligent Transportation Systems, 2021, 22(10): 6435-6448.

[9]　徐付娟. 有限访问下"钻井式"流数据采样评估研究. 上海: 东华大学, 2022.

[10]　刘科. 基于类核的流数据聚类及其演化研究. 上海: 东华大学, 2022.

[11]　章昭辉, 徐付娟, 刘科, 等. 钻井式数据采样方法及其在大数据价值风险评估中的应用: ZL202110813235.2, 2022.

第7章　基于区块链的大数据共享与协作系统

7.1　系统总体框架及系统流程

实现大数据共享与协作的难点在于数据的可信安全性难以保证。为此，在原位虚拟大数据中心平台系统[1,2]基础上，本章设计并实现了基于区块链的大数据共享与协作系统。该系统通过区块链来为大数据共享与协作提供数据可信安全访问的基础保障。

7.1.1　系统总体框架

基于区块链的大数据共享与协作系统结构分为五大层次，分别是用户交互层、接口控制层、业务处理层、区块链服务层和数据存储层，如图 7.1 所示。

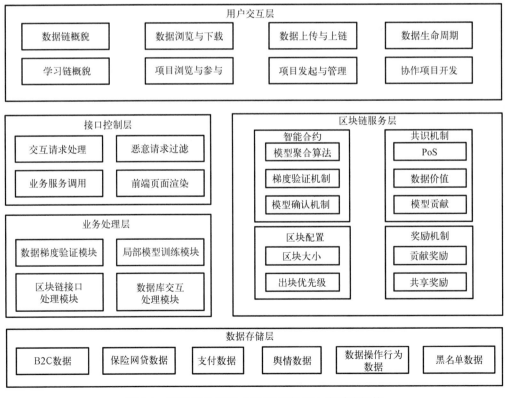

图 7.1　基于区块链的大数据共享与协作系统架构

用户交互层分为八个部分，其中数据链概貌、数据浏览与下载、数据上传与上链和数据生命周期对应于数据共享子系统的交互层，学习链概貌、项目浏览与参与、项目发起与管理、协作项目开发则对应于协作学习的交互层。

接口控制层分为四个部分，交互请求处理用于处理前端接口请求，处理请求过程中对恶意请求进行过滤，请求完成后调用相应的业务服务，随后将业务处理的结果返回前端渲染[3]。

业务处理层分为四个部分，分别是数据梯度验证模块，用于验证用户上传的数据和梯度；局部模型训练模块，用于训练局部模型，获取参数等信息；区块链接口处理模块，用于调用区块链接口，获取区块链信息；数据库交互处理模块[4]，用于查询、存储数据信息。

区块链服务层分为四个部分，分别是智能合约，其中包括模型聚合算法、梯度验证机制以及模型确认机制；共识机制，包括 PoS 共识机制、数据价值和模型贡献；区块配置，包括区块大小、数据出块的优先级等；奖励机制，包括贡献奖励和共享奖励。

数据存储层，用于存储数据，其中包括 B2C 数据、保险网贷数据、支付数据、舆情数据、数据操作行为数据和黑名单数据。

基于区块链的大数据共享与协作系统主要由两个子系统组成，分别是数据共享子系统和协作学习子系统。

7.1.2　数据共享子系统

数据安全共享子系统架构如图 7.2 所示。

(1) 从大数据勘探系统获取数据或者用户企业上传数据到数据共享子系统，数据进入未上链状态。

(2) 记账用户或者管理用户对未上链的数据进行验证审核，随后将通过验证的数据添加到待出块，数据状态变更为待上链状态。

(3) 数据进入待出块后，区块链根据数据内容和大小将其分配给不同区块，并按照默认出块策略选择数据进行出块，同时也可以对出块策略进行配置。

(4) 数据被选择后，按照配置的出块间隔进行出块，此时数据状态变更为已上链状态，随后在相应的区块链上即可查看该数据。

(5) 数据从上传、未上链、待上链到最后的已上链状态，包括用户对数据的操作[5,6]都将被记录在数据生命周期中。

7.1.3　协作学习子系统

协作学习[7,8]子系统架构如图 7.3 所示。

(1) 用户或企业根据自身需求发起协作学习项目，填写项目相关信息，随后该项目出现在项目浏览模块。

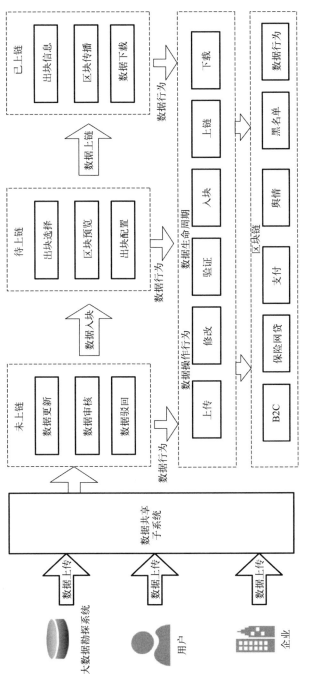

图 7.2　数据共享子系统流程图

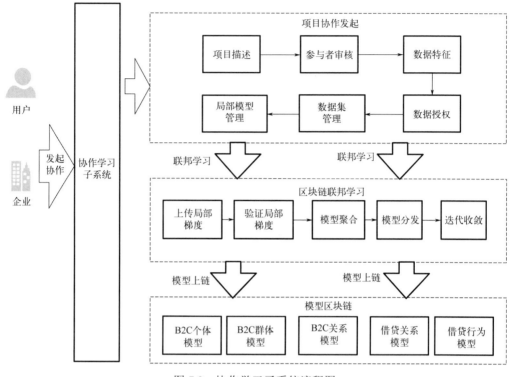

图 7.3　协作学习子系统流程图

（2）其他用户或企业在项目浏览模块查看到该项目后，若满足项目协作需求，即可申请参加协作项目，该申请将同步到发起者，发起者根据申请信息决定是否同意参加。

（3）发起者同意后将与参与者一同进行联邦学习训练模型，训练过程中可以将私有数据授权给其他参与者。

（4）在每一轮全局迭代中，各参与者将局部训练的模型参数上传到区块链进行验证和聚合，聚合完成后的全局模型作为下一次迭代的初始模型。

（5）迭代相应次数后，全局模型损失函数和准确率达到相应阈值，即完成模型训练，此时整个协作学习过程完成。

如图 7.4 所示，用户角色主要包含四类：普通用户、企业用户、记账用户和管理用户，其中，普通用户和企业用户都具备查看共享数据链概貌、数据浏览与下载、数据上传、查看学习链概貌、协作项目浏览与下载、参与协作等权限；记账用户和管理用户都具备数据上链、发起协作项目以及数据生命周期管理等权限。

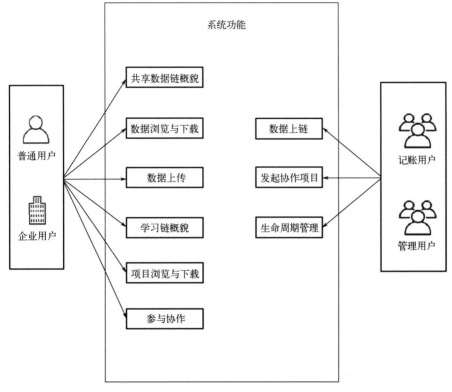

图 7.4　用户角色功能图

7.2　系统各模块设计

7.2.1　登录入口

用户选择其对应的角色进入系统并执行相应操作。

如图 7.5 所示，系统登录时需要用户进行角色选择，系统将会根据不同用户身份角色跳转至不同用户所需要的服务功能界面。例如，普通用户登录时，首页将自动切换为共享数据浏览页面，方便其进行数据浏览与下载；当管理用户登录时，首页将自动切换为生命周期管理页面，方便其进行数据全生命周期的管理。

7.2.2　数据链概貌

数据链概貌模块用于直观地展示当前各种类型区块链上的区块详情和区块内容详情。

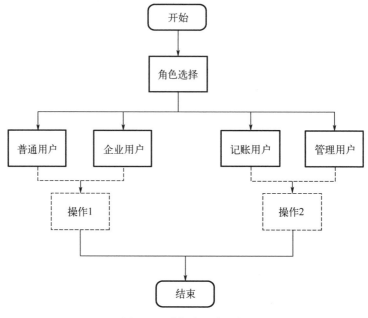

图 7.5　系统登录流程图

如图 7.6 所示，普通用户或者企业用户可以查看共享数据链概貌，同时可以针对不同类型的数据进行查看。相关信息为用户提供了链上链下数据一致的保证，确保数据未经篡改。

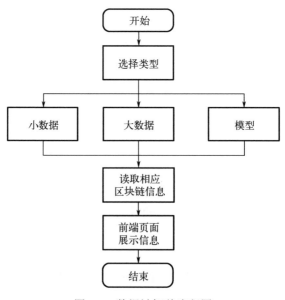

图 7.6　数据链概貌流程图

7.2.3　数据浏览与下载

用户在数据浏览页面选定数据查看详情信息，并进行数据下载。

如图 7.7 所示，普通用户或者企业用户进入数据浏览页面，浏览选定的数据，也可以直接下载公开的数据集。若数据集未公开，则需要申请数据上传者的密钥，在申请成功后方可下载。

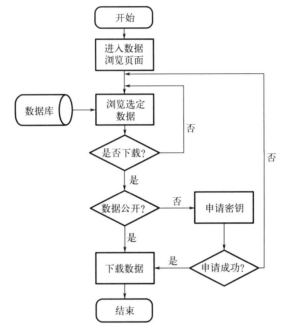

图 7.7　数据浏览与下载流程图

7.2.4　数据上传与上链

用户将共享数据上传到系统，在通过验证后，数据将被上传到区块链中。

如图 7.8 所示，普通用户或者企业用户进入数据上传页面，选定数据上传，并设置数据集是否公开。若数据集不公开，则系统为其生成密钥，将密钥返回给上传用户。数据上传到数据库后，将进行数据验证，验证通过后为其分配区块，最后完成数据上链。

7.2.5　数据生命周期管理

数据从上传、未上链、待上链到最后的已上链状态，包括用户对数据的操作都将被记录在数据生命周期中。

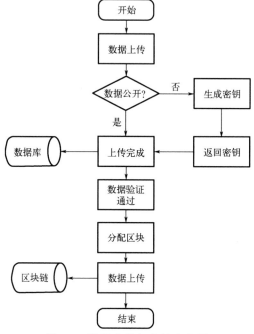

图 7.8 数据上传与上链流程图

如图 7.9 所示，普通用户或者企业用户上传数据后，数据上链的状态变化以及用户对数据的操作行为(如下载、删除等)，都将保存到生命周期数据库中。管理用户和记账用户可以通过生命周期数据库进行数据溯源。

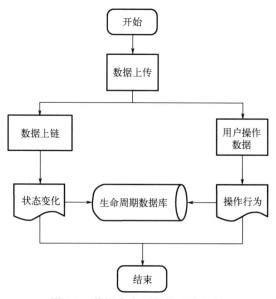

图 7.9 数据生命周期管理流程图

7.2.6　学习链概貌

如图 7.10 所示，普通用户或者企业用户进入学习链概貌浏览页面，选择浏览的项目后，系统将展示该项目的学习链详情和相应的区块详情。

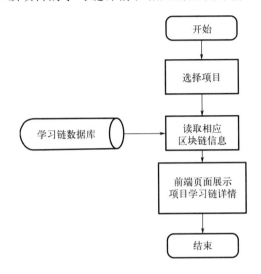

图 7.10　学习链概貌流程图

7.2.7　项目浏览与参与

项目浏览与参与模块用于用户浏览、查询并参与用户感兴趣的协作项目。

如图 7.11 所示，项目列表可以查看不同状态下的项目，包括未开始、进行中和已结束，用户也可以根据自己的需求查询相应的项目；在项目详情中，首先可以查看项目的详细信息，包括项目作者、项目简介等，其次可以了解该项目所需数据的特征属性等，最后用户需填写一定的信息便可以提交申请，申请通过后，用户将可以参与项目。

7.2.8　协作项目发起与管理

协作项目发起与管理模块用于用户发起和管理协作项目。发起用户可以查看项目的参与人数、迭代次数以及申请人数等，同时发起用户可以对项目进行管理，如修改项目的状态、修改项目的信息。

如图 7.12 所示，用户在填写好项目信息后即可发起项目，项目信息会保存到项目数据库。发起用户可以查看项目状况，处理其他用户的参与申请，也可以进行项目管理，修改项目信息、状态等。

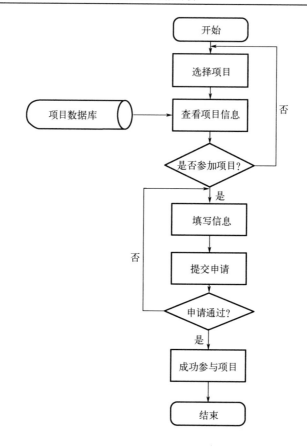

图 7.11　协作项目浏览与参与流程图

7.2.9　协作项目开发

如图 7.13 所示，在项目开发功能模块中，主要有五个部分，分别为协作项目区块链、局部模型管理、训练数据集管理、数据授权和项目特征列表管理。

用户可以查看协作项目所需数据的特征属性等信息，发起用户也可以对现有的特征属性进行修改；用户可以将上传的数据授权给其他用户使用，也可以下载其他用户授权给自己的数据；用户可以管理用于学习训练的数据集，查看数据集信息、添加数据集或者删除数据集；系统根据训练数据学习生成局部模型，用户可以对各个参数进行配置，模型训练完成后会上传到局部模型池，便于聚合；所有的局部模型都会上链，用户可以对出块的参数进行配置，如出块间隔和最少聚合个数等。

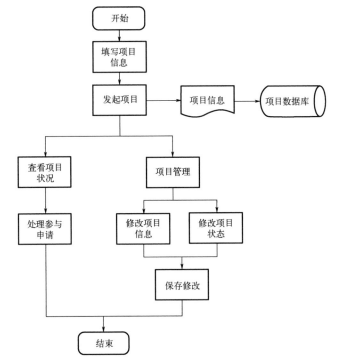

图 7.12　协作项目发起与管理流程图

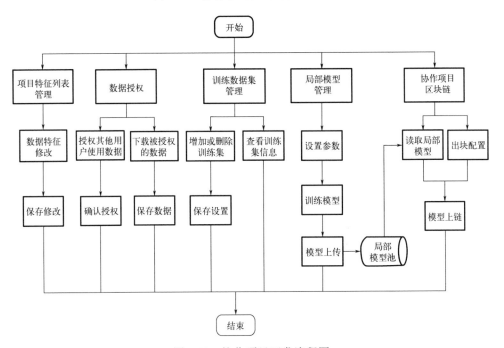

图 7.13　协作项目开发流程图

7.3　系统实现

7.3.1　主页详情

如图 7.14 所示，从主页中可以看到该系统分为数据共享子系统和协作学习子系统。数据共享子系统旨在为用户提供安全、可靠的数据，而协作学习子系统旨在为用户提供安全、可靠的多方训练模型平台。数据共享子系统包含数据链概貌、数据浏览与下载等功能，协作学习子系统包含学习链概貌、协作项目浏览与参与等功能。

图 7.14　系统主页

7.3.2　数据链概貌

如图 7.15 所示，数据链概貌页面可以看到各个类型的数据链，包含大数据链、小数据链、模型链等，展示了区块中的部分信息。页面同样展示了数据链的信息，如数据链热度趋势以及热点访问数据，方便用户了解链上的数据。

7.3.3　数据浏览与下载

如图 7.16 所示，数据浏览页面可以看到所有数据的概要信息，也可以通过分类查看不同类型的数据，并可以检索相应的数据。

如图 7.17 所示，公开数据详情页面可以看到该公开数据的各项属性，如类型、记录数、大小等，也可以看到该数据集的详细信息。用户也可以将该数据集下载至本地使用。

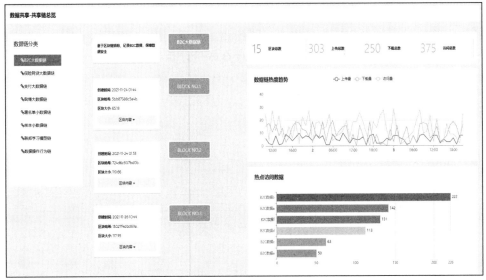

图 7.15　数据链概貌页面

图 7.16　数据浏览页面

图 7.17　公开数据详情页面

如图 7.18 所示，私有数据详情页面可以看到该数据的各项属性，如类型、记录数、大小等，但无法看到该数据集的详细信息。未授权用户需要进行申请，在申请通过后获得相应密钥才可以将该数据集下载至本地使用。

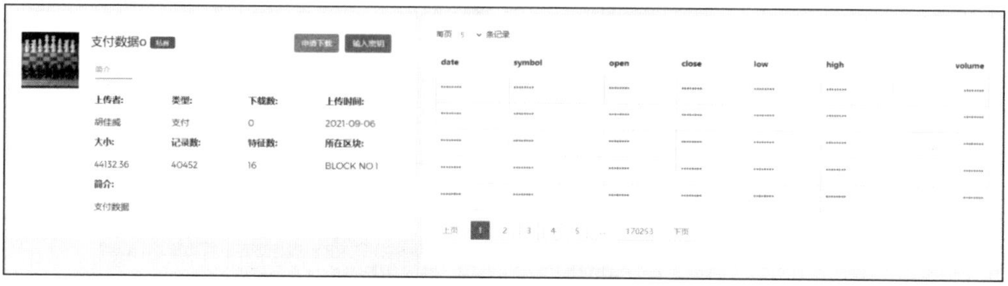

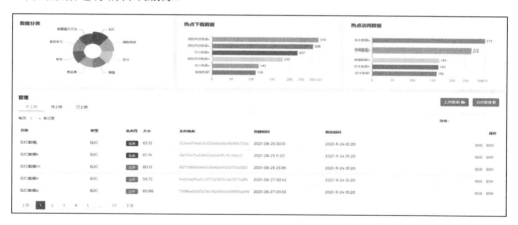

图 7.18　私有数据详情页面

7.3.4　数据上传与上链

如图 7.19 所示，数据上传管理页面可以看到用户上传的所有数据的信息，同时也展示了上传的数据分类情况、热点下载数据以及热点访问数据。用户也可以对已上传的数据进行编辑或删除。

图 7.19　数据上传管理页面

如图 7.20 所示，用户需要在数据上传信息界面填写相应的信息后，才可以将数据上传到系统中。需要填写的信息有名称、价值、类型等，上传用户也可对该数据添加简介，方便其他用户了解。

如图 7.21 所示，访问管理详情界面可以看到用户对其他私有数据的申请，申请通过后，将得到私有数据的密钥。同时用户也可以审核其他用户对自己数据的访问申请。

图 7.20　数据上传信息界面

图 7.21　访问管理详情界面

　　如图 7.22 所示，数据上链管理页面可以看到用户上传的所有数据的验证结果以及上链状态，同时也展示了上链的数据分类情况、各类别数据的出块趋势图。用户也可以对未上链的数据进行删除或上链。数据池中，记账用户可以查看数据的验证状态并选择加入待出块；待出块中，记账用户可以提高数据的出块优先级，将数据直接添加入块；已出块则可以查看区块链的区块信息以及区块内的内容信息。

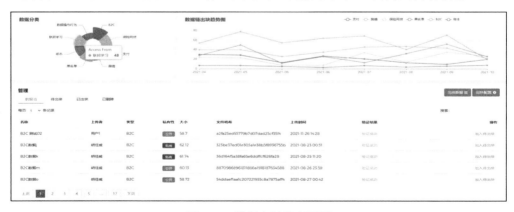

图 7.22　数据上链管理页面

　　如图 7.23 所示，在出块数据详情界面，记账用户可以查看下一次区块中大数据链以及小数据链中包含的数据，也可以移除相应的数据。

图 7.23　出块数据详情界面

如图 7.24 所示，在出块配置详情界面，记账用户可以配置出块的优先级，包括入块时间、上传时间以及数据大小等，也可以配置出块间隔和数据个数。

图 7.24　出块配置详情界面

7.3.5　生命周期管理

当数据状态改变或者用户进行操作时，都会产生记录并保存到生命周期数据库中。

如图 7.25 所示，生命周期管理页面展示了数据实时操作行为、实时各阶段操作状态、实时用户操作量、数据列表、数据行为链的信息。管理用户可以通过这些信息对共享数据进行溯源。

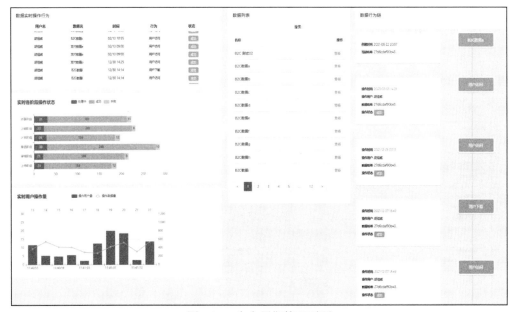

图 7.25　生命周期管理页面

7.3.6　用户行为监控

如图 7.26 所示，用户行为监控页面通过展示正常行为信息、最近一次行为、行为异常检测雷达图、行为异常检测得分、用户行为活动图说明了各个用户的行为活动。管理用户可以在用户列表中对恶意用户进行警告和封禁。

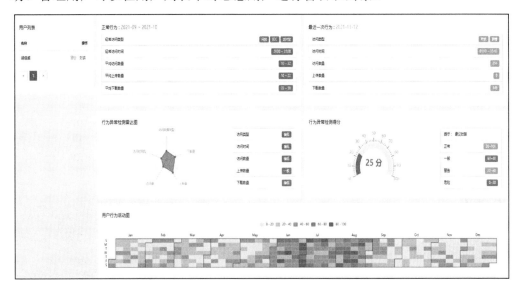

图 7.26　用户行为监控页面

7.3.7 学习链概貌

如图 7.27 所示，学习链概貌页面可以看到各个项目的模型链，同时展示了区块链的部分信息。页面同样展示了全局模型和局部模型的信息，包括全局模型准确率趋势、全局模型损失值趋势、局部模型准确率趋势、局部模型损失值趋势。

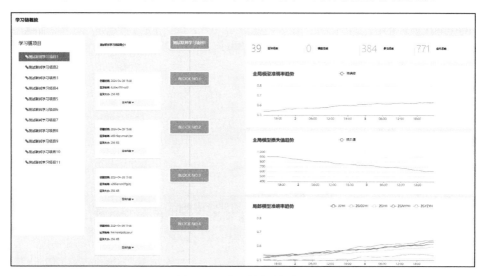

图 7.27　学习链概貌页面

7.3.8 项目浏览与参与

如图 7.28 所示，项目中心页面可以看到已发起的项目和项目简介。用户可以在该页面查询并浏览感兴趣的协作项目。

图 7.28　项目中心页面

如图 7.29 所示，在项目详情页面中，首先可以查看项目的详细信息，包括项目作者、项目简介等，其次可以了解该项目所需数据的特征属性等。

图 7.29　项目详情页面

如图 7.30 所示，在项目参与界面中，申请参与用户在填写完相应信息后即可提交。申请通过后，用户即可参与协作项目。

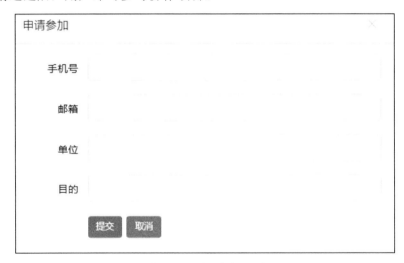

图 7.30　项目参与界面

7.3.9　项目发起与管理

如图 7.31 所示，协作发起页面展示了用户已经发起的项目，并按照项目状态进行了分类，发起用户可以开始未开始的项目，也可以对项目进行修改和删除等操作。用户也可以在该页面进行项目的发起。

如图 7.32 所示，协作发起详情界面展示了用户发起项目需要填写的信息。用户在填写信息后，便可以发起项目。

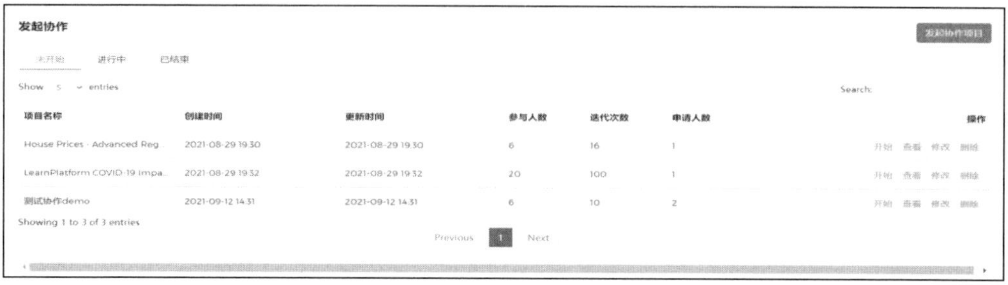

图 7.31　协作发起页面

图 7.32　协作发起详情界面

7.3.10　协作项目开发

协作项目开发页面共包含五个部分：联邦学习区块链、局部模型、训练数据集、数据授权、特征列表。

如图 7.33 所示，特征列表页面主要用于用户修改项目所需数据的特征属性等信

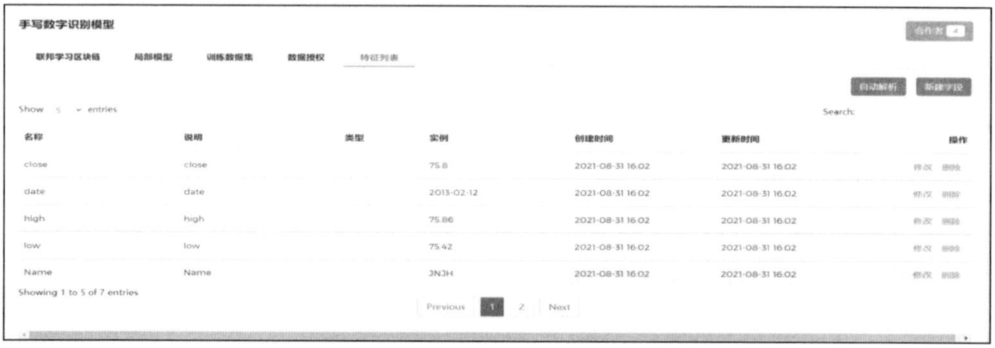

图 7.33　特征列表页面

息，支持自动解析和手动导入，通过用户上传的数据文件自动解析出相应的数据特征，同时用户也可以对现有的特征属性进行修改和删除。

如图 7.34 所示，数据授权页面主要用于将用户上传的数据授权给参与同一个项目的其他参与者，用户也可以查看该项目中哪些用户进行了数据授权行为，同时如果被授权的用户是自己的话，用户可以下载被授权的数据。

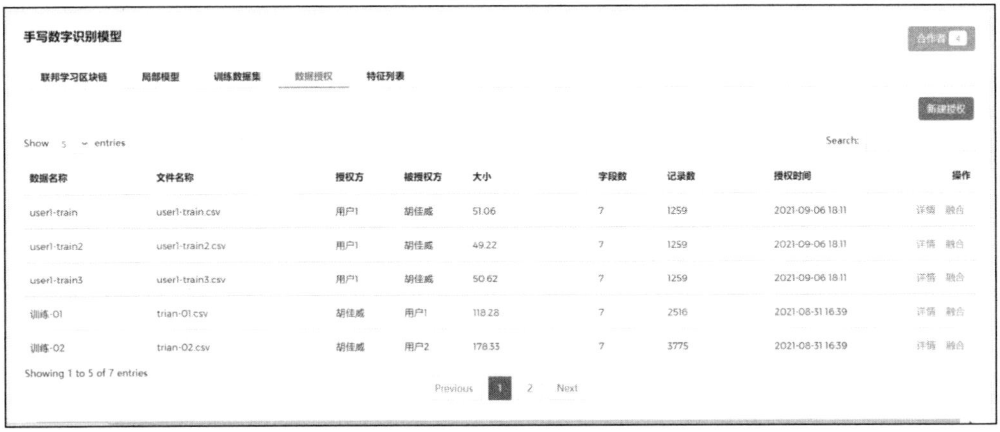

图 7.34　数据授权页面

如图 7.35 所示，训练数据集页面主要用于提供学习训练的数据，数据来源可以是数据共享子系统用户上传的数据和数据授权模块其他参与者提供的数据，同时用户可以查看训练数据的一些属性，包括数据大小、记录数等。

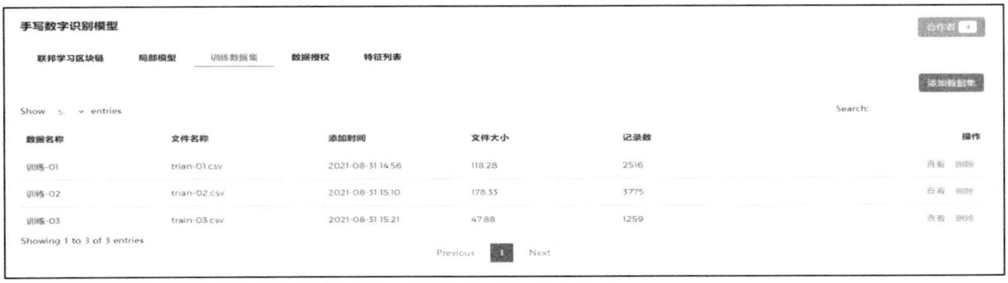

图 7.35　训练数据集页面

如图 7.36 所示，局部模型页面主要用于训练数据生成局部模型，可以设置训练的参数，包括学习率、迭代次数、训练集测试集占比等，同时用户可以对模型进行一些操作，包括开始训练、下载参数、查看详情以及删除等操作。

如图 7.37 所示，联邦学习区块链页面主要用于用户查看此项目所在区块链上的所有模型的状态，每一个区块代表一次大迭代，区块的内容则是不同用户上传的局部模型。其他用户可以下载该用户上传的局部模型参数并进行验证，同时发起者可以设置区块链出块的配置，包括出块间隔和最少聚合个数等。

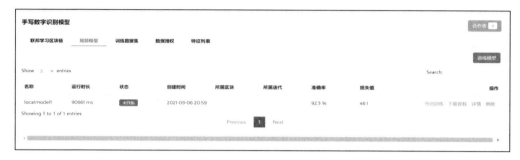

图 7.36　局部模型页面

图 7.37　联邦学习区块链页面

7.4　本 章 小 结

　　本章主要介绍基于区块链的大数据共享与协作系统的设计及其实现。该系统的主要功能是在原位虚拟数据中心平台上实现大数据的可信安全共享和协作。共享子系统主要负责将大数据表征后的数据上链共享，小数据直接上链共享，并实现数据共享行为的监控，实现数据共享的可溯源。协作子系统主要提供联邦学习协作。数据各方协作学习时，各方的学习结果(含中间结果)等信息上链存储访问，从而保证学习结果的可溯源性。去中心化的协作学习避免了有中心学习的安全性问题。

参 考 文 献

[1]　蒋昌俊, 丁志军, 喻剑, 等. 方舱计算. 中国科学: 信息科学, 2021, 51(8): 1233-1254.

[2]　蒋昌俊, 章昭辉, 王鹏伟, 等. 互联网新型虚拟数据中心系统及其构造方法: ZL

201910926698, 2022.

[3]　Wang S, Ding Z, Jiang C. Elastic scheduling for microservice applications in clouds. IEEE Transactions on Parallel and Distributed Systems, 2021, 32(1): 98-115.

[4]　蒋昌俊, 章昭辉, 王鹏伟, 等. 一种大数据快速读取的 DLK 方法: ZL201811054777.0, 2021.

[5]　Wang M, Ding Z, Liu G, et al. Measurement and computation of profile similarity of workflow nets based on behavioral relation matrix. IEEE Transactions on Systems, Man and Cybernetics: Systems, 2020, 50(10):3628-3645.

[6]　Wang M, Ding Z, Zhao P, et al. A dynamic data slice approach to the vulnerability analysis of e-commerce systems. IEEE Transactions on Systems, Man and Cybernetics: Systems, 2020, 50(10): 3598-3612.

[7]　胡佳威. 具有训练行为验证机制的区块链联邦学习. 上海: 东华大学, 2022.

[8]　Zhang Z, Hu J, Ma L, et al. BVFB: training behavior verification mechanism for secure blockchain-based federated learning. Computing and Informatics, 2022, 41(6): 1401-1424.

第8章 可信金融交易风险防控系统

8.1 系统总体框架及系统流程

大数据可信计算是金融交易风险精准防控的基础保障，利用可信的大数据建立风险检测模型是金融交易风险精准防控的核心。为此，在原位虚拟数据中心和可信安全的大数据共享与协作平台的基础上，本章设计了一套基于数据可信计算的金融交易风险防控系统，从而实现交易的精准防控[1-6]。

该系统主要用于发现和拦截网络中金融交易数据的异常情况。从风险设备实时监控、实时交易监控、页面行为实时监控、用户关系实时监控这四个方面来保障网络交易安全性，降低网络欺诈风险。其主要提供两类防欺诈业务服务：B2C业务和借贷业务。这两类业务的用户可以自由地选择模型和指标来适应不一样的网络交易环境。

系统框架如图 8.1 所示，包含前端页面、Web 系统、调度系统、检测系统、模型库以及数据样本库等，前端页面是各个功能的可视化展示；Web 系统包含业务申请功能、结果获取功能和通信功能；调度系统包含服务组合配置、模型调度、数据收发和统计等功能；检测系统包含与模型的通信、结果获取和提供调度接口等功能；模型库包含风控系统的各个模型；样本库包含不同业务类型的样本数据。

系统整体执行流程如图 8.2 所示，首先是业务申请者提出业务需求和指标需求，之后平台收到请求后由服务配置模块调用模型库进行相关业务组合，提交至调度引擎进行调度和部署，然后由风险识别引擎进行检测识别，将结果写入库中，并提供风险监控视图模块进行相关演示和分析。

如图 8.3 所示，用户角色主要包含三类：业务申请者、平台管理人员和风控人员，其中业务申请者具有业务申请和提出需求的功能权限；平台管理者具有模型管理、服务配置、系统监控、数据发送、指标显示、数据生成等功能权限；风控人员分为审核人员和分析人员，审核人员具有交易审核和统计分析功能权限，分析人员具有风险区域预警、设备分析、群体分析、个体分析、关系分析和指标显示等功能权限[7-12]；同时业务申请者和风控人员都具备实时监控的访问权限。

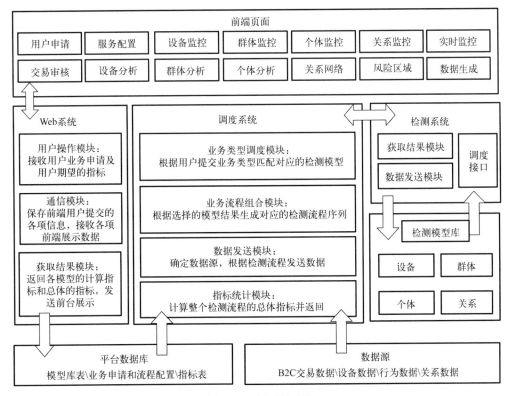

图 8.1　系统框架图

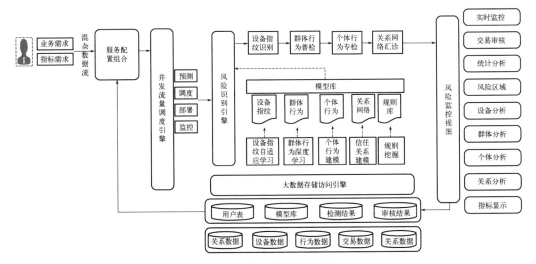

图 8.2　系统整体执行流程图

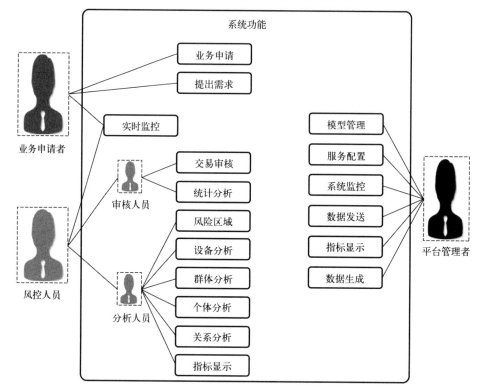

图 8.3　用户角色功能图

8.2　系统各模块设计

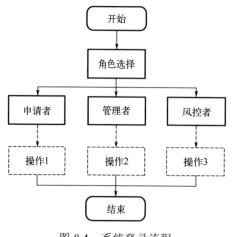

图 8.4　系统登录流程

8.2.1　登录入口

用户选择对应的身份进入系统执行对应的操作。

如图 8.4 所示，系统登录时需要用户进行角色选择，系统将会根据不同用户身份角色跳转至其所需要的服务功能界面。例如，用户当次申请业务为 B2C 检测业务，则首页将根据用户提交的申请业务类别自动切换为 B2C 检测系统的首页及 B2C 系统页面的功能菜单导航。

8.2.2 业务申请

由业务申请者发起，选择业务类型、指标需求和数据格式，提交至系统中执行相关操作。

如图 8.5 所示，业务申请由风控业务申请人员使用，用于提交相关的申请信息，如申请类别、检测预期指标、数据特征等。相关信息将为风控模型配置人员提供参考，以便其选择相应的模型进行组合，从而使得检测流程更加精确。

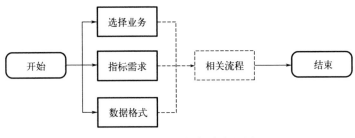

图 8.5 系统业务申请流程图

8.2.3 服务配置

由系统管理员发起，根据业务类型和指标需求选择相关流程以及对应的若干组模型进行服务配置，将配置后的流程提交至调度系统执行。

如图 8.6 所示，服务配置模块将为风控业务员提供服务。风控管理员根据用户提交的检测申请数据指标等在服务配置模块中选择与之对应的检测模型，并进行模型组合。将确定好的模型组合成检测流程保存到数据库。

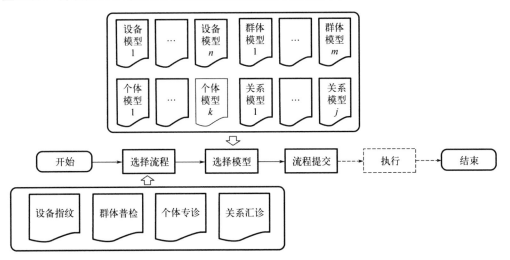

图 8.6 系统服务配置流程图

8.2.4 业务调度

如图 8.7 所示，业务调度模块的主要功能是根据平台管理人员配置的模型序列，控制用户数据流的流向。在用户接入数据时，业务调度模块根据模型序列启动所需服务，并将数据分配到对应的模型，在模型处理后将结果收集、汇总，统计指标，最后将结果和指标实时显示给用户，并将模型判定结果存入数据库中。

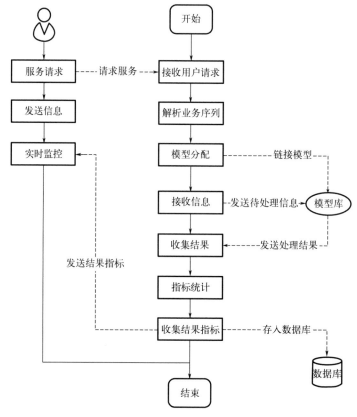

图 8.7　业务调度流程图

8.2.5 系统监控

首先，设备信息采集模块从物理机系统中获取设备信息并传递给数据处理模块。数据处理模块从数据库中读取模型信息与业务流程信息。通过将模型信息、业务流程信息与物理机信息进行 IP、逻辑匹配，最终将处理得到的系统监控信息传送给前台页面进行展示，包括模型的部署与物理节点的通信方向。系统监控模块的流程如图 8.8 所示。

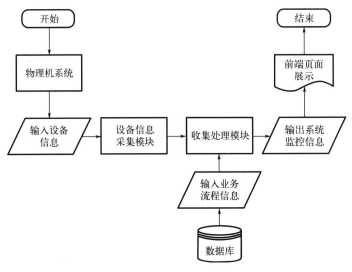

图 8.8　系统监控流程图

8.2.6　数据发送

B2C 数据发送，点击数据发送按钮，将数据发送给调度模块，由制定好的服务配置发送给相应的功能模块，进行相关处理，如图 8.9 所示。

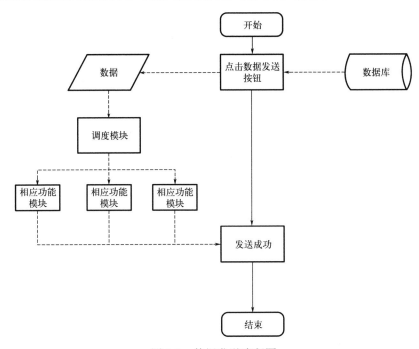

图 8.9　数据发送流程图

8.2.7 模型管理

模型管理模块包含四个具体的功能，如图 8.10 所示，分别为对模型的增加、修改、查询与删除功能。模型的增加功能首先从前端输入新模型的信息，后端业务处理模块接收到新模型信息后，将该信息写入数据库表，并返回结果给前端页面展示。模型的修改功能首先从前端输入选中模型的修改信息，后端业务处理模块接收到模型修改后的信息，将该信息更新至数据库表，并返回结果给前端页面展示。模型的查询功能首先从前端输入选中模型的主键信息，后端业务处理模块接收到模型主键信息后，依据主键信息查询得到目标模型信息，并返回目标模型信息给前端页面展示。模型的删除功能首先从前端输入选中模型的主键信息，后端业务处理模块接收到模型主键信息后，依据主键信息删除目标模型，并返回删除结果前端页面展示。

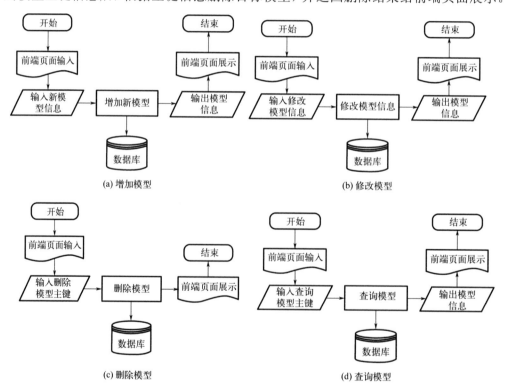

图 8.10 模型管理增删改查功能流程图

8.2.8 数据生成

数据生成模块是通过读取数据，输入 GAN 模型进行训练后，在模型训练结束后，对指标结果进行展示并分析。

如图 8.11 所示，从数据库中读取数据，然后放入模型训练，检测模型是否训练完成。如果没有，则继续训练，如果完成，则结束，并将生成数据放入界面展示，最后流程结束。

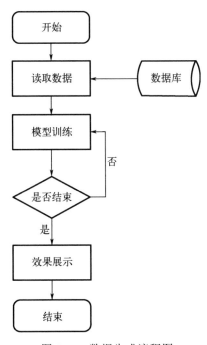

图 8.11 数据生成流程图

8.2.9 交易审核

交易审核模块的主要功能是显示模型处理的结果给审核人员，协助审核人员决定放贷结果。如图 8.12 所示，审核人员借由前端提出的请求得到后端返回的模型处理结果，结合经验和模型结果最终决定是否放贷给用户，并给定拦截的原因，将判定的最终结果提交。

8.2.10 风险区域预警

风险区域预警是针对出现的异常交易，统计其所属地区，最后实时展示风险区域并分析各个月份风险最高的区域。

如图 8.13 所示，首先是对每个月的异常交易数据进行统计，然后通过 IP 地址，按区域划分。统计各个省份各个区域的异常，由高到低排序展示。

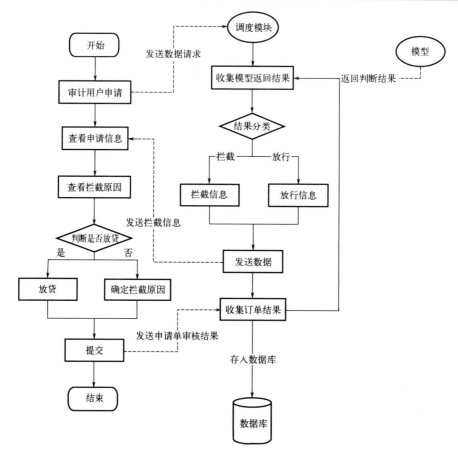

图 8.12　交易审核流程图

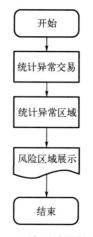

图 8.13　风险区域预警流程图

8.2.11 设备分析

设备分析模块是针对登录设备进行异常检测，对于出现的异常设备，地图实时展示并分析其设备信息。

如图 8.14 所示，首先是数据输入，然后是对于实时登录的每条设备信息进行异常 IP 检测，对于异常 IP 在地图中实时标注展示，精确到地级市。同时对于登录的设备型号、网络类型等进行分析。

8.2.12 群体行为分析

如图 8.15 所示，智能普检器主要实现群体行为的检测。首先使用数据进行群体行为建模，即群体行为模型训练。一方面，实时交易发生时，实时交易数据输入模型进行检测并判断交易是否合法；另一方面，可以用训练好的模型对交易数据进行行为分析。

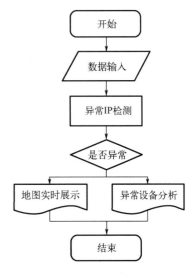

图 8.14 设备分析流程图

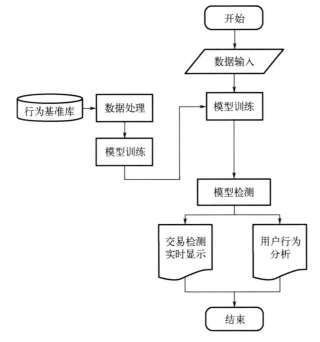

图 8.15 智能普检器流程图

8.2.13　个体行为分析

智能专诊器如图 8.16 所示。首先是根据用户个体历史交易数据建立用户个体行为基准；实时监测时，智能普检器拦截的交易记录输入到智能专诊器模型中，并基于构建的证书进行模型检测，区分出正常交易和异常交易，正常交易放行，异常交易实时拦截，个体交易分析会根据用户正常交易与异常交易的特征，从多个维度分析用户交易。

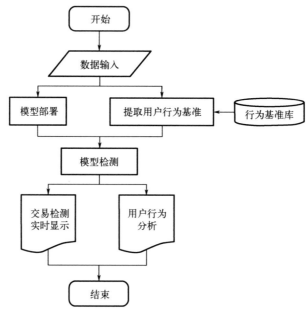

图 8.16　智能专诊器流程图

8.2.14　关系网络分析

关系网络分析流程框架如图 8.17 所示，通过对输入的关系数据进行可视化，读取线下训练好的模型，通过该模型对线上数据进行测试，给出模型评分值，供风控业务员参考，同时对模型的指标表现进行可视化。

8.2.15　实时监控

实时监控是对实时交易的检测和信息展示，包含交易账号、姓名、客户编号、交易时间、对方账号、交易金额、检测时间以及结果等信息。同时，显示当前监控系统的各项统计指标，包括干扰率、拦截总金额、实时交易拦截数、实时交易拦截金额和交易拦截总笔数。实时监控流程图如图 8.18 所示。

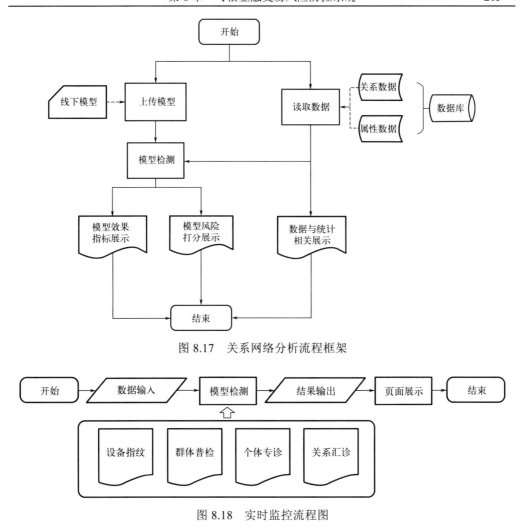

图 8.17　关系网络分析流程框架

图 8.18　实时监控流程图

8.3　系　统　实　现

8.3.1　主页详情

在如图 8.19 所示的主页中可以看到该系统是通过风险设备实时监控、实时交易监控、页面行为实时监控、用户关系实时监控四个方面来把控金融交易风险的，这也是该系统的特色和核心。右下部分的四个窗口依次对应着业务申请入口、平台管理入口、风控人员入口和系统工具集。该系统主要提供两类防欺诈业务服务：B2C 业务和借贷业务，下面分别介绍这两个业务在该系统中的使用方法。

图 8.19　系统主页

8.3.2　业务申请

由于 B2C 业务和借贷业务的整个操作流程相似，这里就按 B2C 业务的操作流程详细说明。点击主页当中的业务申请员入口，就进入了如图 8.20 所示的页面。

图 8.20　业务申请员界面

首先要进行业务申请，会进入如图 8.21 所示的界面。只有业务申请后才能进行后续操作。

在业务申请中可以从下拉框选择是 B2C 业务还是借贷业务，下面指标的选择和指标值都是可以根据用户的需求勾选和设定阈值的，这里为了演示，就按照图 8.22 的示例勾选，然后点击提交需求即可，提交过后会有如图 8.23 所示的成功信息提示。

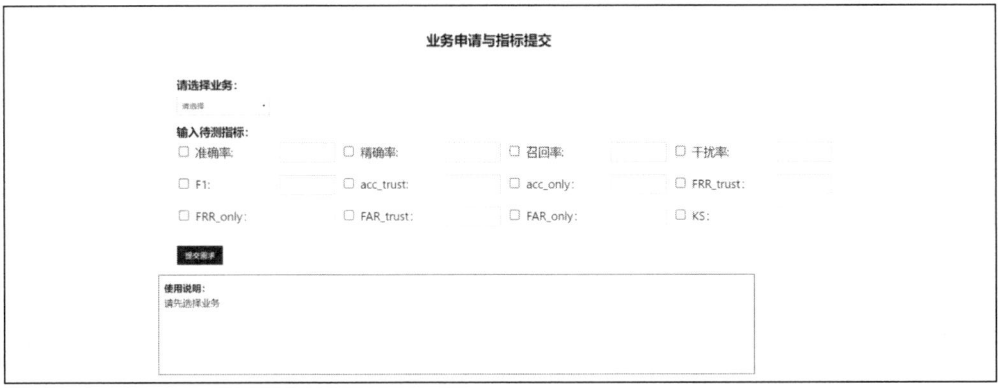

图 8.21　业务申请界面

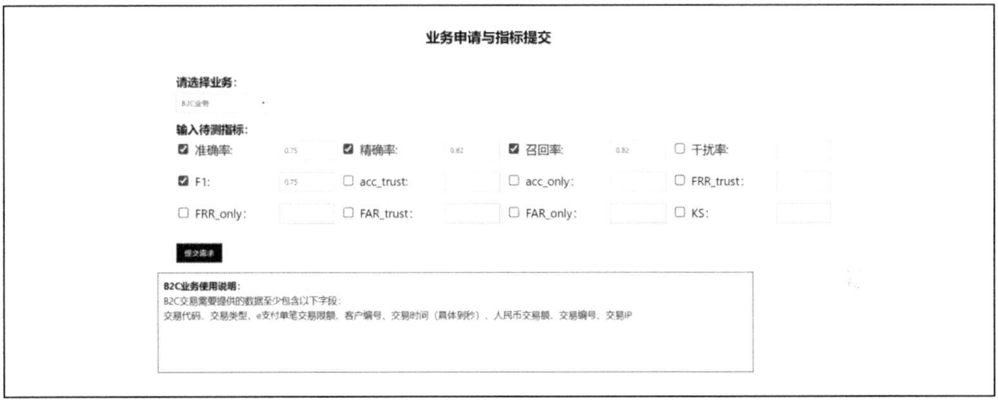

图 8.22　B2C 业务申请示例

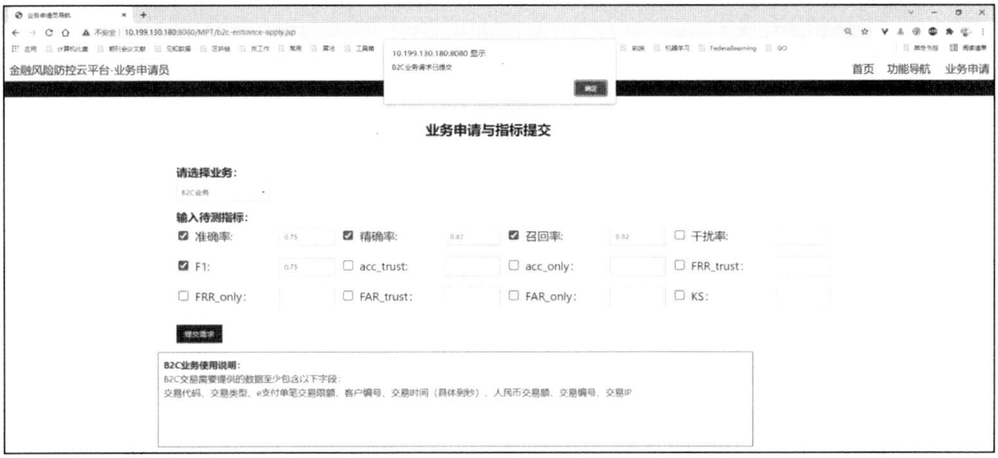

图 8.23　成功提交申请示例

8.3.3　服务配置

在主页上，点击第二个按钮平台管理员入口进入，如图 8.24 所示，再点击服务配置，进入如图 8.25 所示的页面。

图 8.24　平台管理员界面

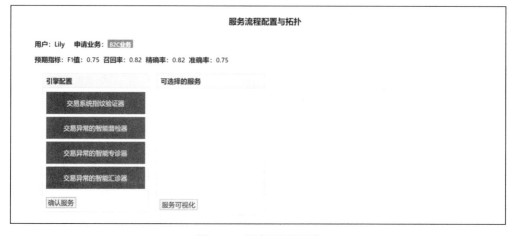

图 8.25　服务配置界面

从图 8.25 可以看到刚刚提交的申请和一些详细的指标，同时下面引擎配置中包含了四个板块：交易系统指纹验证器、交易异常的智能普检器、交易异常的智能专诊器和交易异常的智能汇诊器。可以根据环境需求去选择这四个板块中的模型，例如，图 8.26 表示在第一个板块有两个模型可以选择。需要注意的是，每个板块都必须选一个模型且只能选一个模型。

选好模型后可以点击模型可视化，如图 8.27 所示，确认无误后点击确认服务。

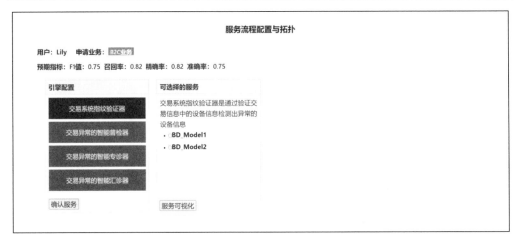

图 8.26　模型选择示例

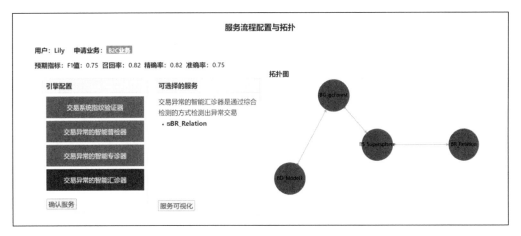

图 8.27　服务可视化示例

8.3.4　数据发送

回到图 8.24 的平台管理员界面，点击数据管理进入如图 8.28(a)所示的页面，点击开始按钮开始发送数据，发送数据过程中可以看到右侧有波形在变动，说明数据发送没问题，如图 8.28(b)所示。

8.3.5　模型监控

回到图 8.24 的页面，点击设备模型实时监控进入如图 8.29 所示的页面，左侧可以观察到红色行是被模型拦截下来的具有欺诈风险的数据，绿色行是正常的安全交易数据，右侧可以观察到实时的平均交易额、交易总金额、拦截金额、交易笔数、拦截笔数、每秒实时拦截折线图和每秒实时放行柱状图。由于发送的是流数据，整个页面的信息会每秒更新，而且模拟的是真实交易，每秒的数据量较多，同时还要保障时效性。

（a）

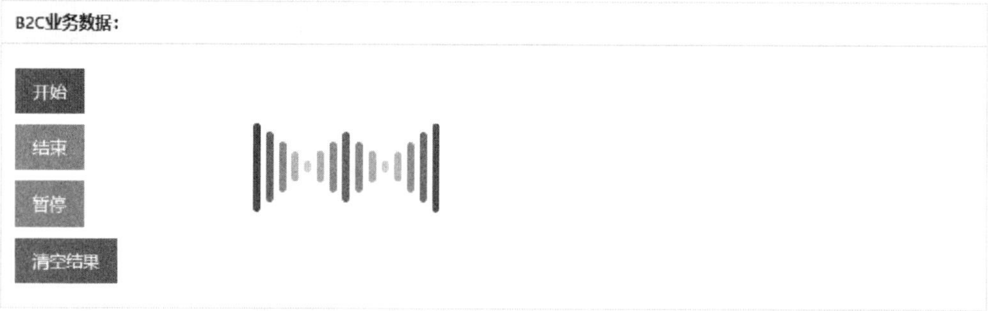

（b）

图 8.28　发送数据示例

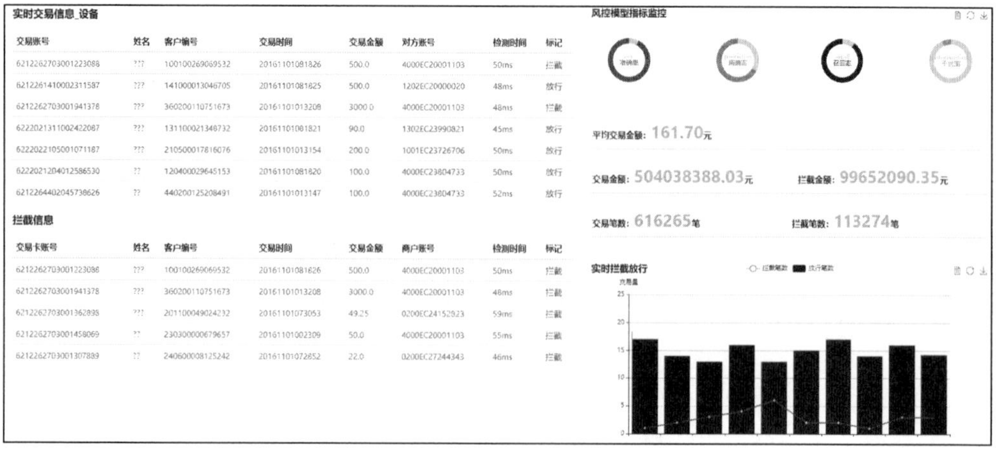

图 8.29　设备模型实时监控示例（见彩图）

在图 8.24 的页面点击群体模型实时监控、个体模型实时监控、关系模型实时监控页面，如图 8.30～图 8.32 所示，分别对应了之前选定的模型对交易数据风险防控的示例。

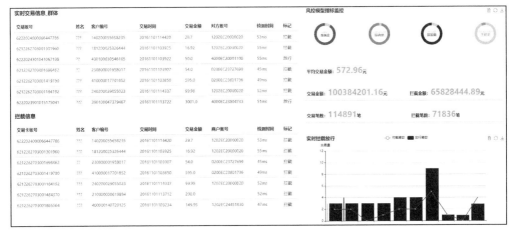

图 8.30　群体模型实时监控示例

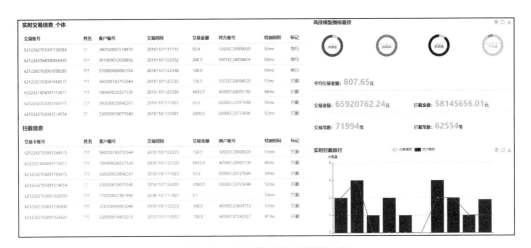

图 8.31　个体模型实时监控示例

在图 8.24 的页面可以点击全监控，进入图 8.33 所示的页面，这里看到的交易数据与前面的不同，其是利用了四层模型进行检测的结果。如果第一层的设备指纹模型拦截为可疑的，则通过第二层的群体行为模型普检，否则放行。如果群体行为模型判定为可疑的，则通过第三层的个体行为模型专诊，否则放行。如果个体行为专诊可疑，则通过第四层的汇诊模型进行判定，如果可疑，则拦截为欺诈，否则放行。图 8.29～图 8.32 中的交易放行和拦截是单个模型对交易数据的防控。

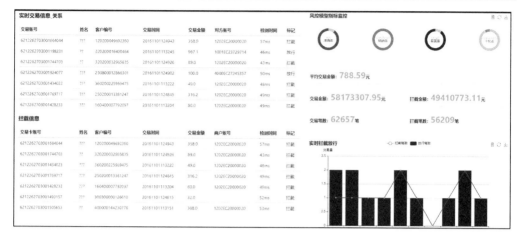

图 8.32 关系模型实时监控示例

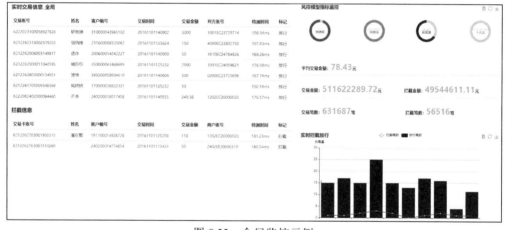

图 8.33 全局监控示例

8.3.6 资源监控

在图 8.24 的页面中可以点击资源监控,进入图 8.34 所示的页面,可以看到该系统在服务器上每个时间点的运行状态。

8.3.7 拦截数据审核

回到图 8.19 的主页面,点击风控人员入口,进入如图 8.35 所示的页面,点击拦截数据审核就能看到之前被四个模型拦截下来的所有交易信息,还可以查看详情,右边会显示这笔交易的详细数据和内容,如图 8.36 所示。注意这里被拦截下来的交易数据是四个模型都不通过的,若有一个或者多个模型判断放行,则该交易数据就会被放行。

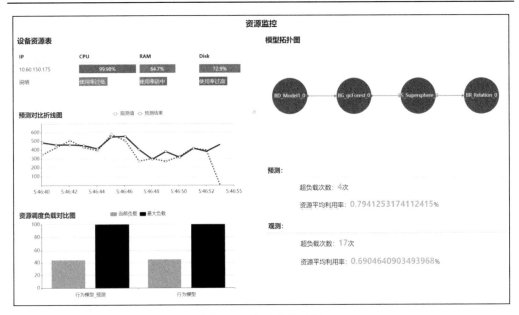

图 8.34　资源监控示例

图 8.35　风控人员管理页面

　　另外，还提供了对拦截数据的人工审核意见，通过点击下拉框选择就能提交。

　　在个体模型详情中可以看到这笔交易被拦截的原因，通过雷达图来展示并分析其中存在的问题，如图 8.37 所示。

8.3.8　个体行为分析

　　在图 8.35 页面中点击个体行为分析进入如图 8.38 所示页面，由于一个用户存在多笔交易，所以能通过正常的交易来分析客户的人物画像，这里所展示的正是单个用户的交易行为，可以与异常的交易行为形成鲜明对比。

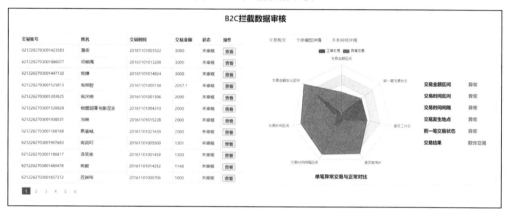

图 8.36　拦截数据审核

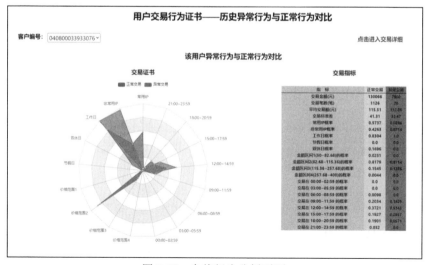

图 8.37　个体模型详情示例

图 8.38　个体行为分析页面

8.4　本 章 小 结

为了实现金融交易风险的精准防控，本章介绍了基于数据可信计算的金融交易风险防控系统的设计与实现。该系统的主要功能利用各种交易大数据和行为数据，实现设备指纹初诊、群体行为普诊、个体行为专诊、交易关系汇诊的风险智能防控。

参 考 文 献

[1] Jiang C, Fang Y, Zhao P, et al. Intelligent UAV identity authentication and safety supervision based on behavior modeling and prediction. IEEE Transactions on Industrial Informatics, 2020, 16(10): 6652-6662.

[2] Zheng L, Liu G, Yan C, et al. Improved TrAdaBoost and its application to transaction fraud detection. IEEE Transactions on Computational Social Systems, 2020, 7(5): 1304-1316.

[3] Li Z, Liu G, Jiang C. Deep representation learning with full center loss for credit card fraud detection. IEEE Transactions on Computational Social Systems, 2020, 7(2): 569-579.

[4] Cao R, Liu G, Xie Y, et al. Two-level attention model of representation learning for fraud detection. IEEE Transactions on Computational Social Systems, 2021, 8(6): 1291-1301.

[5] Li Z, Huang M, Liu G, et al. A hybrid method with dynamic weighted entropy for handling the problem of class imbalance with overlap in credit card fraud detection. Expert Systems with Applications, 2021, 175: 114750.

[6] Jiang C, Song J, Liu G, et al. Credit card fraud detection: a novel approach using aggregation strategy and feedback mechanism. IEEE Internet of Things Journal, 2018, 5(5): 3637-3647.

[7] Huang M, Wang, Zhang Z. Improved deep forest model for detection of fraudulent online transaction. Computing and Informatics, 2020, 39(5): 1082-1098.

[8] Zhang Z, Chen L, Liu Q, et al. A fraud detection method for low-frequency transaction. IEEE Access, 2020, 8(1): 25210-25220.

[9] Zhang Z, Yang L, Chen L, et al. A generative adversarial network-based method for generating negative financial samples. International Journal of Distributed Sensor Networks, 2020, 16(2): 1-12.

[10] Meng Y, Zhang Z, Liu W, et al. A novel method based on entity relationship for online transaction fraud detection//ACM Turing Celebration Conference, 2019.

[11] Zhou X, Zhang Z, Wang L, et al. A model based on siamese neural network for online transaction fraud detection//The 2019 International Joint Conference on Neural Networks, 2019.

[12] Zhang Z, Zhou X, Wang L, et al. A model based on convolutional neural network for online transaction fraud detection. Security and Communication Networks, 2018: 1-9.

彩　　图

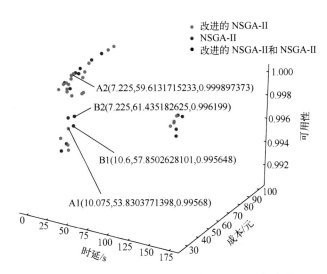

图 1.4　改进的 NSGA-II 和原生 NSGA-II 的结果

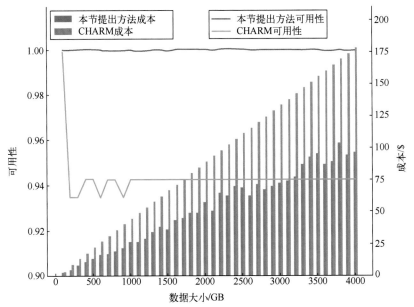

(a) 本节提出方法和CHARM的可用性和成本的实验结果

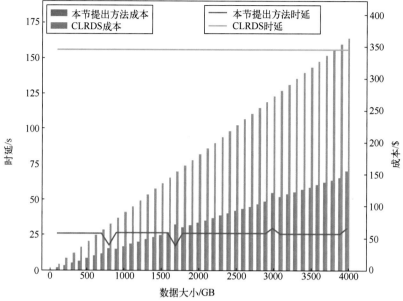

(b) 本节提出方法和CLRDS的响应时延和成本的实验结果

图 1.5　不同数据大小下实验结果比较

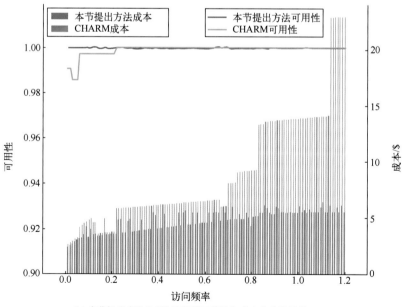

(a) 本节提出方法和CHARM的可用性和成本的实验结果

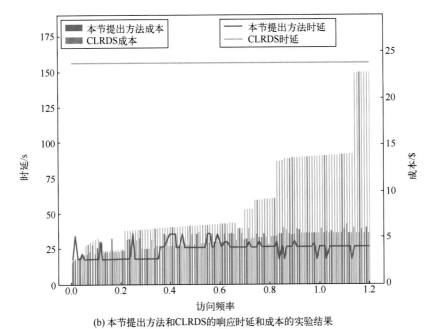

(b) 本节提出方法和CLRDS的响应时延和成本的实验结果

图 1.6　不同访问频率下实验结果比较

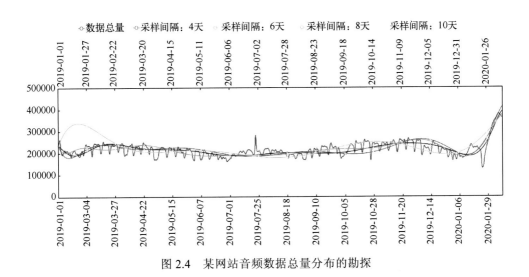

图 2.4　某网站音频数据总量分布的勘探

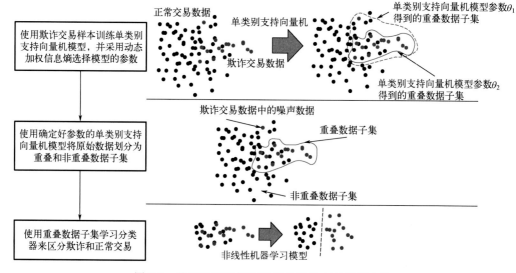

使用欺诈交易样本训练单类别支持向量机模型，并采用动态加权信息熵选择模型的参数

使用确定好参数的单类别支持向量机模型将原始数据划分为重叠和非重叠数据子集

使用重叠数据子集学习分类器来区分欺诈和正常交易

图 3.1　基于动态加权信息熵的欺诈交易辨识方法

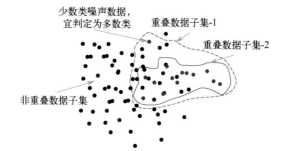

图 3.2　不同超参数下单类别支持向量机模型的决策边界图

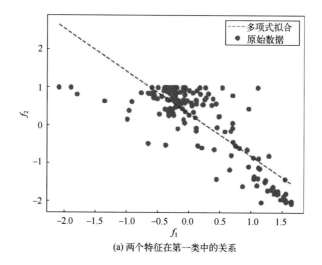

(a) 两个特征在第一类中的关系

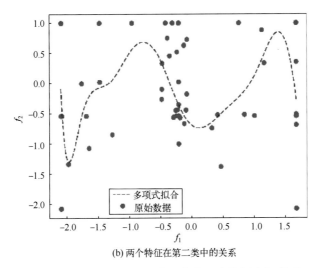

(b) 两个特征在第二类中的关系

图 4.1 UCI 中 Ionosphere 数据集的两个特征之间关系

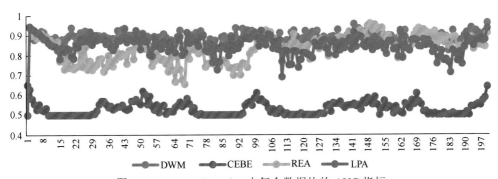

图 4.7 Moving Gaussian 中每个数据块的 AUC 指标

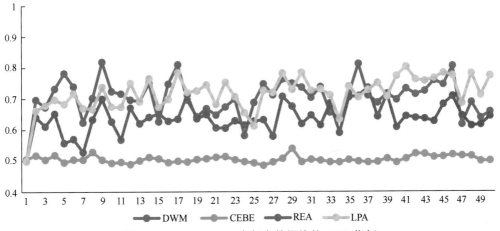

图 4.8 Checkerboard 中每个数据块的 AUC 指标

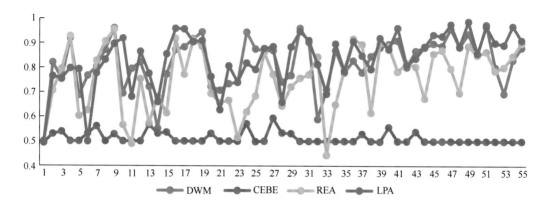

图 4.9 SEA 中每个数据块的 AUC 指标

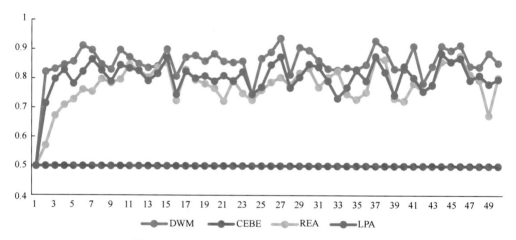

图 4.10 Hyper Plane 中每个数据块的 AUC 指标

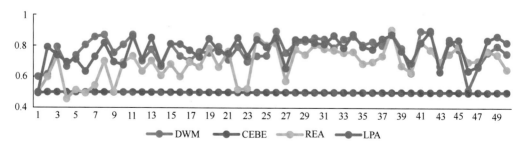

图 4.11 信用评估数据集中每个数据块的 AUC 指标

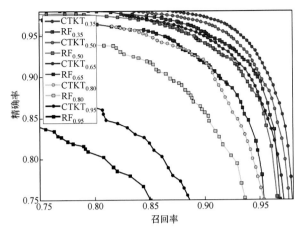

图 4.14　CTKT 和随机森林在动态不均衡度下的 PR 曲线比较

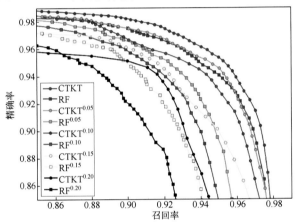

图 4.17　CTKT 和 RF 在动态扰动数据下的 PR 曲线比较

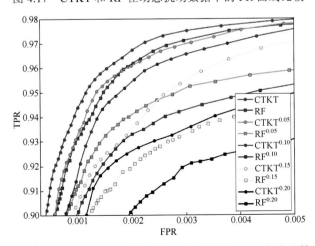

图 4.18　CTKT 和 RF 在动态扰动数据下的 ROC 曲线比较

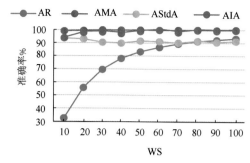

(a) HSI1: WI=20，p=0.01

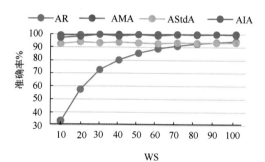

(b) HSI2: WI=20，p=0.01

图 5.5　ACI 评估准确率

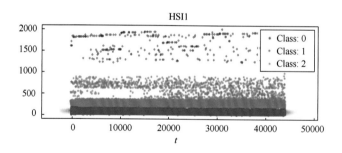

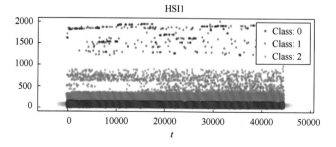

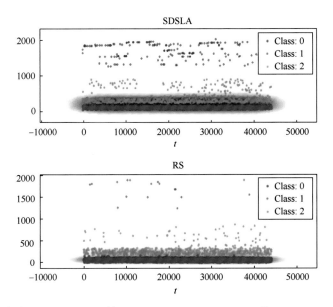

图 5.6 样本率为 5.93%，SDSLA 的 ImbR = 6.69：1：6.78，RS 的 ImbR = 112.59：1：41.24

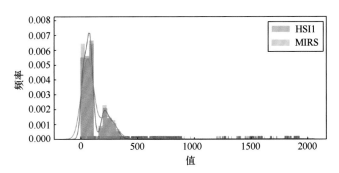

图 5.9 MIRS 样本和原始流数据集概率分布图对比

图 8.29 设备模型实时监控示例